由于科学理论的首要宗旨是发现自然中的和谐，所以我们能够一眼看出这些理论必定具有美学上的价值。一个科学理论成就的大小，事实上就在于它的美学价值。因为，给原本是混乱的东西带来多少和谐，是衡量一个科学理论成就的手段之一。

——传记作家沙利文（J. W. N. Sullivan，1886—1937）

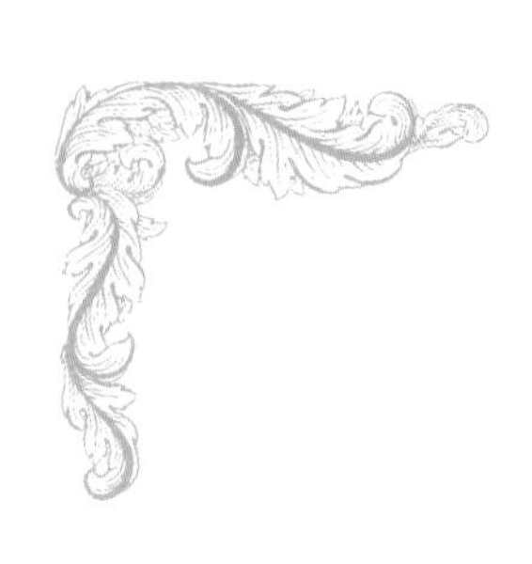

科学之美丛书

主　　编　王直华
策　　划　周雁翎
丛书主持　陈　静

在技艺达到一个出神入化的地步后，科学和艺术就可以很好地在美学、形象和形式方面结合在一起。伟大的科学家也常常是伟大的艺术家。

——爱因斯坦

科学之美丛书

The Beauty of Physics

物理学之美

插图珍藏版

杨建邺 著

北京大学出版社
PEKING UNIVERSITY PRESS

图书在版编目（CIP）数据

物理学之美：插图珍藏版 / 杨建邺著. — 北京：北京大学出版社，2019.2
ISBN 978-7-301-29957-9

Ⅰ. ①物…　Ⅱ. ①杨…　Ⅲ. ①物理学—普及读物　Ⅳ. ①04-49

中国版本图书馆CIP数据核字（2018）第227300号

书　　名	物理学之美（插图珍藏版） WULIXUE ZHI MEI（CHATU ZHENCANG BAN）
著作责任者	杨建邺　著
丛书策划	周雁翎
丛书主持	陈　静
责任编辑	陈　静
标准书号	ISBN 978-7-301-29957-9
出版发行	北京大学出版社
地　　址	北京市海淀区成府路205 号　100871
网　　址	http://www.pup.cn　　新浪微博：@ 北京大学出版社
微信公众号	通识书苑（微信号：sartspku）　科学元典（微信号：kexueyuandian）
电子邮箱	编辑部 jyzx@pup.cn　　总编室 zpup@pup.cn
电　　话	邮购部010-62752015　发行部010-62750672　编辑部010-62707542
印 刷 者	天津裕同印刷有限公司
经 销 者	新华书店
	720毫米×1020毫米　16开本　16印张　240千字
	2019年2月第1版　2024年11月第9次印刷
定　　价	69.00元

对科学的美和妙要有鉴赏力

杨振宁

杨振宁（1922— ）

《科学之美》丛书即将出版了，我向各位作者朋友和北京大学出版社表示祝贺。

我得知，《科学之美》丛书是我国第一套以传播科学情趣、吸引科学鉴赏、培育科学志向为使命的科学普及读物，目标是引导青少年热爱科学，投身科学事业。出版社把《科学之美》丛书的宗旨写成这样两句话："共享科学的情与趣，共赏科学的妙与美"。我以为，它的出版，是很有意义的。

1997年1月17日，我在香港中华科学与社会协进会与香港中文大学主办的演讲会上发表演讲《科学工作有没有风格？》。后来，在收入《曙光集》的时候，把此演讲的标题写作了"美与物理学"。在那次演讲中，我谈到，物理学自实验、唯象理论到理论架构，是自表面向深层的发展。表面有表面的结构，有表面的美。进一步的唯象理论研究显示出了深一层的美。再进一步的研究，就显示出了极深层的理论架构的美。

牛顿的运动方程、麦克斯韦方程、爱因斯坦的狭义相对论方程、狄拉克方程、海森伯方程，以及其他五六个方程是物理学理论架构的骨干。它们提炼了几个世纪的实验工作、唯象理论的精髓，达到了科学研究的最高境界。它们以极度浓缩的数学语言写出了物理世界的基本结构，可以说它们是造物者的诗篇。

我以为，年轻朋友们应该对科学的这些不同层次的美拥有鉴赏力。常常有年轻朋友问我，他应该研究物理，还是研究数学。我的回答是，这要看你对哪一个领域里的美和妙有更高的判断能力和更大的喜爱。爱因斯坦在1949年谈到他为什么选择物理学，他说："在数学领域里，我的直觉不够，不能辨认哪些是真正重要的研究，哪些只是不重要的题目。而在物理学里，我很快学到怎样找到基本问题来下工夫。"

因此，对年轻朋友来说，要对自己的喜好与判断能力（也就是科学鉴赏力），有正确的自我估价。从这个角度来看，《科学之美》丛书邀请读者"共享科学的情与趣，共赏科学的妙与美"，是很有意义的。

1633年1月，伽利略在罗马宗教法庭接受审判。（法国画家诺埃尔·克莱安创作于19世纪早期）

目录 Contents

绪　言

存在三种美：现象之美、理论描述之美、理论结构之美。当然，像所有这一类讨论一样，它们之间没有截然明确的分界线，它们之间有重叠，还有一些美的发展，人们发现很难把它们归入哪一类。但我倾向于认为，一般来说在理论物理学中有不同类型的美，而我们对这些美的鉴赏稍有不同，这取决于我们已在讨论的是哪一类美。而且，随着时间的推移，我们对于不同类型的美的欣赏也会跟着变化。

自然界为它的物理定律选择这样的数学结构是一件神奇的事，没有人能真正解释这一点。显然，这些数学思想的美是另一种美，它与我们前面讨论的美很不相同，物理的日趋数学化意味着在我们的领域内这最后一种美越来越重要。

——杨振宁

Honoured Sr

In answer to yours of the 1st October, I give you many thanks for ye Communication of the Observations of the Comet of 1682 which next after that of 1664 I will examine, and leave it to your consideration, if it were not the same with that of 1607, and when your more important business is over, I must entreat you to consider how far a Comets motion may be disturbed by the Centers of Saturn and Jupiter, particularly in its ascent from the Sun, and what difference they may cause in the time of the Revolution of a Comett in its so very Elliptick Orb.

I have gotten for you Ulacq's Canon magnus triangulorum and will send it you the beginning of next week, it costs me eight shill. and I am very glad I can accommodate you therewith.

As to the Comet of 1680, I was only desirous to trie the method I used in that of 1683, in this also, taking your limitation for an Hypothesis and I found I could not stir the Nodes or Inclination; that the Angle between the Aphelion and descending Node was 9°.20' and the Latus rectum of the parabola ,0243 of such parts as the mean distance of the Sun is 1,0000, hence the Aphelion or Axis of the parabola is directed into ♊ 27°.22½' with 8°.11' North Latitude; and in this is the principall fault of your first determinations: The time of the perihelion I see no cause to alter but that it was Decemb 8d.0h.4' P.M.

From these data by an exact Calculus I derived the following Table to the moments of Mr Flamsteeds Observations.

		Dist. Comet.	Long. Comp.	Lat. Comp.	Long. Obs.	Lat. Obs.	Error Long. Lat.
1680 Decemb	12	28028.	♑ 6.29.25	8.26.0.	♑ 6.33.00	8.26.	−3.35 +…
	21	61076.	♒ 5.6.30.	21.43.20.	♒ 5.7.38	21.45½	−1.8 −2.1…
	24	70008.	18.48.20.	25.22.40.	18.49.10	25.23⅔	−0.50 …
	26	75576.	28.22.45	27.1.36.	28.24.6	27.0.57	−1.21 +0.3…
	29	84021.	♓ 13.12.50.	28.10.10	♓ 13.11.45	28.10.5	+0.55 +0.…
	30	86661	17.40.5.	28.11.20	17.37.5	28.11.12	+3.0 +0.8
Januar	5	101440.	♈ 8.49.19.	26.15.15.	♈ 8.49.10	26.15.26	+0.39 −0.…
	9	110959.	18.44.36.	24.12.54.	18.43.18	24.12.42	+1.18 +0.1…
	10	113162.	20.41.0.	23.44.10.	20.40.57	23.44.0	+0.3 +0.1…
	13	120000	26.0.21.	22.17.30	25.59.34	22.17.36	+0.47 −…
	25	145370.	♉ 9.33.40.	17.57.55.	♉ 9.35.48	17.56.54	−2.8 +1.0
	30	155303.	13.17.41.	16.42.07.	13.19.36	16.40.57	−1.55 +1.…
Feb.	2	160951	15.11.11.	16.4.15	15.13.48	16.2.2	−2.37 +2.…
	5	166686	16.58.2[illegible]	15.29.13.	16.59.52	15.27.23	−1.27 +1.50
	25	202570	26.15.4[illegible]	[illegible]2.48.0	26.19.22	12.46⅞	−3.36 +1.…
Mart.	5.	216205	♉ 29.18.35.	12.5.40.	29.20.51	12.2.40	−2.16 +3.…

Thus you see how near your Theory agrees with the observed Motions and where the errours are greatest the Observation may justly be suspected; for in the first the Comet was just setting within the uncertainties of Refraction, and its places collected from the Suns by Mr Flamsteeds tables which he now has altered …

英国天文学家哈雷就彗星问题致信牛顿。

关于物理学之美，很多卓越的物理学大师都谈到过。早在哥白尼时代，哥白尼（N. Copernicus，1473—1543）在他的《天体运行论》一书的第一句话就说：

在哺育人的天赋才智的多种多样的科学和艺术中，我认为首先应该用全部精力来研究那些与最美的事物有关的东西。

玻耳兹曼（L. Boltzmann，1844—1906）曾经拿物理学家和音乐家相比：

一个音乐家能从头几个音节辨别出莫扎特、贝多芬和舒伯特的作品，同样，一个数学家也可以只读一篇文章的头几页，就能分辨出柯西、高斯、雅可比、亥姆霍兹和基尔霍夫的文章。法国数学家的风度优雅卓群；而英国人，特别是麦克斯韦，则以非凡的判断力让人们吃惊。譬如说，有谁不知道麦克斯韦关于气体动力学理论的论文呢？……速度的变量在一开始就被庄严宏伟地展现出来，然后从一边切入了状态方程，从另一边又切入了有心力场的运动方程。公式的混乱程度有增不减。突然，定音鼓敲出了四个音节“令$n=5$”。不祥的精灵u（两个分子的相对速度）隐去了；同时，就如像音乐中的情形一样，一直很突出的低音突然沉寂了，原先似乎不可被超越的东西，如今被魔杖一挥而被排除……这时，你不必问为什么这样或为什么不那样。如果你不能理解这种天籁，就把文章放到一边去吧！麦克斯韦不写有注释的标题音乐……一个个的结论接踵而至；最后，意外的高潮突然降临，热平衡条件和输运系数的表达式出现；接着，大幕降落！

位于波兰克拉科夫市的哥白尼纪念雕像。

由玻耳兹曼的这段几近夸张的文字，我们可以看出

1887年，奥地利物理学家玻耳兹曼（中间坐者）与其合作伙伴。

他把麦克斯韦（J. C. Maxwell，1831—1879）的物理学论文看成是一首壮丽的、美妙的交响乐，这当然是在刻意强调麦克斯韦理论之美。

到了20世纪以后，由于物理学进入到远离人们经验和常识的相对论和量子力学，物理学家对于物理学之美有了更加深刻和精到的认识。当英国理论物理学家保罗·狄拉克（P. A. M. Dirac，1902—1984，1933年获诺贝尔物理学奖）1956年在莫斯科大学访问时，主人照惯例请他题词，狄拉克写了一句话：

物理学定律必须具有数学美（A physical law must posses mathematical beauty）。

如果说狄拉克的这一句话还算不上有什么冲击力的话，那么1974年他在哈佛大学的演讲，就使听众颇为震撼。他对在场的研究生们说：

学物理的人用不着对物理方程的意义操心，只要关心物理方程的美就够了。

这句话一定很有冲击力，因为当时在哈佛大学任教的温伯格（S. Weinberg，1933— ）也在场，他后来在《物理学的最终定律》（*Face to the final theory*）一文里说："在场的教授们窃窃私语，都担心我们的学生会模仿狄拉克。"

"最后，意外的高潮突然降临……接着，大幕降落！"［德国指挥家克勒姆佩雷尔（O. klemperer，1885—1973）在指挥中。］

关于物理学大师谈物理学之美暂时就举这么些例子，本书正文里还会有更多精彩而具体的例证让读者大饱眼福，也许还会大为震撼。

那么，物理学之美包括哪些内容呢？杨振宁在《美与物理学》一文中写道：

存在三种美：现象之美、理论描述之美、理论结构之美。当然，像所有这一类讨论一样，它们之间没有截然明确的分界线，它们之间有重叠，还有一些美的发展，人们发现很难把它们归入哪一类。但我倾向于认为，一般来说在理论物理学中有不同类型的美，而我们对这些美的鉴赏稍有不同，这取决于我们已在讨论的是哪一类美。而且，随着时间的推移，我们对于不同类型的美的欣赏也会跟着变化。

现象之美是指组成了科学主题的那些实体所呈现出的美丽的现象，如彩虹、北极光、光谱、晶体等，这种从实体中获得的美感，只需要观察就够了，一般不需要特定的理论知识就可以感受到。

理论之美是客体自然规律的反映，它的简洁与和谐让人产生一种愉悦的美。我们后面将要谈到的引力定律、热力学第一和第二定律，都是对自然界某些基本性质的很美的理论描述，它们往往会给人一种意料不到的美的感受。例如，英国天文学家哈雷（E. Halley，1656—1742）根据牛顿引力定律预言哈雷彗星回归的时间，法国天文学家勒威耶（U. Le Verrier，1811—1877）和英国天文学家亚当斯（J. C. Adams，1819—1892）预言一颗未知行星（海王星）运行的轨道，英国天文学家霍金（S. Hawking，1942—2018）根据热力学第二定律证明黑洞不黑，等等，都给人一种精神上巨大的美的享受。它们在自然现象中不能直接见到，只能由掌握了一定的科学理论的人感受到。这些理论之美就是科学家神往的美，并且正是这些美使得科学家在冗长沉闷的工作中感到愉悦和欣慰，并成为研究科学的动力之一。法国数学家和物理学家庞加莱（J. H. Poincaré，1854—1912）说过：“如果自然不美，它就不值得去探求。”

美国物理学家温伯格，1979年获得诺贝尔物理学奖。在《物理学的最终定律》一文中，他多次赞赏杨振宁对物理学之美的论述。

理论结构之美，是指理论有一个漂亮的结构，在20世纪以后它通常是指理论本身的数学结构。杨振宁说：

自然界为它的物理定律选择这样的数学结构是一件神奇的事，没有人能真正解释这一点。显然，这些数学思想的美是另一种美，它与我们前面讨论的美很不相

美丽的北极光人人都可以欣赏。

同，物理的日趋数学化意味着在我们的领域内这最后一种美越来越重要。

杨振宁教授对物理学之美进行分层的观点非常深刻而有价值，对于研究物理学美学是一个非常合适的起点，也是一个很有价值的终点。本书就将按照这种观点来阐述物理学之美。来到了具体阐述的时候，一般有两种阐述方法：一种是从理论出发，然后用具体的案例来证实这个理论；另一种是从物理学家具体研究的案例出发，得到某种结论。经济学家张五常先生在《新卖橘者言》一书*的前言中说：

一般是以理论分析为起点，然后用真实世界的例子做示范。我是倒转过来，先以一个自己认为是有趣的真实世界现象为起点，然后用经济学的理论分析。这二者看似相同，其实有大差别。前者是求对，后者是求错。换言之，前者是先搞好了理论，然后找实例支持。这是求对。后者呢？先见到一个需要解释的真实现象，然后以理论做解释，在思考的过程中研究的人无可避免地要找反证的实例。这是求错。找不到反证的实例，理论就算是被认可（confirmed）了。理论永远不可以被事实证实（can not be proved by facts），只可以被认可（can be confirmed by facts）。找不到事实推翻就是认可，这是科学方法的一个重点。我察觉到“求对”的科学没有多大实际用场。不是完全没有，而是有了理论之后才把实例塞进去，这样处理的工具很难学得怎样用。不客气地说，写“实用”或“应用”经济学的君子们，大多数自己也不知道怎样用。先搞理论然后找实例支持算不上是用理论作解释。

英国天文学家霍金，当今最有名的科学家之一。他的《时间简史》一书风靡全球，他喜欢与别人打赌的名声也扬名科学界。

张五常先生赞成的方法，实际上就是归纳法。在物理学研究中，归纳法和演绎法都各有价值，这里就不去分析了。但是在初步研究一个论题的时候，只能用归纳法。物理学之美应该就是一个还处于初步研究的对象，还没有什么经得起考验的理论。大家都在探索，虽然也有一些理论出来，但是都可以找到反例来反驳。近20多年来，我国有不少科学哲学、科学史学理论轮番上演，但由于研究者都没有做艰苦的案例研究，演完了就只能

* 张五常著. 新卖橘者言. 中信出版社，2010：20—21。

剩下一片狼藉，鸡零狗碎。正如张五常先生所说，什么用处都没有。如果我们从实际的案例研究出发，尽管不能求对，却可以在求错中得到新的认识，何况案例研究本身就具有留下来的价值。

正是基于这一观点，我选择了我熟悉的、也自认为比较典型的九个案例，来阐述物理学之美的三个层次。物理学之美虽然具有一定的客观性和共性，但我认为仍然是一个主观性比较强的观念，因为每一位物理学家的美学观具有很强的个性。这样，我在叙述每一个案例的时候，用了很多的笔墨描述每一位物理学家所处的时代，以及他的家庭、教育等方面的故事，这样能让读者够保持一定的阅读兴趣。也许其中一些尚未被注意的细节，使读者对这位物理学家美学观的产生和内容有新的和有价值的发现。

杨振宁教授是一位伟大的理论物理学家，他对于物理学之美的精辟和全面的阐述，从来就没有忘记用具体的事例来解释说明。他在《美与物理学》一文*中说：

图1所表示的物理学的三个领域和其中的关系：唯象理论（phenomenological theory）是介于实验和理论架构之间的研究。（1）和（2）合起来是实验物理，（2）和（3）合起来是理论物理，而理论物理的语言是数学。

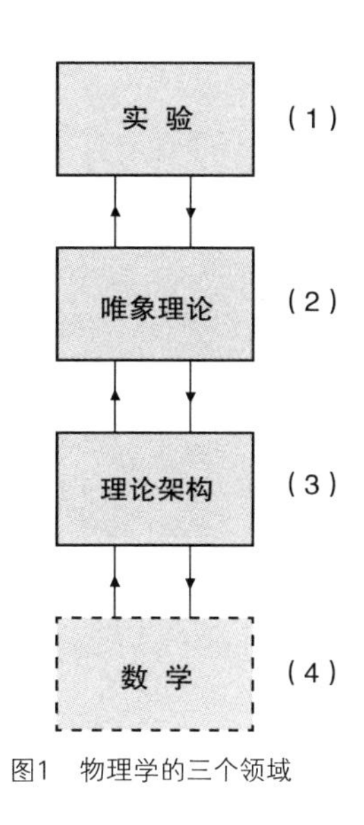

图1 物理学的三个领域

物理学的发展通常自实验（1）开始，即自研究现象开始。关于这一发展过程，我们可以举出很多大大小小的例子。先举牛顿力学的历史为例。第谷是实验天文物理学家，活动领域是（1）。他做了关于行星轨道的精密观测。后来开普勒仔细分析第谷的数据，发现了有名的开普勒三大定律。这是唯象理论（2）。最后，牛顿创建了牛顿力学与万有引力理论，其基础就是开普勒的三大定律。这是理论架构（3）。

再举一个例子：通过18世纪末、19世纪初的许多电学和磁学的实验（1），安培和法拉第等人发展出了一些唯象理论（2）。最后，由麦克斯韦归纳为有名的麦克斯韦方程(即电磁学方程)，才步入理论架构（3）的范畴。

另一个例子：19世纪后半叶许多实验工作（1）引导出普朗克在1900年的唯象理论（2）。然后经过爱因斯

* 《杨振宁文集》，华东师范大学出版社，1998，第847页；《杨振宁文录》，海南出版社，2002，第284页。此文在本书第七节文后作为附录有更详细的引用。

坦的文章和上面提到过的玻尔的工作等，又有一些重要发展，但这些都还是唯象理论（2）。最后，通过量子力学之产生才步入理论架构（3）的范畴。

本书的写作，受到杨振宁教授论述的启发，基本上按照他指出的思路展开。在第一节和第二节叙述的是第谷、开普勒、牛顿，他们从（1）→（3），走过了（实验）观测（第谷）→唯象理论（开普勒）→理论架构（牛顿）这三个过程。这三位物理学家所处的时代，是近代物理学刚刚成长起来的时代。这时他们思想深处有某种美学上的观点支配他们的思考，但是这些美学观点都比较原始，带有某种神秘的色彩。例如，圆周匀速运动被认为是最美的，某些神秘的数字（如7）会影响他们。这时候的美学观既可以引导他们向某一个方向走去，也会带来一些成果（这是因为自然界本身就是按照这些简单和谐美的方式形成）。但是错误出现的频率很高。所以开普勒（J. Kepler，1571—1630）几乎是在试错中前进的。牛顿（I. Newton 1643—1727）就不同了，他开始用比较成熟的理论架构和数学来讨论物理学中的运动，结果他获得了很大的成功，得到了伟大而漂亮的理论架构：牛顿三大定律和万有引力定律，这期间牛顿还少不了假借一些神秘的美学观念来支撑他的理论。

在画家威廉·布莱克（Willian Blake，1757—1827）的笔下，牛顿是个神圣的几何学家。

第三节讲的是热力学定律，这一节讲述的是物理学家在研究热运动如何从（1）→（3）的全过程。这个时代已经是18到19世纪，德国的自然哲学盛行一时，它的美学观念（整个自然界以及自然界的每一个细部，都要服从简单性、统一性原理）在很多领域指导着物理学家们前进。迈耶（J. R. Mayer，1814—1878）、亥姆霍兹

（H. Helmholtz，1821—1894）正是在这种美学观的指导下从事热力学研究，并且取得了可喜的进展，得到了一种唯象的理论；而焦耳（J. P. Joule，1818—1889）则用实验证实了他们的信念，最终是亥姆霍兹构建出宏大的理论架构。后来，热力学理论经受住无数次考验，成为微观、宏观和宇观世界里的伟大理论。

第四节在物理学美学这一课题上有重大意义。这是由于麦克斯韦在众多的实验和唯象理论的基础上，为了使四个数学方程更加对称，符合他的美学的观念，异常大胆地构架出一个庞大的电磁理论——麦克斯韦方程组！数学上的对称美的威力由此呈现在物理学家面前。由于它的确太漂亮，它的结果太伟大和出乎意料，以至于物理学家在这美丽的色彩面前惊慌失措。当时，几乎欧洲所有的物理学家都不敢相信这个伟大的理论是真的！直到赫兹（Hertz，1857—1894）用实验证明了这个方程，人们这才回过神来思索其中的美学含义和价值。

爱因斯坦的著名方程 $E=mc^2$。当爱因斯坦刚发现这个公式的时候，他自己也没有把握，他甚至对友人说："这个公式既有趣又迷人，但不知道亲爱的上帝会不会笑它，也许它已经欺骗了我。"他万万没有想到，这个公式会如此深远地改变了人类的生活。

爱因斯坦（A. Einstein，1879—1955）是首批充分理解麦克斯韦方程组美学价值的物理学家之一。他利用扩大理论内部隐含的对称性，提出了伟大的相对论。第五节讲的就是爱因斯坦如何受到麦克斯韦美学观的启发，从而建立相对论的经过。物理学之美在爱因斯坦这儿，实在精彩纷呈，开启了物理学之美的伟大航程。

第六、七节，物理学家开始进入微观世界，这是一个完全不同于宏观世界的领域，物理学家几乎又要从一片黑暗中摸索前进。于是，又重复出现从实验观测（热辐射的观测和实验）到唯象理论（玻尔理论、海森伯的理论），最后才是海森伯和狄拉克的量子力学。这一期间物理学美学的作用似乎显得有一些可疑，但是，从海森伯的研究中仍然可以看出，他从他的父亲那儿继承的古希腊科学美学观念，一直都是他直觉的根源。

第七节非常重要，一位在物理学美学建树极大的人物——狄拉克上场了。狄拉克基本上是从理论的数学结构美来思考物理学理论的。所以，他的方程的建立，完全不同于海森伯矩阵方程的建立。后者基本上是从直觉得到一个唯象理论的方程；但是，狄拉克完全不考虑任何物理模型，直接从理论和数学结构美的制高点出发，得到一个比他还要聪明得多的狄拉克方程，这几乎让他本人都不知所措！由此可以充分理解理论和数学结构美的威力。

正当物理学家为对称性高歌猛进的时候，突然大自然传来了不和谐的声音：宇称不守恒出现了。微观世界再一次显示它那桀骜不驯的本性。其实这是物理学之美更加深刻的显示：对称中的不对称。这是万物生长的奥秘所在。第八节讲的就是这个故事。

在为杨振宁退休举行的学术研究会上，杨振宁与米尔斯合影。

这种更加深奥的美学观念——对称中的不对称，到第九节以更加深入的挖掘展示在读者面前。杨-米尔斯理论（Yang-Mills theory）开始是一个极端美丽和对称的理论精品，而它正是通过自发对称破缺获得了巨大的生命力——“对称性支配相互作用”。这是一个当代最伟大的理论架构！而且更加惊人的是，这一物理学理论架构，居然和美丽的数学结构有令人惊讶的关联，杨-米尔斯理论居然成为数学家研究的热门内容之一！有好几位数学家因为研究杨-米尔斯理论获得了菲尔兹奖。这时，物理学和数学达到了根部的相连。数学结构美终于完整地呈现在物理学家和数学家面前。

菲尔兹奖章。

爱因斯坦、狄拉克和杨振宁是活动在图1（见第5页）中（2）（3）（4）三个领域的物理学家，正是他们的努力，使我们对物理学之美有了更加深入的了解。物理学之美在他们的努力下到达了当代最高点。

当然，物理学之美的探索历程远远没有结束。

雄关漫道真如铁，而今迈步从头越！

此曲只应天上有

——开普勒的和谐宇宙

开普勒直率地承认毕达哥拉斯和柏拉图是他的理念上的老师，他坚信他们的理想的宇宙图式是被完美的数学音乐统治的。他的天体和谐的观点的与众不同之处在于天体的音乐头一次被认为是复调音乐……他不停地强调，复调音乐是古人所不知。他声称，他的新天文学在宇宙哲学中将是一个伟大的进步，就像复调音乐在音乐中一样。

——詹姆斯

开普勒（Johannes Kepler，1571—1630）

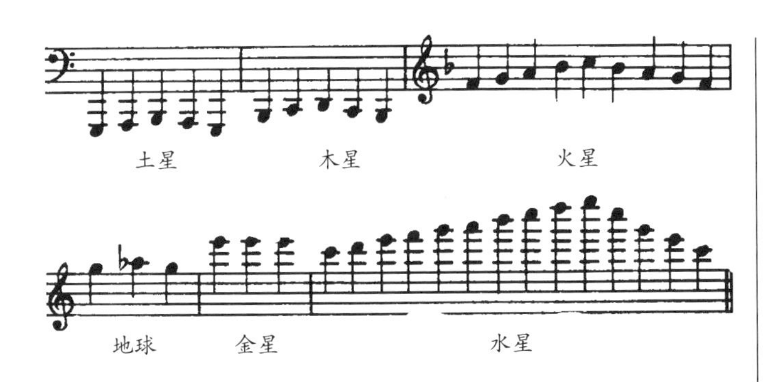

这是一阕什么乐曲？是巴赫的《勃兰登堡协奏曲》？是舒伯特的《野玫瑰》？还是贝多芬的《第五交响曲》？也许你会问：这本书不是讲物理学之美吗？怎么开篇却是一段五线谱？

别急，且听我慢慢道来。这段乐谱在音乐史上也许没有什么地位，它既不是巴赫、舒伯特和贝多芬的作

交响乐团正在演奏贝多芬的交响乐《命运》。在这首交响乐里命运的敲门声铿锵有力，意义非凡。

德国音乐大师贝多芬正在创作《C大调弥撒》。

品，也不是任何一位作曲家的作品，但在物理学史以及人类认识宇宙的历史上，却起过重大的作用。它是德国天文学家开普勒在他的《世界的和谐》一书中的大作！是吗？那就奇怪了，开普勒是很有名气的天文学家，没听说他作过曲呀？是的，他可能没有作过曲，但是他对音乐和科学之间的密切关系，却有着很深刻的理解。他在《世界的和谐》一书中曾经写道：

天体的运动只不过是某种永恒的复调音乐而已，要用才智而不是耳朵来倾听。

美国科学作家詹姆斯（J. James，1953—　）在他的《天体的音乐——音乐、科学和宇宙的自然秩序》（*The Music of Celestial Body— Music, Science, and the Nature Order of Cosmos*）一书中写道：

开普勒直率地承认毕达哥拉斯和柏拉图是他的理念上的老师，他坚信他们的理想的宇宙图式是被完美的数学音乐统治的。他的天体和谐的观点的与众不同之处在于天体的音乐头一次被认为是复调音乐*……他不停地强调，复调音乐是古人所不知。他声称，他的新天文学在宇宙哲学中将是一个伟大的进步，就像复调音乐在音乐中一样。

知道了开普勒的这些想法，我们一定会猜想到这其中有许许多多精彩的故事。不错，但是这些故事的源头得从开普勒的导师——丹麦天文学家第谷（Tycho Brahe，1546—1601）讲起。

纪念德国天文学家开普勒的邮票。

从开普勒的导师第谷说起

第谷13岁时就进入哥本哈根大学学习哲学和法律。在读大学期间，一次在预报时间里真的发生了日食。预报日食的准确性和日食美丽壮观的情景，使第谷感到极为兴奋、惊奇和喜悦。这件事情深深地打动了他，使他对自然界的奥秘产生了浓厚的兴趣。他渴望能够在科学事业上创造奇迹，名扬四海。于是他不顾正常的法律学业，开始认真阅读古希腊学者托勒密（C. Ptolemaeus，90—168）的《天文学大成》。

* 复调音乐（polyphony）：广义而言，指由两个或更多相对独立的声部构成的音乐，与主调音乐（homophony）形成对比。在复调音乐中，能听出各声部是独立进行的，在节奏上它们互不依靠。——作者引自《不列颠百科全书》（1999年）13卷第394页。

资料链接

第谷的脾气十分暴烈，这使他一生为此遭受许多不幸。其中一次不幸发生在1566年的12月，在某位教授家里举行的舞会上，他与一名同学因评论他俩谁是更好的数学家而激烈地争吵起来。最后他们决定在29日晚上7时进行决斗以分胜负。在决斗中，第谷的鼻子被剑削掉了一块。之后，他就只能装一个用合金做的假鼻子，这对于第谷而言，显然是十分不幸的。据说他身上总得随身带着一小盒胶泥，以便假鼻子脱开时再粘上去。但是谁也没有想到的是，第谷的假鼻子后来居然成了一景！事情是这样的，这个假鼻子造型非常逼真，工艺高超，合金又是价值不菲的金属，而且十分有光泽，于是那精美绝伦的合金假鼻子为他的脸上增添了美妙的光彩，使得他显得更加气宇轩昂。当他在朗朗夜空做观测时，合金假鼻子与星光相映生辉，让人惊叹！

装着假鼻子的第谷画像。

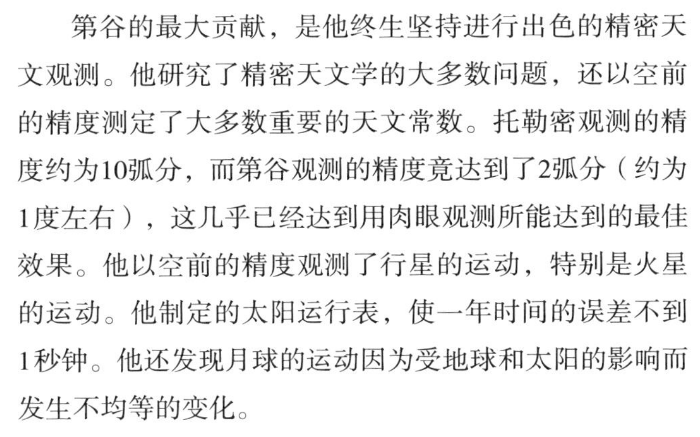

第谷的最大贡献，是他终生坚持进行出色的精密天文观测。他研究了精密天文学的大多数问题，还以空前的精度测定了大多数重要的天文常数。托勒密观测的精度约为10弧分，而第谷观测的精度竟达到了2弧分（约为1度左右），这几乎已经达到用肉眼观测所能达到的最佳效果。他以空前的精度观测了行星的运动，特别是火星的运动。他制定的太阳运行表，使一年时间的误差不到1秒钟。他还发现月球的运动因为受地球和太阳的影响而发生不均等的变化。

第谷高精度的天文观测，可以说空前绝后，直到今天也没有人能在没有望远镜的条件下做出比他更精确的观测。人们送给他一个美称：“星学之王”。比这更重要的是，后来开普勒正是因为利用了第谷留给他的资料，才发现行星运动的规律。

第谷之所以能做出高精度观测，除了他重视高精度观测以外，还与他亲自动手设计、制造许多精度高的观测仪器有关。这些仪器以及消除误差的种种发明，都是人类文明史上宝贵的财富。

第谷的科学活动说明，他是一位杰出的天文观测家，同时又是一位平庸的理论家。他一方面不同意哥白尼的日心说，另一方面他的观测又否定了古老的地心说。于是他提出了新的地心说：让水星、金星、火星、木星和土星这些行星以太阳为中心旋转，而太阳又率领这些行星绕地球旋转。这样，他在地心说和哥白尼日心

第谷使用的观测装置之一：赤道浑天仪。其半径为20米左右。

第谷在天文城堡里进行天文观测。

资料链接

1577年，一颗巨大的彗星在天空中出现，当时人们惊恐万分，认为它的出现预示着巨大的灾难将降临人间。但第谷并没有惊慌失措，相反，他对这颗彗星进行了仔细的观测和研究。可以说，这是人类第一次不带偏见、以科学的眼光来研究被视为恶兆的彗星。根据视差的比较，第谷肯定彗星比月球遥远得多。这一结论对天空"完美无缺"的观点是一次沉重的打击。亚里士多德也研究过彗星，但由于彗星来去飘忽不定，不像其他恒星那样固定不动，也不像行星那样有规律地运动，因此亚里士多德认为彗星只不过是一种大气中的现象，与下雨、雷电这类现象一样。最值得我们注意的是，对近代物理做过重大贡献的伽利略，也同意亚里士多德的观点。在对彗星的认识方面，伽利略还不如第谷。这可能是因为第谷的观测十分准确，使他不能不得出连自己也感到意外的结论。

彗星。

说之间，在科学与神学之间，选了一条他认为"万无一失"的折中路线。他的理论如果出现在哥白尼的理论之前，那就有一定进步意义；但在哥白尼的日心论已经提出之后，第谷的理论就只能被视为是一种历史的倒退。第谷还坚信行星是在做最完美的匀速圆周运动。圆周被赋予了形而上学和审美的价值，比如在文学意象中，圆周一直被看成最重要和最完美的图。第谷曾经说过：

行星轨道必须无例外地由圆周运动构成；否则它们就不能以均匀和恒久不变的形式循环往复，永恒延续就是不可能的；而且，轨道就不会是简单的，而是会显示出更大的不规则性，也会不适于科学处理和实践。

幸运的是，1600年，一位年轻的德国天文学家开普勒来到他的身边，使他的精确的测量没有被白白浪费，否则就会只剩下一个折中路线的错误结果。在开普勒手里，第谷的测量成为一场科学审美革命的宝贵资料。

毕达哥拉斯的信徒

开普勒于1571年12月27日生于德国南部符腾堡州的魏尔镇。开普勒自幼就为疾病所苦。3岁时，天花不仅损坏了他的面容，使得他一只手半残，还损害了他的视力；同时，家境贫寒，使他饱受穷苦之累，有时穷得只能乞住于乡村旅店之中。9岁时，为了生活他只好去做佣人，直到12岁才回到学校。但少年时期的开普勒，不仅没有被贫穷和苦难击倒，反而更增加了他刻苦读书的意志。1598年开普勒17岁时进入图宾根大学。

在进大学以前，开普勒对天文学并没有表现任何兴趣，他热衷的是神学，希望日后能当牧师。但在图宾根大学受到天文学教授马斯特林（M. Maestlin，1550—1631）的影响，他的兴趣开始转向天文学，并接受了哥白尼的日心说。大学期间，他甚至写了一篇论述哥白尼理论的短文。1591年，开普勒以全班第二名的优秀成绩毕业。此后，开普勒本来想在教会中找到一个职位，但由于他相信哥白尼学说，使他失去了担任教会职务的资格。

1594年，在马斯特林的帮助下，开普勒在奥地利格拉茨大学谋到一个天文学讲师的职务。从此，他把当牧师的想法抛到了九霄云外，一心一意开始研究行星问题。

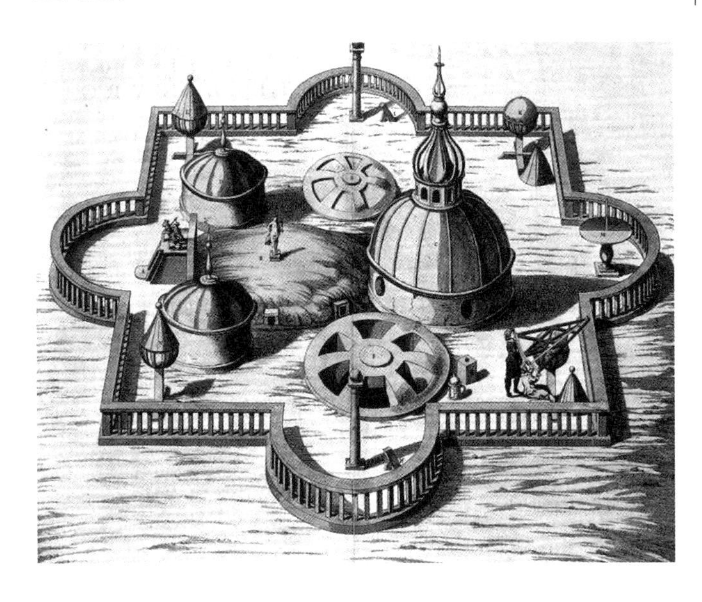

第谷的天文城堡。

资料链接

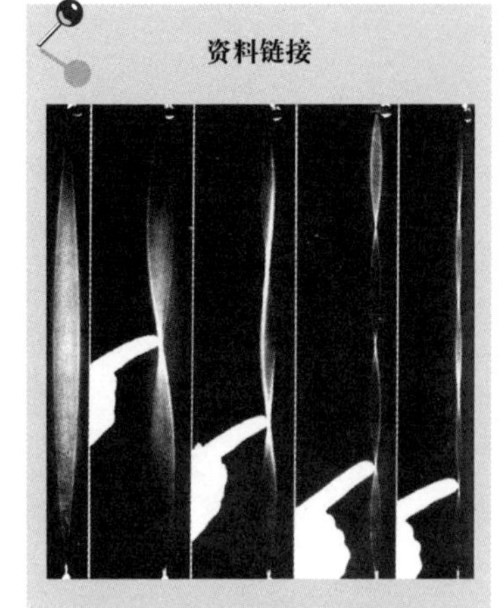

美国著名作家布伦诺斯基（J. Bronowski）在他的《人的上升》（*The Ascent of Man*）一书中写道：

当我们在弦上移动节点的时候，会明白到达事先规定的点位的时候，音符就发出和谐的音。

……

毕达哥拉斯发现，发出悦耳音的和弦对应于整数的分弦点。对于毕达哥拉斯学派的人来说，这个发现里面有一股神秘的力量。自然与数字之间的和谐如此确切，因而使他们相信，不仅仅自然的声音，而且自然所有特征性的尺度，都一定有一些简单的数字来表达其和谐之处。例如，毕达哥拉斯或其弟子相信，我们应该能够计算出天体的轨道（希腊人在结晶体上画的画认为天体围绕地球转动），比如使其与音乐的间隔产生关系。他们感觉到，自然当中所有的规律都有音乐性，天体的运行在他们看来就是球体的音乐。

1930年，为纪念开普勒逝世300周年，爱因斯坦发表了纪念文章《约翰内斯·开普勒》，文章中写道：

在像我们这个令人焦虑和动荡不定的时代，难以在人性中和在人类事务的进程中找到乐趣，在这个时候来想念起像开普勒那样高尚而淳朴的人物，就特别感到欣慰。在开普勒所生活的时代，人们还根本没有确信自然界是受着规律支配的。他在没有人支持和极少有人了解的情况下，全靠自己的努力，专心致志地、艰辛和坚忍地工作几十年，研究行星运动的经验以及这运动的数学定律。使他获得这种力量的，是他对自然规律存在的信仰，这种信仰该是多么真挚呀！如果我们要恰当地对他表示敬意并纪念他，我们就应当尽可能清楚地了解他的问题，以及解决这些问题的各个步骤。

那么，开普勒如何寻找行星运动规律的呢？开普勒是一个彻底信奉毕达哥拉斯主义的学者，像古希腊哲学家毕达哥拉斯（Pythagoras，公元前约560—公元前约480）一样，他认为上帝按照完美的数字创造了世界，因而行星运动的真实动因，应该到隐含着的数学和谐中去找。他之所以相信哥白尼的学说，是因为日心说更美——它蕴含着追求宇宙中数之和谐的精神。

五种正多面体带来的灵感

开普勒当时最感兴趣的问题是：为什么行星有6颗？（当时只发现了水星、金星、地球、火星、木星和土星6颗行星，其他行星是在他死后才发现的。）它们的轨道半径为什么恰好是8∶15∶20∶30∶115∶195这样一个比例？

这似乎纯粹是一个数字游戏，可是你可别小看它。从古到今，这种游戏总是给人巨大的美感和启迪，吸引着许多爱思考的人。

开普勒开始试着用平面几何图形的组合来猜测行星轨道之谜，但失败了。在1595年7月的一天，他突然有了灵感：“哎呀，我多傻啊！行星在空间运动，我怎么在平面上画图呢？应该用立体图形！”思路一打开，很快就有了可喜的突破。

当时人们知道5种完美对称的“规则的多面体”（即正多面体），希腊数学家还证明过，自然界只可能有5种正多面体。开普勒马上想到，如果把5种正多面体与6个球形套合起来，不就有6个球吗？6个球恰好对应6条轨道，这实在是太美，太妙了！开普勒相信，这就是只有6颗行星的奥秘所在！开普勒的方法是这样的：开始以一个球形作为地球的轨道，在这个球形外面配一个正十二面体，这个正十二面体的12个面与里面的球形相切，十二面体外面作一个圆球，这个圆球是火星的运动轨道；火星球外面作正四面体，再在它外面作一个圆球，得出木星的轨道；木星球外作一立方体，立方体外面的球就是土星的轨道；在地球轨道的球形内作正二十面体，二十面体内的球形是金星的轨道；金星球内作正八面体，其内的球就是水星的轨道。根据这种方法得出各轨道半径的比，与观测结果大体相同，这使得开普勒非常兴奋。他说：“我从这一发现中得到的愉快，真是无法形容！”

詹姆斯在《天体的音乐》一书中也写道：

当他开始向第三维跳跃的时候，最后的晴空霹雳震

德国天文学家开普勒。他的专心致志和坚韧不拔的精神，来自他对自然界存在音乐般和谐美的信心。

毕达哥拉斯发现数字和音乐之间存在非常令人惊讶的和谐关系。（中世纪木刻画）

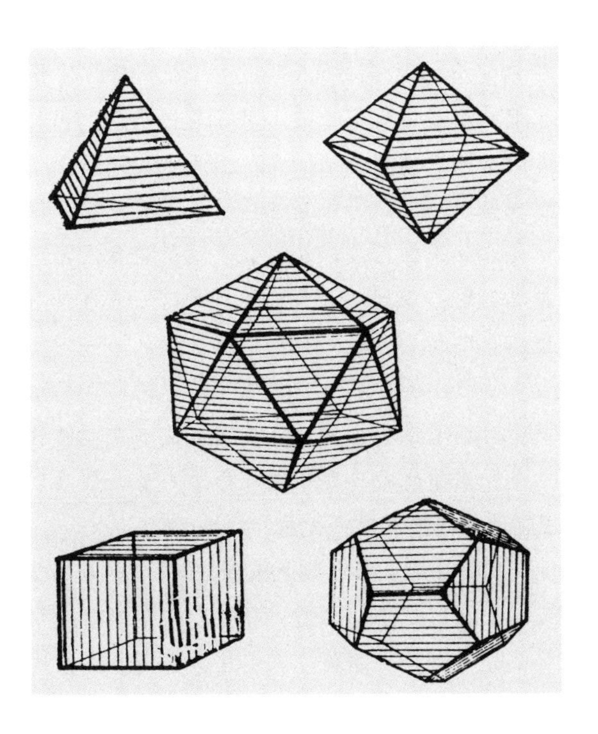

5种规则的正多面体

由欧几里得几何学证明，只有5种正多面体：四面体（左上，金字塔）、立方体（左下，六面），八面体（右上，有8个等边三角形的面）、十二面体（右下，有12个等边五角形）和二十面体（正中，有20个等边三角形）。

开普勒用5种正多面体说明行星的运动。

爱琴海萨摩斯岛上的毕达哥拉斯塑像。

“再没有比宇宙更宏伟更广阔的了。”
——开普勒

撼了他，完美的立体数字是5，正好是描述行星天体间的区间所需要的数字。这完美的立体，相当恰当地被称为毕达哥拉斯学派的立体和柏拉图的立体，这么叫是因为它们完美地左右对称；它们的正面都是相同形状和大小的有规则的多角形。这是几何的事实。

对于开普勒来说，这些多面体最为漂亮和完美，因为它们最大可能地模仿了古希腊哲学家柏拉图（Plato，公元前427—前347）在《蒂迈欧篇》里被确认为神的形象的天体，这是一个被开普勒当成信仰的概念。当开普勒比较毕达哥拉斯学派的这5个立体的内外圆形半径的比例时——在他的图解中这些天体将被置于太阳周围的空间中——它们好像和行星的运动比例相配。开普勒非常兴奋地写道：

我永远无法用语言来描述我从自己的发现中获得的快乐。现在我再也不惋惜失去的时间，再也不厌倦工作，无论有多大困难，我也不回避计算。日日夜夜我不停地从事计算，直到我看见用公式的语言表达的句子与哥白尼的轨道完全吻合，直到我的欢乐被风吹走。

后来开普勒在1596年底出版的《宇宙的奥秘》一书中又一次热情洋溢地写道：

7个月以前，我曾许诺写出一部将会使学者们认为是优雅的、令人惊叹的、远胜于一切历书的著作。现在，我把她奉献给你们。这部著作篇幅虽小，都是我微薄努力的结晶，而且论述的是一个奇妙的课题。如果你们期望成熟——毕达哥拉斯在两千多年前就已经论述过这一课题。如果你们追求新奇——这是我本人第一次向全人类提出这一课题。如果你们要广度——再没有比宇宙更宏伟更广阔的了。如果你们向往尊严——没有什么能比上帝的壮丽殿堂更尊贵更瑰丽。如果你们想知道奥秘——自然界中没有（或从来没有）比这更奥妙的了。只有一个原因使我的论题不能让每个人都感到满意，因为无思想者是看不到其用处的。

现在我们知道，开普勒所重视的5种正立方体图形与行星运动轨道只是碰巧合适，而且即使在当时也与观测资料并不完全符合。当更多的行星被发现以后，这种图形就变得一文不值了。正如詹姆斯所说：

开普勒追逐天体音乐的幻想是在浪费他的时间。对于一些像泡利这样的人，天堂就像坟墓一样寂静，并且是开普勒自己开创的“数学的逻辑思想”使它们变得沉默的。然而，显然开普勒的意图是用（或者在需要的地方发明）大部分现代天文的和数学的方法来挽救毕达哥拉斯学派的宇宙观。他的工作做得太好了；在开普勒之后，天体的音乐从科学中不可挽回地分开了，永远地退到模糊的深奥的幽深处。然而，开普勒是最后一位试图向这些隐秘处照射光亮的伟大的科学家。

但是我们切不可低估开普勒的这次可贵的努力，如爱因斯坦所说，“在根本没有确信自然界是受规律支配的”情形下，开普勒曾经勇于寻找“规律”，这本身就很了不起。找到的立脚点不合适也是可以理解的。正多面体的设想虽然错了，但是他用具体的数字关系来研究天体运动规律，不能不说是一次伟大的创举。而且，他在此后的探索中，一直沿用这种美学上的思路，最终得到了不朽的“行星运动三大定律”！开创者披荆斩棘的艰辛和困惑，只有设身处地才能够体察到。

美丽的日食景象。

在《宇宙的奥秘》这本书里，开普勒除了为捍卫哥白尼学说做了很有说服力的论述以外，更可贵的是，开普勒在必要时可以毫不犹豫地打破哥白尼的惯例。例如，开普勒在研究行星轨道时，以太阳作为参考系，这对他后来伟大的发现极其重要。他还提出了一个极为含糊但很有启发性的想法：太阳将沿着光线辐射方向给每个行星一种推动作用，使它们沿着各自轨道运动。这虽然是一个未必存在的观念，但却帮助他后来发现了一条重要定律。

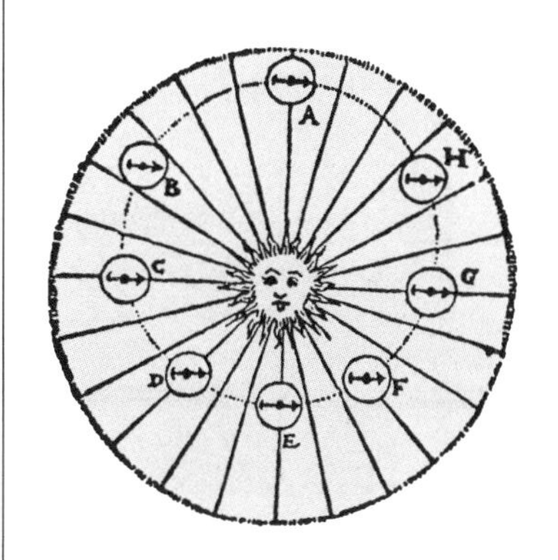

开普勒关于太阳如何影响一颗行星的解释

因为他发现行星是在以太阳为中心的椭圆轨道上运动，因此他不得不给出一个力来改变行星到太阳的距离。从磁的概念出发，他猜想太阳对行星轨道一部分进行吸引（A、B、C、D、E），而对其他的部分则进行排斥（E、F、G、H、A）。图中箭头表示磁力作用的方向。

1598年，奥地利爆发了严重的宗教冲突，开普勒只好逃到匈牙利。1599年，开普勒把他的《宇宙的奥秘》一书寄给刚到布拉格的第谷，并将自己的困境和疑难问题告诉了第谷。第谷这时正忙于观测火星，他对开普勒的著作十分欣赏，于是在几次通信后，第谷就邀请开普勒到布拉格共同工作。第谷在信中写道：“来吧，作为朋友而不是客人，和我一起用我的仪器观测。”

哥白尼在自己的天文台。

一生颠沛流离的开普勒

1600年初，开普勒来到了布拉格，开始了自己伟大的征程。但开普勒的生活，并没有什么好转，他几乎一直在贫穷中度日。虽然他名义上是德国皇帝的宫廷天文学家，但却长年拿不到薪水。开普勒是历史上数理天文学的先驱，但却没法用天文学的职位养活自己和13个孩子。他只能靠算命来使一家人不致被活活饿死。

1630年，开普勒的生活已经无法维持，只好亲自去雷根斯堡向国会要求付给他近20年的欠薪。不幸的是由于饥寒交迫，他刚到雷根斯堡就病倒了。当年11月15日，开普勒穷极潦倒地去世，被埋在城堡外。传说在他的墓碑上写着：

我曾测天高，

今欲量地深，

上天赐我灵魂，

凡俗的肉体安睡地下。

后来由于战争的破坏，他的坟墓已经消失得无影无踪了！

开普勒一生颠沛流离，不断失去亲人的巨大痛苦始终没有离开过他。他的母亲曾经由于被指控为“巫婆”险遭烧死，经开普勒冒死抢救总算免于一死。命运给他带来的忧患、打击，没有使他屈服，他顽强地挺过来了，并且不断从宇宙和谐的信仰中寻找欢乐和慰藉，沉醉于美丽的和谐之梦中。爱因斯坦在1949年曾经非常感叹地说过：

应当知道开普勒在何等艰难的条件下完成这项巨大的工作的。他没有因为贫困，也没有因为那些有权支配着他的生活和工作条件的同时代人的不了解，而失却战斗力或者灰心丧气。而且他所研究的课题还给宣扬真理的他以直接的危险。但开普勒还是属于这样的一类少数

开普勒在布拉格的故居。

人，他们要是不能在每一领域里都为自己的信念进行公开辩护，就绝不甘心。

18世纪德国诗人诺瓦利斯（Novalis，1772—1801）表达了他对开普勒的钦佩和仰慕：

向着您，我转过身来，高贵的开普勒，您的智力创造了一个神圣的精神宇宙。在我们的时代里，被视为智慧的东西是什么？是屠杀一切，使高尚的东西变低微，使低微的东西纷纷扬起，甚至使人类精神在机械的法则之下屈服。*

位于布拉格的、第谷和开普勒的塑像。

捷克作家布诺德（Max Brod）在他的《第谷·布拉赫的赎罪》（*The Redemption of Tycho Brahe*）中写道：

开普勒使第谷对他充满了敬畏之情。开普勒的全心全意致力于实验工作、完全不理会叽叽喳喳的谄言的宁静心理，在第谷看来，就几乎是一种超人的品质。这儿有点不可理喻的地方，即似乎缺乏某种情感，有如极地严寒中的气息……

10欧元银币上的开普勒像。

第谷临终正确的选择

开普勒与第谷一起工作，开始了科学史上最富有成效、最富有启发性的合作。他曾说：

我认为，正当第谷和他的助手全神贯注研究火星问题时，我能来到第谷身边，这是“神的意旨”。我这样说是因为仅凭火星就能使我们揭示天体的奥秘，而这奥秘由别的行星是永远揭示不了的……

第谷对于自己的观测资料本来是十分保密的，从不让外人过目。但开普勒到他身边工作后，第谷很快就十分欣赏这个年轻人，因此就允许开普勒接触他那珍贵的、一般人不能接触的火星观测资料，并让开普勒和他一起研究火星的运动。

合作约一年时间，第谷因病去世。第谷在临终时，曾把他的全家人召到床前，要家人保存他的资料，并委托助手开普勒继续编辑、校订和出版他的行星表。第谷没有选错人，因为开普勒不仅在1627年正式出版了《鲁道夫星表》（将星表命名为鲁道夫，是为了纪念第谷

---

* 引自车桂女士的著作《倾听天上的音乐——哲人科学家开普勒》，福建教育出版社，1994年，第7页。——本书作者

在开普勒那个时代，行星理论的传统目的是制作精确的星表。正是在这个意义上，《鲁道夫星表》是开普勒一生工作的顶峰。这张图是开普勒用做卷首的插图。

图中天文神殿中是开普勒的前辈们。前排左二是哥白尼，左三是第谷，他正指向天花板，那里表示了他的行星体系，哥白尼则鼓励开普勒将太阳置于行星体系的中央。神殿中间吊着一枚特大的硬币，象征皇帝提供的财政资助。在顶上环绕站立的6个女神，分别代表开普勒在6个方面做出的成绩。

的赞助人鲁道夫皇帝），而且他还利用了第谷的观测资料，发现了伟大的行星运动规律。

还有一件罕为人知的事，也许更能说明第谷选对了人。第谷的家人除了脾气像第谷一样暴烈以外，还非常的贪婪。第谷死后，他们结成一帮，把开普勒看成外人，违背死者的遗愿，不愿意把第谷的观测资料给开普勒。开普勒可以说费尽了心机和耍了不少花招，才使这些极为宝贵的资料由他保管，没有散失。我们可以设想一下，如果这些宝贵的资料散失了，人类文明史会遭到多么大的损失？要知道，牛顿正是在开普勒铺平的道路上走向成功的！

第谷的死对开普勒未尝不是一件好事，因为开普勒根本不相信托勒密和第谷的日心理论，所以第谷一死，开普勒可以放开手脚大干起来。

开普勒从一开始就认识到，仔细研究火星运动轨道是研究行星运动的关键，因为火星的运动轨道偏离圆轨道最远，而哥白尼坚持认为行星运动一定是圆周匀速运动。所以在火星运动中显示出了哥白尼理论的严重缺陷。以前，第谷曾因为这一点怀疑和否定日心说；但开普勒则没有因此而怀疑日心说，他只是认为哥白尼的日心说有严重的缺陷，需要做大胆的改进。

八分的误差引出了伟大的发现

开普勒在研究行星运动规律时，他清醒地认识到有三个基本原则不能丢掉：一是哥白尼的日心说；二是坚信第谷观测资料的准确性；三是毕达哥拉斯神秘的数学和谐。这儿特别值得提出的是，开普勒创造性地对待毕达哥拉斯“数的和谐”这一至高无上的美学原则。两千多年来，人们对这一美学原则视若圣明，对它顶礼膜拜，对它的内容和形式不敢有丝毫侵犯。开普勒虽然终生坚持“数的和谐”这一合理的思想内核，但却敢于大胆扬弃笼罩在它外面的一些不符合观测的和神秘的观念。

开普勒（左）和老师第谷在讨论天文学问题。

当开普勒用圆轨道这一几千年来的传统观念研究火星运动时，结果理论与第谷的观测资料有8' 的误差（即

1°的8／60）。在这种矛盾面前，开普勒坚信第谷的观测资料不会有问题，并且敢于怀疑圆轨道观念有问题。他坚信，对第谷的精确的观察资料进行分析，是继续研究行星运动的必不可少的先决条件。开普勒曾经写道：

我们应该仔细倾听第谷的意见。他花了35年的时间全心全意地进行观察……我完全信赖他，只有他才能向我解释行星轨道的排列顺序。

此图描绘的是1633年审判伽利略时的情景。（绘于1857年）

第谷掌握了最好的观察资料，这就如他掌握了建设一座大厦的物质基础一样。

1602年，开普勒开始想摒弃行星运行轨道是圆形的假说，而视之为卵形。这年10月他曾经指出：

行星轨道不是圆。这一结论是显而易见的——有两边朝里面弯，而相对的另两边朝外凸伸。这样的曲线形状为卵形。行星的轨道不是圆，而是卵形。

在做出火星轨道是卵形这一结论之后，开普勒又花了3年时间才确定它的轨道实际上是椭圆。当这一结论确立时，他写道：

为什么我要在措辞上做文章呢？因为我曾拒绝并抛弃的大自然的真理，重新以另一种可以接受的方式，从后门悄悄地返回。也就是说，我没有考虑以前的假设，而只专注于对椭圆的研究，并确认它是一个完全不同的假设。然而，这两种假设实际上就是同一个，在下一章我将证明这一点。我，不断地思考和探求着，直至我几乎发疯，所有这些对我来说只是为了找出一个合理的解释，为什么行星更偏爱椭圆轨道……噢，我曾经是多么的迟钝啊！

最终，他发现新的假设与观测资料非常一致，于是他相信行星运动的轨道一定是椭圆的。这样，几千年的希腊天文学轰然倒塌，行星做圆运动的“神圣秉性”和“审美标准”也在精确的观测面前从此一笔勾销！进一

人类已经于1976年将“海盗”1号、2号探测器送上了火星。

上图为美国发射的“海盗”2号探测器在火星上；下图为探测器拍下的火星上的日落景象。

意大利物理学家和天文学家伽利略。

资料链接

伽利略之所以没有能够提出万有引力，有一个很值得我们注意的原因，那就是他没有摆脱传统的审美观念，而认为天体运动是一种与地球上物体运动截然不同的、天然的、无始无终的、最完美的、最和谐的运动。这样他就认为天体运动只能是匀速圆周运动，是一种惯性运动（伽利略错误地认为匀速圆周运动是一种惯性运动），因而这种运动不需要力的作用。伽利略的这一错误的结论，使他忽视了对万有引力的探索，也影响到其他人对万有引力的探索。

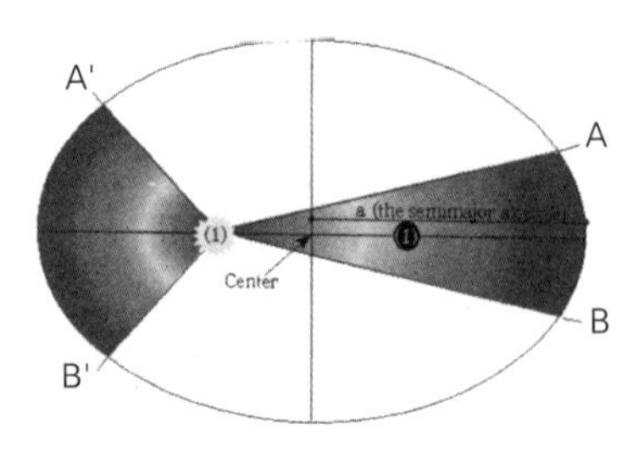

开普勒第二定律（即面积定律）示意图

行星在相等的时间里通过$\widehat{AB}$和$\widehat{A'B'}$，因为$\widehat{A'B'}$长一些，所以在$\widehat{A'B'}$运动得比较快，在$\widehat{AB}$则运动得较慢。但在相等的时间里矢径扫过的面积相等。

步的研究证明，所有行星的轨道都是椭圆。这就是开普勒行星运动第一定律。

接着，开普勒又打破了第二个神圣的审美标准：行星都做匀速运动。开普勒证实，行星在椭圆轨道上，有时离太阳远，有时离太阳近，离太阳远时行星运动得比较慢，离太阳近时则运动得较快。神圣的“匀速”圆周运动也被彻底打碎了。不过还有一点聊以自慰的是，行星沿椭圆轨道上的运动还是遵循一种规律，它们并不是信马由缰地乱蹦乱窜。这个规律就是开普勒第二定律：由行星到太阳之间连一条线（学名叫“矢径”），这条线在相同的时间内扫过的面积相等。啊，“均匀性”这一美学标准总算以另一种面貌展现在人们面前！

1609年，开普勒出版了一本书《新天文学》（*New Astronomy*），在书中阐述了他发现的第一和第二定律。

对于彻底信奉毕达哥拉斯数学和谐的开普勒来说，最令人钦佩的是，当传统的、先入为主的美学标准不符合实际观测时，他能够有罕见的勇气和智慧，否定传统的不合理的美学标准，并与之决裂。但是这种与传统美学标准决裂的做法，受到了朋友们和同事们的强烈反对。开普勒的朋友、天文家法布里修斯（David Fabricius）对他说：

> 你用你的椭圆废除了天体运动的圆周性和均匀性，当我的思考越是深入，我越觉得这种情况荒谬……如果你能保留正圆轨道，并且用另外的小本轮证明你的椭圆轨道的合理性，那情况会好得多。

开普勒的另一个朋友弗拉德（R. Fludd，1595—1637）在他的《宏观世界历史》（*The History of the Macrocosm*）中，极力谴责开普勒的数学“粗俗”“低俗”，以及“开普勒太快地陷入了污秽和泥土里，太牢固地受到看不见的脚镣的束缚而不能让他自由。”这意味着弗拉德并不相信第谷的观测资料，而绝对相信传统的美学标准。甚至于连非常重视实验观测的伽利略都不相信椭圆轨道，他在1632年出版的《关于托勒密和哥白尼两大世界体系的对话》（*Dialogue Concerning the Two Chief World Systems*）中写道：

只有圆周运动能够自然地适宜于以最佳配置组成宇宙的各个组成部分。

实际上，伽利略是17世纪最坚定支持天体运动的圆周性和均匀性原理的天文学家之一，他没有把他的反传统的智慧和勇气延伸到这个问题上。也正是因为这一点，使他没有把他的地面上的运动学规律扩展到天体运动上。

世界的和谐

更令人钦佩的是，开普勒不仅有勇气打破过时的美学传统观念，他还坚信宇宙一定有一种内在的和谐，即各行星之间一定受某种简单的数学规律的制约。当然，开普勒毕竟是三百多年前的人，他不可能脱离他那特定的时代去思考，所以他认为数学规律（或数学和谐）的存在，可以证明上帝的智慧和上帝值得赞美。不论他怎么看待这种数学和谐的实质，他能坚持自然现象一定有某种和谐的数学规律支配，这实在是非常了不起。

正是因为他有这种坚定的信念，在发现第一和第二定律之后的十年里，开普勒又不知疲倦地观测行星运动和分析第谷的观测资料。到1618年5月，开普勒终于找到了他终生为之追求的美学标准——数学和谐。他发现，火星到太阳的距离R（1.524天文单位）的立方（R^3），与火星绕太阳公转一周的时间T（1.881地球年）的平方（T^2）基本相等：

$$(1.524)^3 = (1.881)^2 = 3.54$$

后来他又进一步发现，其他所有行星的R^3都与T^2相等。

用文字表述就是：行星绕太阳转动一周的时间（称公转周期）的平方，正比于它们与太阳平均距离的立方。这就是开普勒的行星运动第三定律。这一规律揭示了行星对太阳的距离和其公转周期之间的内在联系，同时也为行星运动的一些计算带来了方便。

1618年5月27日开普勒完成了《世界的和谐》（*Harmonics Mundi*）一书，1619年出版。书中公布了他

伽利略的《关于托勒密和哥白尼两大世界体系的对话》一书的中译本。

开普勒工作过的地方。

资料链接

开普勒在《世界的和谐》一书中，公布了他的“三大定律”：

第一定律：每一个行星以太阳位于其焦点的椭圆上运行；

第二定律：矢径（连接从太阳到行星的直线）在相等的时间内扫过相等的面积；

第三定律：行星绕太阳转动一周的时间的平方正比于它们与太阳平均距离的立方。

因为这三大定律，开普勒被誉为“天空立法者”。他在书中非常兴奋地写道：“22年后，我终于活着看到了这一天，并为此感到欢欣鼓舞，至少我是如此；并且我相信马斯特林和其他人将分享我的快乐！”

托勒密。

丢勒的名画《三位一体》。

资料链接

有一位学者说，开普勒的“三大定律”犹如丢勒的名画《三位一体》和《四使徒》一样，一切都那么合适，没有一点多余的东西。

《三位一体》这幅宗教题材的作品类似意大利的教堂壁画，人物众多，构图采取严格的对称形式。全画分成上下两层，上层为神界，即天际。在中轴线上描绘了光芒万丈的三位一体：圣父、圣子、圣灵。圣子形象是被钉在十字架上的基督，基督之上是天父形象，最上面是象征圣灵的鸽子。

的第三定律。

此时，开普勒的高兴和振奋心情是可想而见的。以前，哥白尼的学说用34个正圆解释了托勒密需要77个正圆才能解释的天体运动，而现在，开普勒只要7个椭圆，就把哥白尼用34个正圆都说不清的问题做出了成功的解释；而且他打破了旧有的数学和谐关系，建立了更美妙的、新的数学和谐关系。22年以前，开普勒就曾经探索过行星轨道之间的关系，那时他用的是一些正多面体的组合；22年后，他从静止不动的宇宙走向了运动着的宇宙，他从几何关系走向了比较复杂的函数关系。正是这些变化，使他梦想成真。他高兴地欢呼：

在我见到托勒密“天体和谐”之前，我就坚定相信世界的和谐。在22年前，当我发现天体轨道之中的5种正多面体时，我就更加肯定天体一定是和谐的，我还对我的朋友们作过许诺，一定要找到这种和谐。这本书在我尚未肯定我的发现（16年前，我作为一件事努力地去寻找）时就已命名。为了这个发现，我结识了第谷·布拉赫；为了这个，我定居布拉格；也为了这个，我把我生命中最美好的那部分时光奉献给了天文学的沉思。终于在我最意想不到的地方，我揭露而且认识了它的真理。自我第一次瞥见它的微光还不到18个月，自它破晓以来只有3个月，见到真理的阳光才几天，它无比美妙地注视着我，突然来到我的面前。没有什么能制止我……不顾一切，把这本书写出来了。究竟是现在的人或是子孙后代来读它，我也管不着了。可能等一个世纪才有一个读者，正如上帝为了一个观测者曾经等了6000年。

后来，根据开普勒的行星运动三大定律制定的《鲁道夫星表》与他观测到的行星位置充分吻合，证明开普勒的三大定律具有巨大的经验价值。正是这种经验价值，迫使许多天文学家先后承认了开普勒的理论。英国学者麦卡里斯特（J. Mcallister）在他写的《美与科学革命》（*Beauty and Revolution in Science*）一书中写道：

17世纪初，与在哥白尼生活的时代一样，圆周被赋予了巨大的形而上学和审美价值。比如，在文学意象中圆周继续被看成最重要的图形。比较起来，椭圆被看成审美上不悦人的。尽管今天我们通常把圆周看成椭圆的一种特殊情况，即两个轴长度相等的情况，但在16世纪和17世纪初期，椭圆则被看成扭曲的和不完美的圆周。

……

1627年以后，开普勒理论的经验价值更为明显，此时开普勒出版了《鲁道夫星表》。它汇编了用于预言月亮和行星位置的数据表和规则，依据的是开普勒的定律。本质上，它是对开普勒理论的观测结果的表格化，这样人们就容易对开普勒理论进行经验检验。天文学家很快发现，《鲁道夫星表》中提出的预言与观测到的行星位置充分吻合——甚至包括水星的观测位置，而这颗行星到此时为止一直是最不受天文模型约束的。

许多同时代的天文学家都是由于有使用《鲁道夫星表》的经历，而最终承认开普勒理论有巨大的经验价值。

德国天文学家克鲁格教授（P. Crüger）下面的话表明了开普勒理论对他的影响：

我不再理会行星轨道的椭圆形式带给我的困扰。

这样，由于传统的美学标准与经验发生矛盾，最后导致美学标准的一次变革，并终于因为与经验观测更好地符合而宣告完成。在历史上，这种变迁方式是非常标准、经常如此发生的一种变革方式，也是大家十分熟悉的方式。但是请读者注意，到20世纪以后，这种由经验影响美学标准的变革方式，受到了很大的冲击。正因为如此，在这本书里我们还会遇到更有趣味、更加神奇的研究案例。

开普勒的功劳是伟大的，他的伟大不仅在于他发现了三大定律，而且在于他相当大胆地认识到，地球既然是一个行星，那么就应该有一种物理学规律，它既适用于天体，又适用于地球上的物体。这种天地平权的思想，是物理思想史上一次伟大的飞跃，有了这次伟大的飞跃，才有可能建立一种普适的物理规律。这一任务，后来由伽利略和牛顿完成了。开普勒虽然勇敢地破除了毕拉哥拉斯主义中的一些美学信条，但他仍然被毕达哥拉斯的神秘主义捆住了手脚。直到发现三大定律之后，

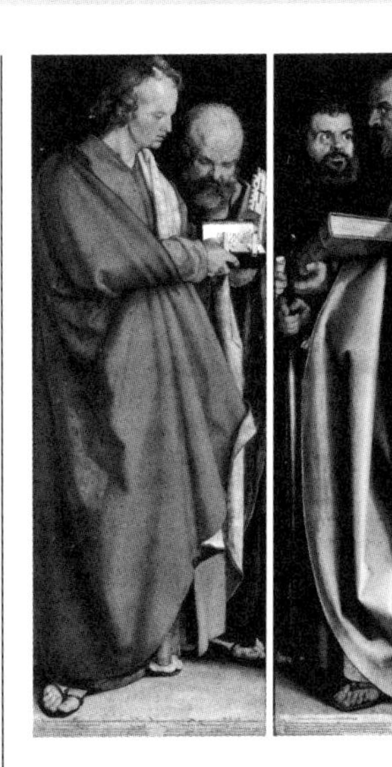

丢勒的名画《四使徒》。

《四使徒》是丢勒晚年的成功之作，这幅画不仅体现了他的人文主义思想，而且带有强烈的新教色彩。四个使徒形象高大，丢勒采用大胆奔放的笔触把四人的形象描绘得粗犷有力，像雕塑一样丰满结实。

四使徒的形象不仅仅代表四种性格，而且代表当时对宗教改革和农民运动充满信心和力量的战士，是公正、真理与智慧的象征。

1971年是开普勒诞生400周年，很多国家发行了纪念邮票。

他还相信太阳是圣父，行星是圣子，而制约宇宙的数的和谐关系则是圣灵。宇宙正是这种三位一体神圣关系的体现。他不愿放弃数的神秘的和谐关系，他说：

上帝要求人们倾听天文学的音乐。

在《世界的和谐》一书的第八章，他想以音乐的和谐关系研究宇宙的关系。他还专门研究了行星发出的4种声音（女高音、女低音、男高音和男低音），他认为上帝还是通过天体运动，在宇宙奏响美妙的天体音乐。当然，凡人是听不见这种“圣乐”的，正所谓“此曲只应天上有”！本节一开始展现在读者面前的一段乐谱，就是开普勒谱出的“美妙的天体音乐”。

用这种神秘的三位一体的音乐，是无法将天体和地球的物理学统一起来的。开普勒没有也不可能完成他的目标。第一个适用于天体和地面的规律，来自牛顿。

但是，从开普勒的和谐宇宙开始，宇宙和谐的观念就一直成为启迪科学家们伟大的智慧源泉，显示出耀眼的光芒；在追求宇宙奥秘的道路上，开普勒一直是光辉的榜样。

德国魏尔小镇中的开普勒纪念碑。

上帝说：让牛顿出生吧！
——牛顿的引力理论

我们要想为科学理论和科学方法的正确与否进行辩护，必须从美学价值方面着手。没有规律的事实是索然无味的，没有理论的规律充其量只具有实用的意义。所以我们可以发现，科学家的动机从一开始就显示出是一种美学的冲动……科学在艺术上不足的程度，恰好是科学上不完善的程度。

——传记作家　沙利文（J. W. N. Sullivan，1886—1937）

牛顿（Isaac Newton，1642—1727）

自然和自然规律，
隐藏在黑暗之中，
上帝说：让牛顿出生吧！
于是一切显现光明。

后世的人，为了赞扬牛顿的伟大贡献，写下了无数诗篇，其中最为人们喜爱的是上面引用的赞美诗。* 它是英国18世纪新古典主义代表诗人蒲伯（A. Pope，1688—1744）在《威斯敏斯特牛顿墓志铭》中写下的诗句。

蒲伯把牛顿比喻为上帝的使者，给人类带来光明的使者，使"隐藏在黑暗之中"的"自然和自然规律……显现光明"。这么高级隆重的荣誉，牛顿能承受得起吗？或者说：合适吗？蒲伯是诗人，诗人诗兴一起，不免浪漫，说话也许不着边际？

那么我们看看来自其他方面的评价。1688年，也就是牛顿的《自然哲学之数学原理》（以下均简称为《原理》）出版后的第二年，英国《哲人学报》上有一篇评论文章说："牛顿理论是一个登峰造极，完美之至的力学理论。"看，"登峰造极""完美之至"，都是最高级的形容词啊！也许这是英国人自己吹捧自己人？那就看看《原理》出版近240年后爱因斯坦是怎么评价牛顿的。1927年，爱因斯坦在纪念牛顿逝世200周年发表文章《牛顿力学及其对理论物理学发展的影响》，在文章中，爱因斯坦说：

正好在200年前牛顿闭上了他的眼睛。我们觉得有必

上帝说："要有光！光就出现。"

蒲伯赞颂牛顿的诗，源自于《旧约·创世记》第一章："大地混沌，没有秩序，怒涛澎湃的海洋被黑暗笼罩着。上帝之灵光运行在海面上。上帝说：要有光！光就出现。"

* 这首诗的原文如下：
Nature and Nature's law lay hid in night;
God said: "Let Newton Be! "
And all was light.

牛顿发明和使用过的望远镜。

爱因斯坦书房的左方墙上挂有牛顿的画像（1927年摄于德国柏林）。

牛顿（油画）。爱因斯坦书房中挂的就是这幅油画。

要在这样的时刻来纪念这位杰出的天才，在他以前和以后，都还没有人能像他那样地决定着西方的思想、研究和实践的方向。他不仅作为某些关键性方法的发明者来说是杰出的，而且他在善于运用他那时的经验材料上也是独特的，同时他还对于数学和物理学的详细证明方法有惊人的创造才能……在牛顿以前，并没有一个关于物理因果性的完整体系，能够表示经验世界的任何深刻特征。

……

但是牛顿的成就的重要性，并不限于为实际的力学科学创造了一个可用的和逻辑上令人满意的基础；而且直到19世纪末，它一直是理论物理学领域中每一个工作者的纲领。一切物理事件都要追溯到那些服从牛顿运动定律的物体，这只要把力的定律加以扩充，使之适应于被考察的情况就行了……这个纲领在将近两百年中给予科学以稳定性和思想指导。

一位科学家创建的纲领能在“近两百年中给予科学以稳定性和思想指导”，当然有资格被称为“登峰造极”和“完美之致”啊！

爱因斯坦在给牛顿《光学》写的绪言中，还对牛顿做出如下的评价：

幸运的牛顿，幸福的科学的童年！有时间且享有宁静的人，能够通过阅读这本书再次经历伟大的牛顿在他的青年时代所经历过的那些美妙的事件。大自然对他来说是一本打开的书，他能够不费力地读书上的字。他将体验的材料整理为有条不紊的概念，看起来就像是自然而然地来自于经验本身，来自于那些美丽的实验，他把这些实验像玩具一样整齐地进行分类并用挚爱的大量细节来描述它们。他集实验工作者、理论学家、机械师和某种程度上还相当于一个展示自己才能的艺术家于一身。他在我们面前是那样的强大，那样的实实在在和独一无二；他在创造中的欢乐和他的缜密的精确性，在每一个词和每一幅图中都清楚地显现出来。

爱因斯坦自己具有艺术家的品格[他的儿子汉斯（Hans Albert Einstein，1904—1973）曾说：“把爱因斯

牛顿的自然哲学统治了他那个时代，即使到了20世纪，它仍被人们奉为神圣的信条。图为李比希肉类萃取公司的宣传画，图左上方为牛顿的画像。

坦视为物理学家，倒毋宁把他视为一个艺术家。”]，他也认为牛顿具有艺术家的才能，还把牛顿的实验称为“美丽的实验”，这实在太有趣了，太令人意外了，那么牛顿“所经历过的那些美妙的事件”是什么呢？他又是如何打开大自然这一本书，以及如何“集实验工作者、理论家、机械师和……艺术家于一身”的呢？

叱咤风云的科学巨人

1642年12月24日，牛顿诞生在英国林肯郡格兰汉镇附近的沃尔斯索普村（Wools Thorpe）。他的父亲在牛顿出生前3个月就去世了。牛顿出世时，据说只有3磅重，瘦小得可怜。接生的女人甚至认为他不会活下来。他妈妈伤心地说，刚出生的婴儿可以放进一个盛2升水的小罐子里。但谁能料到，这个瘦得可怜甚至没指望能活下去的小婴，竟然在日后成了一个叱咤风云的科学巨人！

牛顿出生的故居和门前那棵闻名于世的苹果树。现在苹果树还在，但已经不是原来的那一棵苹果树了。

牛顿2岁时，母亲改嫁了，牛顿被送到外婆家。12岁，他进了公立学堂。14岁，他回到母亲身边，与他的两个异父妹妹和一个异父弟弟生活在一起，这时他的继父已经去世3年。牛顿性格比较孤僻，这可能与他小时离开母亲十多年缺乏母爱有关。母亲想让儿子辍学务农，但牛顿已经迷上了书本。他强烈的求知欲望和顽强的钻研精神，使格兰汉镇中学校长斯托克斯（H. Stokes）十分感动。校长毕业于剑桥大学，热爱教育事业，还有可贵的责任感。在校长和舅舅的劝说和资助下，牛顿于16岁复学，重返中学。

1661年6月，在斯托克斯校长的推荐下，牛顿以减费清寒学生的低微身份考入剑桥大学的三一院。在大学读书期间，牛顿必须做一些杂活，赚一点钱贴补学习之用。这种身份使他内向的癖性更加严重，他常常避开同学，独自努力学习。虽然不大合群，但是在学习中他的数学天赋和无限的好奇心，常常使他的同学和教师们感到惊讶。1665年初，牛顿大学毕业获得学士学位。

1665—1666年，欧洲鼠疫大流行，学校停课。牛顿为躲避瘟疫不得不离开剑桥，回到沃尔斯索普暂住。正是在这一段时间里，牛顿显示了无穷的创造力，各种令人惊叹的新思想，如泉水般地涌现出来。

剑桥大学三一学院前面的大院。自16世纪以来，不算太夸大地说，三一学院的历史几乎就是剑桥的历史。学院式的剑桥的“性格”与三一学院有密切的关系。

在这短短的18个月里，他初步勾画出解决宇宙万物运动之谜的方向和行动规划；提出了二项式定理；发明了“流数法”（即微积分）；开始了颜色试验……可以说，这段滞留在乡间的时期，是牛顿科学发现的黄金时期，在科学史上被称为“牛顿的奇迹年”，与1905年“爱因斯坦的奇迹年”遥相辉映。

1667年秋鼠疫过去以后牛顿返回剑桥大学，成为剑桥的一名研究人员，第二年他获得硕士学位。1669年，巴罗（I. Barrow，1630—1677）教授认为他的学生牛顿，无论在成就和才能方面都超过了自己，于是他毅然辞去剑桥大学卢卡锡讲座数学教授的席位，把它让给了自己的学生。从这年开始，牛顿担任了剑桥大学数学教授的职位，年薪100磅，这使他彻底解除了经济困难的后顾之忧。巴罗主动让贤的高尚行为实在令人钦佩，直到今天，他的这一高尚的行为仍然被作为“伯乐识马”的范例，受到不绝于耳的赞赏。

剑河上的叹息桥。圣约翰学院的叹息桥又称“失意桥”，这是因为在很多年以前，不少考场失意的学生常从这桥上跳到剑河里自尽。有一些失恋者也喜欢到桥上叹息，其中一些人还会跌进剑河。后来学院把桥的两边筑墙封闭起来，成了照片上的样子。

1672年，牛顿被推选为皇家学会会员。此后，他忙于研究光学，并在这一年的一次皇家学会会议上宣读了自己的光学论文，主张光的本质是一种粒子。这一观点，立即引起了他与胡克（R. Hooke，1635—1703）的激烈争论，胡克主张光是以太的振动，是一种波。牛顿性格孤僻，而且他不大喜欢听到别人的批评。因此，胡克和另一些皇家学会会员对牛顿的光粒子学说提出批评后，他的反应十分激烈，不仅马上撤回了论文，还决定不再发表研究成果。当然，牛顿只是气头上这么说，实际上没那么严格地实行。

苹果与月亮的思考

哥白尼在他的《天体运行论》一书中，除了告诉人们地球在浩瀚无垠的宇宙里做公转和自转以外，他还指出：

地球肯定是转动的，它的各部分也是不会飞散的；所以，必定有一种力量把地球的各部分吸引住；而且这种属性也可能存在于一切星球里，在太阳、月球以及所有星体里，这是上帝给予物质的一种属性。

三一学院教堂窗户上的牛顿像（左二）。

哥白尼的这一猜想十分大胆，为后人研究普适的万有引力打开了思路。

开普勒继哥白尼之后，通过精密观测和数学计算，得到了行星运动三

位于剑桥三一学院教堂的牛顿塑像。

三一学院的一间小阁楼，传说当代著名物理学家霍金在此写成《时间简史》。

大定律。这一发现不仅为天文学奠定了基础，更重要的是它导致了万有引力定律的发现。由开普勒三大定律，人们可以知道行星如何运动，而且越来越多的科学家相信，这三大定律是检验天文学理论的试金石。但是，科学家们（包括开普勒本人在内）无法解释，行星为什么一定得按三大定律运动。开普勒曾经试图寻找天体运动的动力学原因，并推测如果地球与月亮不在轨道上运动的话，便会彼此因吸引而撞到一起。一般人认为，开普勒只是凭着一种直觉猜测出行星之间有动力学关系。

正当开普勒瞩目于天体运动之时，他的朋友意大利物理学家伽利略在1604年以前，一直致力于地面物体运动的研究，又发现月球也像地球一样是由普通物质组成。如果他再认真研究和接受开普勒三大定律，他本来可以对宇宙物体运动的统一规律做出更多贡献，可惜的是在天体运动方面，他仍然坚持亚里士多德的传统美学标准，认为行星是在作匀速圆周运动，并错误地认为这是一种"天然的惯性运动"，因此用不着力来维系。这样，在此后相当长的一段时间里，科学家们不再注意星体间相互作用力的研究，再加上笛卡儿（R. Descartes，1596—1650）的"漩涡理论"* 的影响，更助长了这一趋势。

关于笛卡儿，正如法国哲学家伏尔泰（Voltaire，1694—1778）深刻指出的那样：

> 应该承认……并非是他没有很多天才；正相反，正是因为他依靠了他的天才而不用实验和数学；他本是欧洲最大的几何学家之一，他却抛弃了他的几何学，而只相信他的想象力。所以，他不过是用一团混沌代替了亚里士多德的另一团混沌，因此他把人类思想的进展推迟了五十多年。

伏尔泰这么说是有道理的，因为笛卡儿"漩涡理论"流行一时，使科学家们在相当长的一段时间里不去重视开普勒三大定律，这就使万有引力定律的发现被推后几十年。

但牛顿在乡下故居躲避瘟疫的时候，却在"无意间"开始认真关注苹果下落的问题。传说是他坐在自家

*1644年，笛卡儿提出"旋涡理论"。根据这个理论，整个空间充满一种极其稀薄的物质，这些物质形成许多转动的旋涡。他认为地球在一个旋涡的中心静止着，而这个旋涡又绕太阳旋转。这个学说可以说毫无价值，但是却为当时的许多学者接受，直到一代人之后才被牛顿的引力理论取而代之。

门前苹果树下，一个落下的苹果正好击中他的脑袋，于是击出了灵感……这也许是民间说着好玩的故事，但十分可能的是当牛顿无意间看见苹果下落的时候，突然陷入了深思。牛顿的同胞霍金在他的《时间简史》一书中说：

牛顿自己一直只是说，引力的概念，是他处于沉思状态时，由一个苹果落下而产生的。

牛顿沉思的是："月球为什么不像苹果那样，落到地面上来呢？"

牛顿认为，月球和苹果都是由普通物质组成，而且都受地球的吸引，一个落下，另一个却不落下，这其中一定隐藏着什么奥秘。

苹果下落引起的深思实际上是一个很值得研究的美学问题。为什么这么说呢？有两个原因。

首先，科学美学标准中"多样性中的统一性"是非常重要的一条。爱尔兰探寻智力美的理论家霍奇森（F. Hutcheson，1694—1746）在1725年出版的《美、秩序、和谐和图案的探究》（*An Inquiry Concerning Beauty, Order, Harmony, Design*）一书中写道：

在我们头脑中引起美的观念的图画，似乎是从多样性中可以见到统一的图画……客体中我们称之为美的东西，比如就以数学形式表达的而论，似乎就存在于多样性和同一性的复比之中：结果是，在对象的统一性表现为千篇一律的地方，美作为多样性而存在；而在多样性表现为杂乱无章的地方，美则为统一性存在。

牛顿在沉思："月球为什么不像苹果那样，落到地面上来呢？"

当牛顿看见苹果落到地下的时候，他能够想到风马牛不相及的月亮为什么不下落，这是因为在他思想深处有一种美的感受在起潜在的作用。比如，杜甫的诗句：

两个黄鹂鸣翠柳，一行白鹭上青天。

窗含西岭千秋雪，门泊东吴万里船。

这四行28个字的诗句中，零零散散地出现有翠柳、白鹭、青天、窗、门、西岭、东吴、雪和船，似乎彼此怎么也搭不上界，但在诗人的组合下，却成了兼得雄豪与细腻之美的名诗绝句。李元洛先生在他的《诗美学》一书中说："从绘画的眼光看来，'两个黄鹂'是

剑桥大学三一学院门口的“牛顿苹果树”，据说这棵苹果树是牛顿故居那棵苹果树的“后裔”。树后面的房间是牛顿曾经住过的宿舍。

两个圆点，‘一行白鹭’是一条斜线，所占空间不大而点划分明，下面写到推窗可见的雪和开门即见的船，却烘托以‘千秋’的时间与‘万里’的空间，一笔宕开之后，神游于永恒中和宇宙里，引发读者极为丰富的美感联想。”

同样，牛顿看见红灿灿的苹果落地，却联想到夜空中悬挂的月亮，并琢磨着它们应该有统一的缘由。没有“美感联想”，这种深思是不可能发生的。智力的构造物是可以在我们大脑中产生美感的。这正是天文学家或物理学家神往的美，而且也正是这些放之六合、敛之方寸的纵横挥洒，使得科学家在冗长沉闷的研究中，获得愉悦、欣慰和满足。我实在忍不住再次引用庞加莱的名言：科学如果不美了，就不值得去研究。

其次，还有一点也是值得追究的。当牛顿问苹果落地而月亮为什么不落地时，这些似乎风马牛不相及的问题也许会引起人们普遍的讪笑：这是什么问题？苹果熟了不掉下来还飞上天？月亮？哈哈！你脑子是不是有毛病呀？

其实在这种常见的讪笑中，毁掉了许多值得珍惜的好奇心和好问题。爱因斯坦曾经说过，如果说他有与其

笛卡儿肖像。

他人不同的地方，仅仅是因为他在别人已经失去好奇心的年龄，他还保持童年时期的好奇心。例如他一直没有忘记童年时期的一种好奇的想法：如果我与光一起飞行，光会是什么样子？结果这个好奇的问题成了狭义相对论思想来源之一。

画家凡·高（V. W. van Gogh，1853—1890）说过："摇篮里的娃娃眼力无限。"但随着年龄的增长和"成熟"，"稚气的问题"被坚决而无情地删掉，儿童时代生来俱有的艺术创作冲动、用自己的方式重现世界的欲望也随之被消灭。内分泌学家赛耶（Hans Selye，1907—1982）说得好：

在人们能够体验到的种种感觉中，最美好的就是神秘玄妙感。它是真正科学的摇篮。一个人如果不知道这种感觉为何物，如果不再体验到诧异，如果不再觉得惶惑，那他就不如说已经死去了。然而，随着时间的推移，我们之中的许多人已经丧失了这种感觉。真正的科学家永远不会丧失自己感到惊讶的能力，因为这是他们之所以成为科学家的根本。

牛顿本人也认为自己身上一直保持着童年时的好奇心，一直是一个喜好玩耍的孩子。他曾说：

我不知道世人怎么看我，但我自己却总觉得是在海边玩耍的一个孩子，时不时捡起一枚比别人更光滑的卵石，或者更美丽的贝壳，并为此感到欢快愉悦，而我面前浩瀚的真理的海洋，却完全没有被发掘出来。*

谈了这些美学上的问题，我们再回头看牛顿怎么继续思考苹果和月亮的问题。美感可以引导物理学家思考一些重要问题，但具体解决物理学上的问题，就需要逻辑思维和数学。

经过一段时间的思考，牛顿明白了：月球不落到地面上来，是因为它在绕地球旋转；即使是苹果，如果它以适当的速度运动，也照样不会落到地面上来，同样会绕地球旋转。月亮绕地球转动，实际上也可以看成是一种"下落"，只不过没有落到地球上来，而是保持一定距离绕着地球转（见示意图2-1，2-2）**。如果月球不是不断地"下落"，它就会离开地球，飞到浩瀚的宇

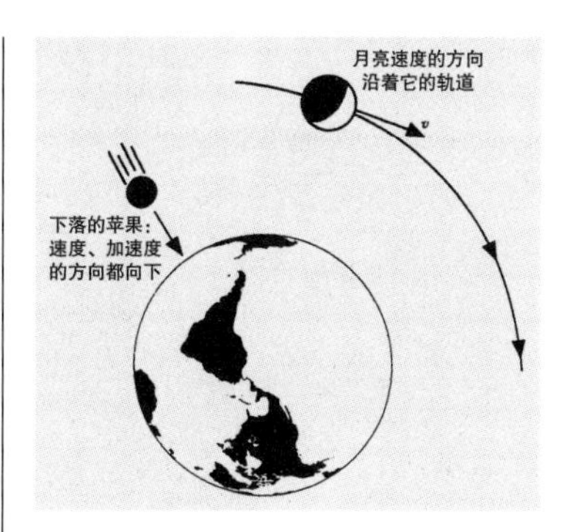

图2-1 月亮和苹果运动的示意图。

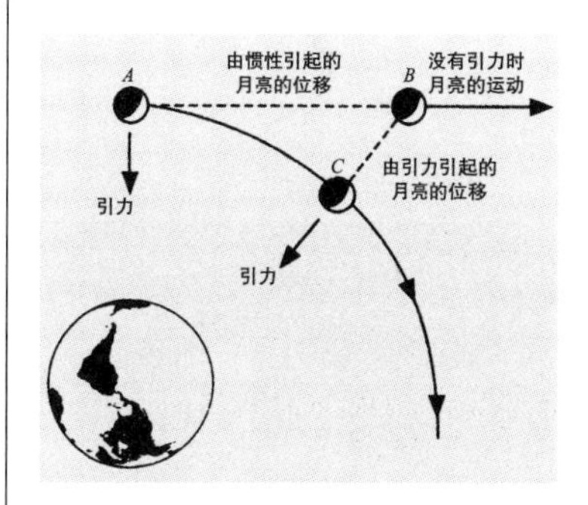

图2-2 由于一个向内的万有引力的作用，月亮维持在它的轨道上。

* 牛顿这段话原文很美，特录在下面，供有心的读者牢记或背诵。

I do not know what I may appear to the world; but to myself I seem to have been only like a boy playing on the sea-shore, and diverting myself in now and then finding a smoother pebble or a prettier shell than ordinary, while the great ocean of truth lay all undiscovered before me.

** 这两个示意图借用阿特·霍布森著《物理学：基本概念及其方方面面的联系》一书中译本第110页图。特在此表示感谢。中译本由秦克诚等译，上海科学技术出版社2001年出版。——作者注

法国著名画家凡·高自画像。他一生童心未泯，这使他不断发现大自然的美。

牛顿画像。这时的牛顿显得威武而自信。

皇家造币厂的主体建筑，牛顿1696年（54岁）离开剑桥大学以后，一直在此任职到1724年（82岁）。

宙深处，而我们就再也不会在中秋节欣赏到美丽的月色了。如果这种想法是真实的，那么月亮“下落”的加速度，应该与苹果在月亮上的自由下落的加速度相等。为了证明这一点，牛顿显示了他那特有的数学才能。

可惜好事多磨，由于这一计算涉及地球的半径，而当时地球半径测得不准，因而牛顿算出的值误差太大。这使得牛顿颇有一些灰心丧气。直到1684年，牛顿知道了法国天文学家皮卡德（J. Picard，1620—1682）测得地球半径的精确值以后，他才得出了预期的结果：

$$a_{月}=2.7\times10^{-3}米/秒^{2}$$

就这样，大自然惊人的美终于呈现在牛顿的眼前。你想呀，嫦娥居住的月亮，居然和地面上红灿灿的苹果遵循同样的运动规律，这岂不是与“黄河之水天上来”一样，让人浮想联翩和飘飘然嘛！

但是还有一个难题使牛顿的同事和朋友哈雷和许多科学家无法解决。由上述计算得到的两星球之间的引力与它们之间的距离成平方反比关系，都是行星做圆周运动时证明出来的；但是，如果行星沿开普勒说的椭圆轨道运动，引力是不是还遵守平方反比定律呢？或者说：如果引力遵循平方反比的规律，行星运动的轨道还是椭圆吗？

哈雷去问皇家学会主席胡克，胡克装腔作势地说，他可以证明这一点，但是要等别人都证明不出来时他再公布他的证明。

哈雷从胡克那儿得不到肯定答复，就到剑桥大学问牛顿：

“请问，假定太阳的引力与距离的平方成反比，那么行星运动的轨道将是什么形状呢？”

牛顿几乎不假思索地回答说：

“应当是开普勒定律所说的形状。”

“那么，是椭圆吗？”

“是的。”

“你怎么知道呢？”

“几年前我证明过。”

哈雷大吃一惊。但当时牛顿却怎么也找不出五年前证明时写下的手稿，只好答应过些时再给哈雷重新证明一次。

1684年1月，牛顿把重写的稿子《论运动》给了哈雷。在这份初稿里，牛顿还只考虑太阳对行星的引力，并没有考虑到任何其他物体也有引力。即只认为太阳有引力，其他物体并没有引力。依照这一理论，行星绕太阳运动的轨道应当是严格的椭圆运动。但不久牛顿就注意到，行星实际上并不严格地做椭圆运动。如果认为只有太阳才有引力，就无法解释这个结果了。每一颗行星的运动轨道，还与其他行星的存在有关。

英国天文学家哈雷。哈雷彗星的回归规律就是他发现的。

在1684年12月《论运动》的修改稿中，牛顿开始提到，只有承认行星彼此之间也有引力作用，才能精确说明行星运动。这意味着，引力不再仅仅是太阳专有，任何行星也有引力。到1685年，牛顿更进一步认识到：一切物体都互相吸引，普天之下，无一例外。这就真正是万物皆有的“万有”引力了！

1687年7月，牛顿的划时代的巨著《自然哲学之数学原理》（以下简称《原理》）正式出版。这部巨著不仅为力学奠定了基础，成为力学中一部最有权威性的经典著作，而且还为其他学科提供了深刻的科学思想和方法论思想。法国数学家拉普拉斯（P. S. M. de Laplace，1749—1827）曾评价说：

> 《原理》将永远成为深邃智慧的纪念碑，它向我们揭示了宇宙的最伟大的定律。

万有引力定律正式提出后，它并不是立即被人们普遍接受，尤其在法国，笛卡儿学派的势力直到18世纪30年代还占据正统理论的宝座。

宾斯顿的油画《沉重且相对的思考》。牛顿的万有引力定律让人们豁然开朗：人为什么不能向天上飞而只能困在地上。

当时甚至还有讽刺万有引力理论的漫画登在报刊上。美国著名科学人文主义运动的创始人布伦诺斯基（J. Bronowski，1908—1974）在他的《人之上升》一书中写道：“在我们看来，牛顿活着的时候竟然成为讽刺的对象，这可真是大不敬的行为。”

到了1740年以后，由于笛卡儿理论预言的地球形状（长椭圆体，南北两极处突出，赤道处收缩）被证明是错误的，而牛顿理论预言的地球形状（扁椭圆体，赤道处向外突出，南北两极处收缩）才是正确的，这时牛顿的理论才得到了包括法国在内的所有国家的广泛承认。

在科学史上，作为精密定量的学科为物理学赢得声誉的，首先是牛顿建立起来的力学。牛顿的万有引力定律把苹果和月球的运动规律统一到同一规律之中，它不仅成功地解释了开普勒行星运动三大定律，还根据这一定律说明了潮汐等许多自然现象。牛顿力学最辉煌的成就，也许可以说是推算哈雷彗星的回归时间，和对一颗新行星（海王星）的预言。尤其是后一个预言，推算的误差只有1°，真是令人惊叹不止！

讽刺万有引力理论的版画。

最上面的牌子上写的是“称重旅店”；对每个人的批注是：A. 绝对引力；B. 反抗绝对引力；C. 部分引力；D. 可匹敌的引力；E. 水平或好看的景象；F. 机智；G. 比较轻浮或花花公子；H. 有些轻浮或淘气的愚人；I. 绝对轻浮或标准笨蛋。

牛顿的美学思考

任何时代的物理学家在进行科学研究时，都一定会有那个时代的美学标准引导他去探索，至于这个标准在现在看来正确与否，以及物理学家本人对这种美学标准有多大的信心，敢不敢于在不利的时候坚持这个标准，那就颇具时代色彩了。牛顿在探索万有引力定律的时候，也同样有着他的美学思考。我们不能只知道和应用万有引力的公式，而忽视了他的美学思考。从纷繁浩渺

在巴黎天文台的花园里，人们争相观看彗星。

的历史文件中，我们可以寻找到牛顿在创立万有引力定律时，受到当时一些传统哲学、美学标准的影响，这是我们今天不太熟悉的，也许还不以为然的内容。

首先，在厚厚的有近500页《原理》一书中，有340个几何图形。我们仔细阅读时将会发现，书中所有命题的陈述和证明都采用几何语言和与之相配的几何图形。这不仅使现在的读者感到非常吃力，而且不免会惊讶：牛顿那时已经发明了微积分，他为什么不采用微积分那种简便明晰的方法来叙述和证明他的命题，比如像我们今日课本上那样，却别扭地用几何语言和几何图形呢？

啊哈！这是一个典型的由于时代和传统差别引起的问题。牛顿认为几何学方法比代数方程方法“优美得多”，他曾说：“几何学的荣耀在于，它从别处借用很少的原理，就能产生如此众多的成就。”他还说：

人们借助于一个代数算法得到了结果，而如果人们按字面将它抄了下来（按照古人在他们著作中的习惯），它揭示的将是乏味和复杂到使人厌烦恶心程度的东西，并且不解其意。

看了牛顿的这段话，读者一定会明白，牛顿的“优美”和我们现在的观点不完全一样。图3是《原理》中一个问题的证明，现在的读者看到这种证明恐怕真会感到“乏味”和“厌烦恶心”，而且“不解其意”。这正是“节物风光不相待，桑田碧海须臾改”也！

对于牛顿在《原理》中选择几何而放弃代数和微积分方程的做法，美国学者克劳普尔（W. H. Cropper）在他写的《伟大的物理学家》（*Great Physicists*）一书中说得好：

为什么牛顿不像我们今天所做的那样使用微积分来表示他的动力学呢？在一定的程度上它是美感的选择。牛顿宁愿要“古人的”特别是欧几里得和阿波罗尼奥斯的几何学，而不要近来引入的在流数方程中起非常重要作用的笛卡儿的代数学。*

美感和任何智力成果一样，当它被人们普遍接受以后，就会成为传统；在科学继续向前发展时，会妨碍人

《自然哲学之数学原理》彩图珍藏版封面，由北京大学出版社出版。

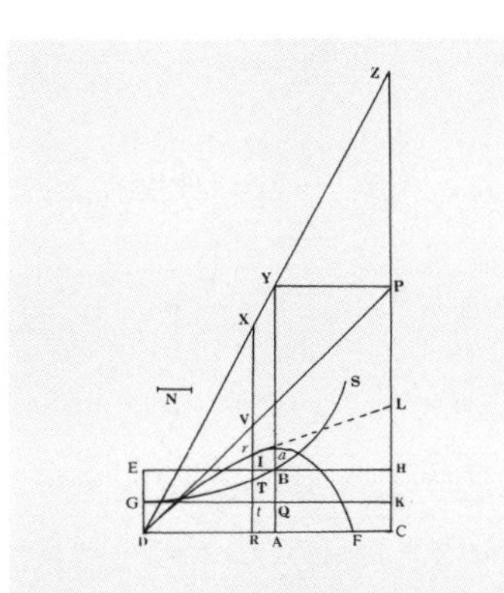

令抛体自任意处所D沿任意直线DP方向抛出，在运动开始时的速度以长度DP表示。自点P向水平线DC作垂线PC，与DC相交于A，使DA比AC等于开始向上运动时所受到的介质阻力的垂直分量，比重力；或（等价地）使得DA与DP的乘积比AC与CP的乘积等于开始运动时的全部阻力比重力。以DC，CP为渐近线作任意双曲线GTBS与垂线DG，AB相交于G和B；作平行四边形DGKC，其边GK与AB相交于Q。取一段长度N，使它与QB的比等

图3.《原理》中一个命题的证明，完全用的是几何语言和相配的几何图形。这个问题是：“设均匀介质中重力是均匀的，并垂直指向水平面；求其中受正比于速度的阻力作用的抛体运动。”

* 引文开头的两句话的原文是：Why did he not use calculus to express his dynamics, as we do today? Partly it was an aesthetic choice。

牛顿在给他的学生讲解光谱颜色的形成过程。（着色铜版画，1783年由克里斯蒂安·盖泽尔创作。）

1667年之后的5年，牛顿致力于光与色的研究。

牛顿用一个三棱镜进行实验，当一束阳光通过三棱镜后，白光中的七色散开，成为连续变化的彩色带，后来称之为“连续光谱。”

们接受新的美学感受和新的知识。这在后面的故事中还会一再显现出来。

还有一个值得特别关注的问题是：两个物体间的引力与它们之间的距离平方成反比的关系（简称平方反比关系），它是怎么得到的？也许我们会认为平方反比关系是牛顿根据严格的数学规则计算出来的。实际不尽如此。我们且看美国物理学家温伯格在他的著作《终极理论之梦》（*Dreams of A Final Theory*）中怎么说的。他写道：

牛顿理论确实解释了太阳系的所有观测到的运动，但代价是引进来一些多少有些随意的假设。例如，引力定律说，任何物体产生的引力随离开物体的距离的平方反比例地减小。在牛顿理论中，没有什么特别的需要平方反比律的东西。牛顿提出平方反比律的思想是为了解释太阳系的一些已知事实，如开普勒的行星轨道大小与行星环绕太阳一周所需时间的关系。除了这些观测事实外，在牛顿理论中，我们可以用立方反比律或2.01次方反比律取代平方反比律，那一点儿也不会改变理论的概念框架，只是可能改变理论的一些次要的细节。爱因斯坦的理论严格得多，远没有那么自由。对于在引力场中缓慢运动的物体，即我们可以在寻常意义上谈论引力的情形，广义相对论要求力必须以平方反比的形式减小。在广义相对论中，如果想调整理论得出平方反比律以外的什么东西，不可能不违背理论的基本假设。

既然平方反比关系的“引进……多少有些随意”，那么牛顿是否对平方反比关系还有其他一些考量呢？

经过研究我们发觉，牛顿除了数学计算以外，还有一些美学上的考量。牛顿曾一再声称自己是毕达哥拉斯的信徒，非常重视琴弦和谐振动的平方反比关系，并把这些关系称为“天体音乐的伟大主题”。这方面他的信念不比开普勒差，如果不说有过之的话。在《原理》命题八的注释中，牛顿清晰明确地以天体音乐作为他的平方反比关系的主题。杰米·詹姆斯在他的《天体的音乐》一书里特地找到这段注释。我们真得感谢杰米·詹姆斯先生，否则我们想找到这段注释还得费很大的神。

牛顿在注释中所显示出的执着和真诚，真会让现在的读者大吃一惊呢！牛顿写道：

地心引力通过什么比例，通过与行星距离增大而减小，古人没有足够的解释。然而，他们显然已经通过天体的和谐勾画出了它的轮廓，用阿波罗带七根弦的小竖琴来选定了太阳和其余的6颗行星，水星、金星、地球、火星、木星和土星，并用声调的音程测定天间隔。他们宣称被叫作和谐音域的7个声调就诞生了，而土星按多里安的python（声音或方式）运转，就是说，重的是这样，其余的行星按更尖的声调（像普林尼第一卷第二十二章提到的，按照毕达哥拉斯的意思），而太阳拨动着它们的琴弦。因此，《马克罗比乌》（*Macrobius*）第一卷第十九章中说，“阿波罗的七弦竖琴规定了全部天体运动的理解，自然将太阳设置为它们的调音者。”普鲁克鲁斯论柏拉图的《蒂迈欧篇》第三卷第200页说，“数字7他们已经献给了包含了所有交响乐的太阳神阿波罗，因而，他们通常称他为赫波多马格特（Hebdomagetes）神”，即数字7的王子。同样，在尤西比乌（Eusebius）的《福音书的准备》（*Preparation of the Gospel*）第五卷第十四章中，阿波罗的神谕称太阳神阿波罗为七声和谐之王。但通过这个象征，他们要说明太阳通过它自己的力量，通过与距离有关的张力作用在行星上；在不同长度的琴弦上，以与距离成和谐比例作用在行星之上，这在距离的双重比例中是相反的。因为太阳的张力借此作用在同样琴弦的不同长度上的力量与该弦长度的平方正好相反。

下面牛顿还谈到毕达哥拉斯亲手做的琴弦长度和声调的实验，进一步肯定了平方反比关系。

牛顿对数字7有特殊的钟爱，不仅在天体运动上他特别看重7，在光学色散的研究中，他也对7情有独钟。当牛顿用三棱镜把白光（阳光）色散开来，形成奇妙、美

牛顿在剑桥三一学院的办公桌。桌上放着对数计算尺、罗盘、三棱镜和他的一些手稿。

光通过三棱镜后的色散。

两个三棱镜的实验进一步证明白光是复合光，由7种不可再分的基色光（红、橙、黄、绿、青、蓝、紫）合成。

牛顿于1672年进行了5个光学实验。他记录了自己的实验：

“我为自己制作了一个三角形的玻璃分光镜。……我把分光镜放在光线的入口，因此而使光能够折射到对面的墙上。”

“然后，我再放上另一只分光镜，因此而让光线也从中通过。这么做了以后，我把第一只分光镜拿在自己手中，转动一下，看看第二只分光镜折射的时候会把光线照到墙面的什么地方。”

“当任何一种光线从其他的光线中分离出来以后，它会顽固地保留自己的色彩。”

“我让光线从有色媒介中穿过，并以各种方式结束光线。但是，从来都不曾从中产生出任何一种新的颜色。”

“我时常带着惊奇看到，分光镜的所有色彩聚积，因此而再次混合之后，会产生光线来，是完全和纯粹的白色。”

丽的红、橙、黄、绿、青、蓝、紫的色带，这使他得出了惊人的假设：白光由7种颜色的基色光合成。牛顿的这一观点曾经受到严重的质疑，但他通过两个三棱镜的实验，最终证实自己的颜色理论是正确的。

但是，牛顿当时做色散实验时，由于棱镜质量等种种原因，他实际上并不能清晰明确地确定有7种颜色。1669年他在第一次讲座中谈到色散的颜色时，他只描述了5种颜色：红、黄、绿、蓝和紫。橙与青是后来加上去的，目的是使颜色的总数达到7种。原来，牛顿认为光和声音应该有相似的地方，基色的数目和全音阶的7个音乐调相对应。于是他在5基色中大胆加上2色成为7色。这再一次显示他是地道的毕达哥拉斯的信徒，用音乐美感来引导他的光学研究。

美学真是无处不在，只要你有一双对美敏感的眼睛！这恐怕也是科学史上的一段趣事呢。

从以上几个事例可以看出，牛顿在他艰难的科学探索中，不断利用当时的美学标准作为引导他探索路上的一个路标。但他不像后来的爱因

观测哈雷彗星（木刻图）。

斯坦、狄拉克那样确信自己的美学标准，当美学标准与实验结果发生矛盾时，他会沮丧、失望，并陷入迷茫之中。例如前面提到当地球半径测得不准而使他得不出他预计的月亮运行加速度$a_{月}$时，他就陷入了深深的失望之中。如果是狄拉克，他就会说："重新测量地球的半径吧，我的计算不会出错！"如果是爱因斯坦，他就会说："如果我错了，那我就会为上帝感到遗憾。"

为什么会有不同的信心呢？这是因为牛顿所进入的美学层次还不是理论结构之美，而只是理论本身的美，更没有进入到数学结构之中，因此给他带来的信心不足就不奇怪。

自从牛顿万有引力定律受到广泛的承认之后，后代科学家从牛顿的引力定律中发现和提取出一种审美价值，或者说一种审美偏好，这就是以因果律去统一纷纭万变的自然现象，并且正如爱因斯坦所说的那样，在很长的一段时间成为一种科学纲领，延续了两百多年。

不过在真正成为一种审美偏好或审美标准之前，牛顿万有引力定律还需要经过两次严峻的考验。在经过这两次严峻的考验之后，牛顿万有引力定律无可置疑地显示了它深邃、迷人的美之光芒！

哈雷是第一个根据牛顿万有引力定律计算彗星的轨道的科学家。图中可见哈雷彗星和欧洲航天局的太空船"乔托"。"乔托"在1986年访问过哈雷彗星。

1910年拍摄的哈雷彗星。

1986年由电脑拍摄的哈雷彗星。

两次考验显示出的美和力量

杰出的传记作家沙利文（J. W. N. Sullivan 1886—1937）曾经为牛顿和贝多芬写过传记，1919年他在《雅典》（*Athenaeum*）杂志5月的一期上发表文章《为科学方法辩护》（*The Justification of the Scientific Method*）。在文章中他写道：

由于科学理论的首要宗旨是发现自然中的和谐，所以我们能够一眼看出这些理论必定具有美学上的价值。一个科学理论成就的大小，事实上就在于它的美学价值。因为，给原本是混乱的东西带来多少和谐，是衡量一个科学理论成就的手段之一。

我们要想为科学理论和科学方法的正确与否进行辩护，必须从美学价值方面着手。没有规律的事实是索然无味的，没有理论的规律充其量只具有实用的意义。所以我们可以发现，科学家的动机从一开始就显示出是一种美学的冲动……科学在艺术上不足的程度，恰好是科学上不完善的程度。

这幅油画表现了牛顿的生活。

牛顿开始思考苹果和月亮的时候，实际上就正是一种“美学的冲动”，而且他深信自然一定会呈现出一种深远而迷人的美，否则他不会花费几十年的精力去探求。而大自然也真的回应了他的追询，向他显示出了惊人的美——万有引力定律。万有引力定律的公式*如下：

$$F=G\ \frac{m_1m_2}{r^2}$$

多么简洁，多么美丽，多么明晰的公式啊！但就是这样一个简洁明晰美丽的公式，居然统一了整个浩渺无垠的宇宙万物的运动规律，难道我们不会惊叹它的伟大和强有力的美吗？

万有引力定律开始显示它那巨大的理论和美学价值，就始于哈雷彗星的回归和海王星的发现。

凯洛琳·赫歇尔独立发现了8颗彗星，她是哥哥威廉·赫歇尔的密切合作伙伴。她活到98岁，一生都奉献给了天文学。

（1）哈雷彗星的回归

彗星有各种名称，在我国民间常被称为“扫帚星”，因为它的形状像一把大扫帚，从天上扫过去。由于彗星形状不同于其他闪烁的美丽星星，在一种惊疑骇怪的心理状态下，人们经常把它看成是披头散发的妖魔。每次彗星出现，迷信的人们总把它看成是大灾大难出现的征兆。

中国古代史官常把重大天灾人祸归因于彗星的出现。例如秦始皇起兵灭六国，死人多如麻……都被太史公归因于“十五年彗星四见”。这样的记载，在中国史书上到处可见。在西方史书上，也有同样的记载。例如公元前48年出现的彗星，被古罗马的普林尼（G. Plinius Secundus，23—79）在他的《博物志》一书中描述成由于这颗彗星的出现，发生了恺撒与庞贝的一场恶战。

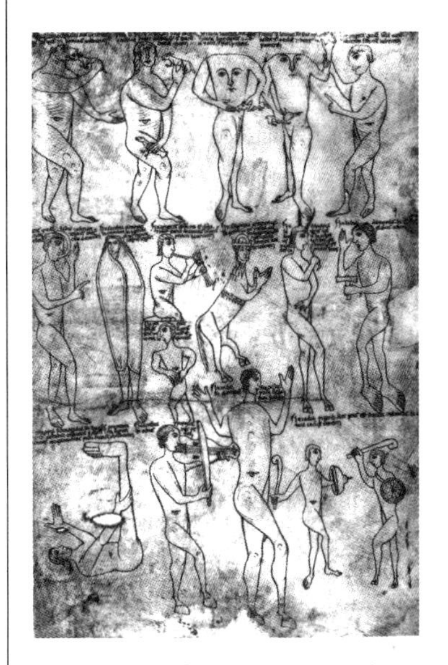

普林尼《博物志》一书中的“怪种”插图。

到1704年，时任牛津大学数理教授的哈雷，完全相信彗星也是绕太阳运动的一种星体，同样受万有引力定律的作用。既然如此，那么彗星的运动就也应该呈现出某种规律性，去而复来，重复出现。根据这种想法，哈雷应用万有引力定律，把所有能找到的彗星的观测资料

* 式中m_1、m_2为两相互作用物体的质量，r为它们之间的距离，G为引力常数（gravitational constant）。

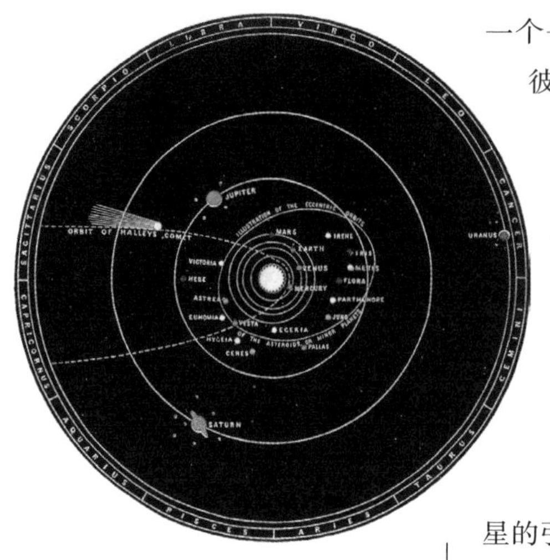

当哈雷彗星1835年回归时，天文学家所认识的太阳系就如图所示。最外围的是天王星（Uranus）。

一个一个进行推算。结果他发现，有三颗彗星的轨道彼此有相似之处。一颗是德国天文学家阿皮安（P. Apian，1495—1552）在1531年观测到的；一颗是开普勒在1607年观测到的；还有一颗是他自己在1682年观测到的。它们经过近日点的时刻分别是：1531年8月24日；1607年10月16日；1682年11月4 日。哈雷猜想这三颗彗星是同一颗彗星的三次回归，它们回归的间隔分别是76年2个月和74年11个月；两次间隔之差是15个月。

哈雷认为，15个月的误差可能是由于土星和木星的引力对彗星运行的干扰所引起的。由此，哈雷还预测这颗彗星在1758年将会再次回归，他又估计木星引力对它的影响，因而也有可能把回归时间推迟到1759年。后来，法国数学家克莱罗（A. C. Clairaut，1713—1765）根据更完善的数学力学知识，预言这颗彗星将于1759年4月13 日到达近日点。

结果，1759年3月14日，比克莱罗预言时间提前一个月，这颗彗星回归了。从此，这颗彗星就成了世界闻名的“哈雷彗星”。克莱罗的时代，人们还不知道天王星（1781年发现）和海王星 （1846年发现），他就能预报出只差一个月的回归时间，实在是非常出色了。

1835年和1910年，哈雷彗星又两次在人们预料之中回归。到1986年2月9日的最近一次回归，人们已有每秒钟运算2亿次的快速电子计算机，可以精确计算八大行星的影响，所以已经可以做出极为精确的报道。

根据一个简单的万有引力公式，就能够把一颗“来无影去无踪”的彗星来去时间算得如此之清楚和精确，谁不会被这个公式的威力所慑服？谁又不会在这种威力中感受到一种欣慰和愉悦？难怪美学家坚持说：“判断一个对象是美或是不美，我们是看它能不能给我们带来愉快——美感实际上是一种愉快的感觉。”在哈雷彗星如人们预期那样精确回归时，人们获得的正是一种巨大的愉悦感和欣慰感！

赫歇尔兄妹合作观测夜空：哥哥观测，妹妹负责记录数据。

还有比哈雷彗星更加让人们大吃一惊的事情在

1846年9月16日发生，那种愉悦的感受更加强烈而持久，那就是海王星的发现。

英国天文学家威廉·赫歇尔。

（2）海王星的发现

英国著名物理学家洛奇（O. J. Lodge，1851—1940）曾非常赞叹地说过一段话：

除了一支笔、一瓶墨水和一张纸以外，再不用任何别的仪器，就预言了一个极其遥远的、人们还不知道的星球，并且敢于对天文观测者说："把你的望远镜在某个时刻对准某个方向，你就会看到一颗人们过去从不知道的新行星。"这样的事情，无论在什么时候都是非常令人惊讶和引人入胜的！

我们这一小节，讲的就是这个"非常令人惊讶和引人入胜"的故事。

威廉·赫歇尔正是用图中的望远镜观看夜空星体运动的。

人类很早以来只知道五大行星，即水星、金星、火星、木星和土星，但在1781年3月13日，英国天文学家威廉·赫歇尔（W. Herschel，1738—1822）发现了一颗新的行星。它的大小大约是地球的100倍，它的轨道半径几乎是土星的两倍。由于它的发现，太阳系的边界一下子向外扩大了一倍！这颗新的行星后来用希腊神话中的天空之神乌拉诺斯（Uranus）来命名，这就是天王星。

天王星的发现是威廉·赫歇尔几十年如一日用天文望远镜，在茫茫无际的天空中搜寻出来的。虽然这是一次了不起的发现，但更令人震惊的是天王星的实际轨道有些反常，与理论计算的结果总是不相符合。这使天文学家们大伤脑筋。

英国天文学家亚当斯。

当时牛顿的万有引力定律已经拥有了不可动摇的地位，但面对天王星轨道的"反常"，仍有极少数人认为，万有引力定律可能不适用于太远的天王星。不过大部分天文学家都认为，万有引力定律应该可以适用于天王星，天王星运动的"反常"可能是因为天王星轨道外面更远的某个地方，还有一颗行星，由于这颗未知行星的影响，才使得天王星总是发生异常，因而与理论计算不相符合。

这种猜想很合情理，也可以被人们接受。在新发现

法国天义学家勒威耶。

了天王星之后，人们对于再多一颗新的行星，在心理接受能力方面已经不再有困难。但是，这颗假想中未知的行星在哪儿呢？如果还像赫歇尔那样，仍然到宇宙更深处浩渺夜空中无数的星星中去寻找，那恐怕比搜寻天王星难上万倍，因为这颗还不知道的行星比天王星更远！这无异于海底捞针，找到何年何月？比较起来，从理论上去推算这颗未知行星的位置也许要容易一些。但从当时已知条件去推算假设中行星的质量和轨道，要涉及许多未知的量，其中有一个方程组竟由33个方程式组成，其难度之大可以想见！一般人是没有胆量干这件事的。

1843年，刚从剑桥大学毕业的亚当斯（J. C. Adams，1819—1892）真是“初生牛犊不怕虎”，对这一艰巨的任务十分感兴趣，并且决心利用万有引力定律来找到这颗未知的行星。经过两年含辛茹苦的计算，到1845年9月他终于得出了满意的结果。可惜的是，由于亚当斯当时还是一个不出名的年轻人，当他把结果交给英国皇家天文学家艾里爵士（Sir G. B. Airy，1801—1892），请他们利用高分辨率的望远镜在他预言的位置上寻找这颗未知的行星时，却没有任何人重视他的建议。其中主要原因是艾里扮演了一个反面角色，因为恰恰是他认为天王星运动的反常，是引力理论不完善所造成的。而亚当斯是一个凡事奉行不过分的人，所以也没有坚持强求。直到第二年（1846年）9月底法国天文学家勒威耶（U. Le Verrier，1811—1877）宣布，他根据万有引力定律找到了未知的行星以后，艾里这才着急了。但他在奋起直追时又犯了一个错误，他忽略了讲一声：亚当斯早在一年前就得到了类似的数据。

法国为纪念勒威耶而制作的纪念章。

与亚当斯相比较，勒威耶幸运得多。1846年8月31日，勒威耶在不知道亚当斯工作的情形下，比亚当斯迟一年也完成了寻找未知新行星的计算任务。正当亚当斯的工作在英国受到忽视的时候，勒威耶却十分幸运。9月16日，他写信给德国柏林天文台的加勒（J. G. Galle，1812—1910）：

请您把你们的望远镜指向黄径326°处金瓶座黄道上的一点，你将在离开这一点大约1°左右的区域内发现一

剑桥大学的“亚当斯路”。

颗新行星，它的亮度大约为九等星……

勒威耶之所以告诉加勒，是因为加勒在1845年曾将自己的博士论文请勒威耶看，为了感谢加勒看重自己，勒威耶把自己的预言告诉了加勒。

加勒的上司柏林天文台台长恩克（J. F. Encke，1791—1865）与艾里一样，对搜索假想中的行星表示怀疑，但万幸的是在加勒再三要求下，恩克总算勉强同意进行搜索。9月23日，加勒与他的助手按照勒威耶提供的数据，将望远镜对准了勒威耶预言的星区，不到半小时就在附近51′的地方找到了这颗小行星。

第二天晚上继续观测，发现它的运动速度也与勒威耶的预言完全相符。这颗行星后来被命名为海王星。

这一成功是万有引力定律最辉煌的一次胜利。后来人们又发现，新发现的海王星也出现了异常现象。基于寻找海王星的经验，所以人们又断定在海王星外面更远的地方，还有一颗更不容易被人们察觉的行星。这颗行星后来果然也被找到了，那就是冥王星。

看来，万有引力定律的价值是无可怀疑的了。诺贝尔物理学奖获得者、德国物理学家劳厄（M. von Laue，1877—1960）说得好：

的确，没有任何东西像牛顿对行星轨道的计算那样，如此有力地树立起人们对物理学的尊敬。从此以后，这门自然科学成了巨大的精神王国，没有任何权威可以忽视它而不受惩罚。

美丽的夏特莱侯爵夫人。她把牛顿的《原理》翻译成法文。

威斯敏斯特大教堂中的牛顿纪念雕像。在圆球下斜靠着的是牛顿，他的右肘枕在堆起来的四本书上，这四本书是他写的《神学》《年代学》《光学》和《自然哲学之数学原理》。在牛顿身边是一群小天使。

在这“巨大的精神王国”里，物理学之美大显光芒：“美即真，真即美。”

在法国曾经有一段时间排斥牛顿的学说，《原理》也迟迟没有翻译成法文，与其他国家相比较显得十分保守落后。1745年，法国美丽的夏特莱侯爵夫人（M. du Châtelet，1706—1749）开始致力于把《原理》翻译成法文。可惜美人红颜薄命，夏特莱侯爵夫人43岁便去世。她去世后，由法国数学家克莱罗继续完成这一壮举。1759年，法文版的《原理》终于由夏特莱侯爵夫人的情人伏尔泰作序正式出版，它至今仍然是唯一的法文译本。人们后来敬重夏特莱侯爵夫人的努力和功劳，特别写了一首诗献给她：

真理就是这样成立，
这样彰显其道，
获得美的赞同，
而无人能置一词。

浪漫的法国人显然不仅把《原理》视为真理，而且也把它视为美的化身！

一首美丽的交响乐
——热力学两定律

群芳斗艳中花卉精致的美，昆虫世界中极为丰富多彩的类型，人类和动物身上器官的精巧的构造，对于所有这些的说明，构成了力学的领域。我们理解了，为什么对于我们的物种来说，这一点是有用的和重要的，即有些感觉印象是讨人喜欢的，因而去追求它们，而对另一些则讨厌它们；我们认识到去构造尽可能精确的周围环境的图像，并严格地依据是否与经验相一致来区分其真假是何等重要。由此，我们能用力学来说明美的概念的起源，就像说明真的概念的起源一样。

——玻耳兹曼

玻尔兹曼（Ludwig E.，Boltzmann，1844—1906）

我有无穷的好奇心，喜欢看各种各类不属于物理学和物理学史以外（包括文艺、艺术、建筑、哲学……）的书。可惜我没有天才所具有的强大记忆力，众多知识在我大脑里成了大量碎片，彼此无关地自由游荡、冲撞；如果不强行整理、写成文字，这些碎片就渐行渐远，最终完全消失在记忆之外。在这些尚未消失的碎片之中，我记得有这样一段故事与我写的这节文字有关，而且曾经激发过我无限的思绪。

俄罗斯画家列维坦的作品《三月》。

这幅画描绘了俄罗斯农村三月的情景。三月正是万物苏醒、大地孕育着春意的季节。虽然画面上仍然有冰雪晶莹，但是蓝天白云、晴空万里、林木返青，树梢上吐出几点鹅黄色芽苞，这一切宣告生命的萌动早已开始了。一架套好辕的雪橇正等候在主人的木屋前准备去春耕呢！

这段故事从哪本书上看来，实在记不起来了，也试图找出来，但终于未果。这段故事是说三个人因为受到自然美、音乐美的感动而泪流满面。一个是俄罗斯著名画家列维坦，他有一次到野外写生，在一座山崖上忽然看见崖下某处在初升阳光照射下，显示出一种他从未见过的美丽景色，不禁感动得泪流满面，好像还失声哭泣起来；还有两个人是德国诗人歌德和俄罗斯文学家列夫·托尔斯泰，他们分别在聆听贝多芬和柴可夫斯基的乐曲时，被感动得潸然泪下。

不过物理学家玻耳兹曼的感动，我可是有根有据的。他在《我的美国加州之行》一文中写道：

在某些个特殊的日子里，海洋会披上盛装，它那蓝色衣装的色彩是如此之深，又如此之亮，还用奶白色的浪花镶着边……现在我明白了，那蓝蓝的大海的确能令人激动得热泪盈眶。仅仅一种色彩就能使人大声喊叫，以发泄他的激情。这是何等神秘啊！

那蓝蓝的大海的确能令人激动得热泪盈眶。

我有时会想，有没有人因为看到物理学中伟大的方程而被感动、震惊，甚至热泪盈眶的呢？我想肯定有，可惜科学家大多是理性多于感性，让他们泪流满面恐怕很难做到，而艺术家和文学家们对方程式和物理学干巴巴、非常吝啬文字的表述，无论如何是挤不出眼泪的。但我相信，如果他们看了下面讲述热力学第一和第二定律的故事——一首美丽的交响乐的前前后后，震惊和感动是肯定会有的。

歌德是18世纪后期和19世纪初德国文学的代表作家。画中的歌德在意大利罗马郊外坎帕尼亚旅游途中休息。

热力学两定律发现的故事

热力学有三个定律，我们这儿只谈其中两个，即热力学第一定律和热力学第二定律。

热力学第一定律：宇宙的能量是常量（The energy of the universe is constant），这一定律就是能量转换和守恒定律（简称能量守恒定律）。

热力学第二定律：宇宙的熵（entropy）趋于一个极大值（The entropy of the universe tends to a maximum），这一定律又称熵增大原理。

这是德国物理学家克劳修斯（R. Clausius，1822—1888）在1865年提出的表述。此后对这一表述的发展，在下文还会提及。他要求人们把这两条定律当作“宇宙的根本定律”（fundamental laws of the universe）。但到底“根本”不根本，或者“根本”到什么程度，却又演绎出许多波澜壮阔的故事。这些故事放到本章后面作压轴戏来讲，先简单介绍一下热力学两个定律发现的故事。

能量守恒定律揭示了机械、热、电、磁、光、化学和生命运动形式之间具有统一性。这是19世纪最伟大的成就之一，是牛顿力学建立后物理学又一次最伟大的综合。从此以后，自然界的一切运动不再是孤立

托尔斯泰的《战争与和平》中的插图：娜塔莎在月光中凭栏倚坐。

的，而是互相联系和转化的。克劳修斯把它称为“宇宙学的根本定律”，那是一点也不过分的。

能量守恒的思想渊源甚久，然而要使一种深刻但又朦胧的思想转化为科学事实，并成为人们能接受的理论，却需要一个相当长久的历史发展过程。其中，要逐渐使不大明确的概念精确化；要逐步发现自然现象之间的联系；最后，也是十分关键的一步，是确定用什么样的比例来测定各种运动形式的转化，其核心是精确测定“热功当量”。

德国物理学家克劳修斯。1851年，他系统地阐述了修改后的热力学理论，第一次提出了热力学第一、第二定律的概念和数学表达式。

最初，人们在机械运动中发现，与运动相联系的某一个物理量是守恒的。1644年，笛卡儿在《哲学原理》一书中指出：

运动实际上不过是运动物体的一种状态，但它具有一定的量。不难设想，这个量在整个宇宙中会是守恒的，尽管在任何一部分中是在变化的。

那么，这个守恒的物理量是什么呢？笛卡儿认为是物体的质量乘以物体运动的速度，即mv（以后物理学家们称之为动量）；但德国数学家、哲学家莱布尼兹（G. W. von Leibniz，1646—1716）则认为是“活力”mv^2，他坚持认为只有mv^2才能真正代表运动中守恒的量。由于双方各持己见，这两派展开了延续半个多世纪的争论。直到1743年，法国数学家达朗贝尔（d'Alembert，1717—1783）才明确地指出，两种意见都是正确的，只不过双方描述的角度有些不同罢了，于是，争论才得以终止。不过，要真正理解这两个物理量的同一性，还要等到相对论力学的出现，这儿不多涉及。

德国数学家和哲学家莱布尼兹。伯特兰·罗素称他为“一个千古绝伦的大智者”。

虽然这时科学家们已经发现宇宙间的物体运动量具有一种守恒性，但他们所指的运动仅仅是机械运动，他们还没有深入到其他运动领域中去。到了19世纪30年代以后，物理学研究的范围在不断扩大，科学家们注意到，各种极不相同的物理现象之间存在着联系和转化。1800年意大利物理学家伏打（A. Volta，1745—1827）发明电池。有了电池就有了稳定的电流，这对更深入研究能量守恒定律起了重要的促进作用，也促进了后来接连不断的重要发现：1806年发现电解现

蒸汽机问世以后激发了人们不少的想象力。在这张18世纪的漫画中，创作者对蒸汽机做了尽情的、梦幻般的描绘。

象；1820年发现电流的磁效应；1821年发现热电效应；1831年发现电磁感应；1834年发现珀尔帖效应*……

在这么多眼花缭乱、极不相同的自然现象的相互转化中，到底有没有一个基本量在各种现象中出现，而且保持不变呢？这是当时许多领域里，如物理学、化学、生理学和工程学领域的科学家和工程师们都迫切想知道的一点。

工程师们关注这个问题是由于生产技术的发展，特别是蒸汽机的普遍使用，如何提高热机效率已是一个亟待解决的问题。美国科学哲学家库恩（T. Kuhn，1922—1996）做过一个很有趣的统计，发现使能量守恒定律定量化获得部分或全部成功的9位科学家中，有7位受过蒸汽机工程师的教育，甚至正在从事蒸汽机的设计工作；在6位各自独立计算出热功当量数值的科学家中，有5名正在从事蒸汽机的设计工作。这些统计似乎很有说服力，但对能量守恒定律的建立贡献最大的两位：迈耶和亥姆霍兹却都是当时工业尚处于落后地位的德国人。这也许说明下一个因素是不能忽视的。

法国发行的纪念数学家达朗贝尔的邮票。他也是法国启蒙运动领导人之一。

在18世纪末到19世纪初流行的自然哲学（nature philosophy），到19世纪20年代发展到顶峰，为能量守定律的确立提供了适宜的思想背景。像能量守恒定律这样重大的普遍性原理，如果没有比较明确的哲学思想背景（其中当然也包括审美判断），而只有经验事实的积累，是不可能建立的。这正如爱因斯坦所说："科学要是没有认识论——只要这真是可以设想的——就是原始的混乱的东西。"

爱因斯坦还指出：

整个科学不过是日常思维的一种提炼，正因为如此，物理学家的批判性思考就不可能只限于检查他自己特殊领域里的概念。如果他不去批判地考查一个更加困难得多的问题，即分析日常思维的本性问题，他就不能

---

* 珀尔帖（J. C. Peltier, 1785—1845）发现，电流通过金属接头处时，在接头处发生释热和吸热现象，依电流方向而定。这种效应称为珀尔帖效应。

前进一步。

自然哲学认为，自然界的电、磁、热、化学亲和力和重力等作用，都可以看成是同一物理现象的不同表现形态。例如，当时德国耶拿大学自然哲学教授谢林（F. Schelling，1775—1854）在他的《自然哲学体系初稿》（1799年）中就明确指出：

磁的、电的、化学的、最后甚至有机的现象都会被编成一个大综合体……它延伸到整个大自然。

对于在德国曾经风靡一时的自然哲学，恩格斯（F. Engels，1820—1895）在他的《费尔巴哈和德国古典哲学的终结》一书中，做过全面的概括。他认为，虽然自然哲学“只是用理想的、幻想的联系来代替所欠缺的事实，只用想象来填补实际上的空白”，同时，由于这种纯思辨的风尚蔑视实验和经验事实的积累，以致曾经严重阻碍了德国科学的进步，但“自然哲学也说出许多天才的思想，预测到许多未来的发现”。

爱因斯坦说：“科学要是没有认识论——只要这真是可以设想的——就是原始的混乱的东西。”

认为各种物理现象可以互相转化，而且可以从千头万绪、纷纭复杂的现象中找出一个守恒量来测度这种转化，寻找一种秩序、和谐，这本身就是天才的预测之一。这也是许多科学家，如迈耶、亥姆霍兹等人提出能量守恒的重要前提之一。库恩的意见是很值得重视的，他说：“‘自然哲学’为发现能量守恒提供了适宜的哲学环境。”

德国哲学家谢林。他是客观唯心主义美学学者；他和费希特、黑格尔三人的著作，标志着德国古典哲学的顶峰。

如果我们对自然哲学家的观点做一个仔细的分析就会发现，他们的许多天才的思想，其实也就是一种审美判断。在纷纭复杂、眼花缭乱、目不暇接的大自然转化中，如果没有一个统一的量在转化中起主宰作用，那整个大自然就杂乱无章、支离破碎、颠三倒四、东鳞西爪、毫无秩序，大自然也就失去了它固有的自然美，成为科学家厌恶的对象，谁还会有兴趣去研究它呢？

对能量守恒定律做过重要贡献的德国生理学家、物理学家亥姆霍兹在1847年发表他的《论力的守恒》*一文后，曾谈到他写这篇文章的动机。他说：“当我着手写这篇论文的时候，只是觉得它很重要。”亥姆霍兹下面的话更加重要，曾引起很多物理学家的重视。他说：

* 当时科学家还没有统一用能量（energy）这个词来表示他们探索中的守恒量，仍然用“力”（英文为force，德文为Kraft）来表示这个量，这曾经引起过一定的混乱。——本书作者注

德国社会主义哲学家恩格斯（右）与马克思（左）同为近代共产主义奠基人。

只有当各种现象都归结到一些简单的能量，同时可以证明这种归结是唯一的，理论科学者的任务才算完成。到那时，它将确定这理解自然所必需的概念形式，我们才能把客观真相归功于它。

实际上，很多理论物理学家，如麦克斯韦、爱因斯坦、狄拉克、杨振宁，都一直把亥姆霍兹的目标作为自己终生奋斗的目标。

美国理论物理学家吉布斯（J. W. Gibbs，1839—1903）被称为“热力学集大成者”，他在接受美国伦福德奖章时曾用下面的话表达自己的理想：

理论研究的主要目的之一，就是要找到使事物呈现最大简单性的观点。*

这些理论物理大师的追求，他们的审美标准——在复杂现象中追求最大的简单性或者说统一性，与自然哲学家们的信念是完全一致的。不同的只是他们不只是空谈这种审美判断，而且用实验、数学来证实、巩固和精致化这种带有哲学气息的审美判断。

下面我们通过在能量守恒定律建立过程中三位主要人物的工作，来进一步阐明哲学、实验和物理理论三个方面为这一定律的建立，所做的必不可少的准备。

美国物理学家吉布斯一生追求的是“最大的简单性”。图为耶鲁大学物理系为吉布斯树立的纪念雕像。

（1）具有哲学气质的迈耶

迈耶是德国巴伐利亚省海尔布隆的一位医生。1840年，他在从荷兰去爪哇的船上当医生。他发现，船上病人的静脉血的颜色在热带地区时比在欧洲时红一些。他对此的解释是：人体在热带地区维持体温所需的新陈代谢速率比在欧洲要低一些，因为热带的高温使人体只需吸收食物中较少的热量就够了，食物的“燃烧”过程减弱，因而静脉血中氧气就比较多，颜色当然就应该红一些。

* 原文是：One of the principal objects of theoretical research is to find the point of view from which the subject appears in its greatest simplicity。

不少科学史著作由此认为，迈耶由这一现象就认识到，体力和体热都来自食物中所含的化学能。这样，机械能、热、化学能都是可以相互转化的。但也有不少史学家注意到，从人在热带地区时其血液的颜色红一点就得出这么重要的结论，实在难以令人信服。其实，在迈耶的推理过程中有一个不容忽视的“跳跃”。这一“跳跃”是怎么发生的呢？这恐怕要归因于迈耶所信奉的哲学思想和审美判断了。迈耶是德国人，德国哲学家谢林、康德（I. Kant，1724—1804）的自然哲学观对他有很深的影响。这种哲学告诉人们：整个自然界，以及自然界的每一个细部，都要服从一个原理——简单性原理。迈耶对此深信不疑。正因为有这种哲学思想和审美判断作背景，迈耶才可能从血液颜色的不同这一孤立的事实，一下“跳跃”到伟大的守恒原理上去。否则，这种“跳跃”是绝不可能发生的。

德国生理学家和医生迈耶。他的命运十分悲惨，曾经在精神病院度过一段可怕的时期。

迈耶认为自然界的原因有两种属性：“能的不灭性”是“第一种属性”，“能可以采取不同形式的能力”是“第二种属性”。如果“把这两种属性结合起来，我们即可得知，能（在量上）是不可灭的，（在质上）是可以转化的东西。”迈耶这种能量转化和不灭的见解，在当时来说实在是非常杰出的。

迈耶不仅从理论上做了可贵的阐述，他还利用简便的实验，计算了水从0℃加温到1℃所需的热量，正好和同量的水从365米高度下落所需的能量相当。这种转换的计算结果，就是“热功当量”。

在物理学史上，是迈耶首先算出了热功当量。据他的计算，热功当量是365千克·米/千卡。1842年，他又用另外一种方法再次计算出热功当量。但从此以后，迈耶再没有去进一步精确计算这个当量的值。这不奇怪，因为迈耶对他的审美判断确信无疑，他需要做的是进一步充实这一个宏大的哲学上的概括，而不是去做一些精致的实验进行证明。

德国科学家波根多夫。他是一位出了名的经验主义代表人物。在他主编《物理与化学年鉴》期间，因为他厌恶在科学中的哲学思辨，扼杀了不少科学天才人物。

1841年，迈耶把他写的论文寄给《物理与化学年鉴》。可惜年鉴主编波根多夫（J. C. Poggendorff，1796—1877）是一位出了名的经验主义代表人物，他讨厌在自然科学里进行哲学思辨。因此，他拒绝刊登迈耶的文章。波根多夫觉得迈耶的文章思辨性太强，加之迈耶热衷于统一性、永恒性这些非常庞大的内容和结构，而这些东西在波根多夫看来纯属哲学的问题；他认为物理学是不能容忍和承认这些缺乏实验证明和异想天开的妄说。幸亏德国著名化学家李比希（J. F. Liebig，1803—1873）主编的《化学和药物学杂志》在1842年刊登了迈耶的文章。

德国化学家李比希。他被公认为“农业化学之父”。

以后，迈耶进一步将能量守恒定律向生物界和整个宇宙推广。他考虑了当时所有已知的各种能量，讨论了它们之间的转换，他甚至提出，太阳热能的来源是无数陨星、小行星碰撞所提供的，由此他算出太阳的温度。迈耶算出的结果并不正确，也不具有吸引力，而且他的整个理论都有一种当时自然哲学家常有的讨厌的毛病：缺乏准确的数量计算和实验证明，定性叙述太多，还有概念不精确等缺点。但迈耶那宏大的构思，以热功当量为杠杆描绘了整个宇宙包括生物体在内的能量转化和守恒的图景，也曾经给许多科学家、哲学家以深刻的启示。

克劳修斯曾经说：

（迈耶的）文章中所包含的大量美丽悦人和正确的思想，令我感到震惊。*

英国物理学家丁铎尔（J. Tyndall，1820—1893）说：

迈耶凭着他深刻的直觉特征，从前人不多的工作中得出重大的结论。

英国物理学家焦耳。他第一个用实验精确地测量和计算出热功当量。他的实验和计算对热力学第一定律的建立，起了至关重要的作用。

丁铎尔说的这种“深刻的直觉特征”，实质上就是指迈耶具有的敏锐的审美判断能力，这才使他能够从烦琐纷纭、杂乱无章和令人困惑的大千世界中抽取最精华、最美丽、最简洁的规律。

（2）40年辛苦测量热功当量的焦耳

但是，对物理学家来说，只有哲学的概括或者审美的判断是不够的，物理学还要求实验的证明。迈耶是一个思辨型的人物，他的理论基本上是思辨型的，只能成为一个纲领，要想将它转化为物理上的定律，那还得物

* 这句话的英译文是：“I am astonished at the multitude of beautiful and correct thoughts which they contain.”

理学家们进行艰苦的、精密的物理实验。这一工作的主要代表人物就是焦耳。

焦耳生于英国曼彻斯特一个酿酒商家庭，从小就跟父亲参加酿酒劳动，没有受过正规的学校教育。也许是经历不同，焦耳与迈耶不一样，他一生大部分时间是在实验室中度过的。据说他一生共作过400多个实验，仅为精密测定热功当量，前后就共花了40年时间！

1847年焦耳设计的测量热功当量的装置示意图。

不同于所有其他能量守恒探索者，焦耳开始研究热功当量的目的是试图提高电动马达的效率。在研究过程中，通过通电导体可以产生热量这一实验，他发现电能和热能之间可以转化。这一发现促使他抛弃了此前他一直相信的“热质说”。

“热质说”（caloric theory of heat）又称“热素说”，这种理论认为热是一种看不见、没有重量的物质，叫“热质”。热质可以渗透到一切物体之中。物体的冷或热，取决于它含有多少热质。热质可以从热的物体流到冷的物体上去，好像水从高处流向低处一样。热质不能创造，也不能减少。

1843年，他完成了论文《论电磁的热效应和热的机械值》。这篇论文在同年8月21日于考尔克（Cork）举行的学术会议上宣读过。焦耳指出，自然界的能是不会毁灭的，凡消耗的机械能，总能找到相当的热，热也是能的一种形式。在这篇文章里，焦耳首次给出的热功当量值为4.6千克·米/卡；现在最精确和被确认的值是4.184千克·米/卡。

1847年6月23日，焦耳迈出了决定性的一步，这时他已注意到各种各样更为广泛的联系，并在讲演中宣布了他的具有普遍意义的能量守

普里戈金是一位具有哲学家气质的科学家，他的《从存在到演化》一书闻名全球，在中国也一时洛阳纸贵。

印度裔美国物理学家和天文学家钱德拉塞卡。他写了一本名为《真与美》的书。

恒理论，一个巨大的网络终于形成。1977年诺贝尔化学奖得主普里戈金（I. Prigogine，1917—2003）对此给予了高度的评价，他指出：

在令人困惑的众多发现当中，一个统一的因素被发现出来，贯穿于物理、化学和生物系统所经历的各种各样的变化之中的能量守恒，为这些新的过程的解释提供了一个指导性原则。

克劳普尔在《伟大的物理学家》一书中对焦耳的评述如下：

焦耳才干卓著，资源充裕，思维独立，但还必须有非同一般的灵感的指导，才会在科学研究中取得那么大的成就。对于焦耳，“研究自然及其法则”是“神圣的使命”。他能够在延续数十年的实验工作中持之以恒地保持耐心，以评估各种微小的误差，同时还能超越细节，把自己的工作看作是探求对“自然法则的认知……不亚于对上帝所表述的思想的认知。”伟大的理论学者有时会有这样的想法，从爱因斯坦如下的话中就可以得到同样的意思，“世界永恒的奥秘就在于可知性”。而实验学者总是跟仪器设备打交道，常年处理具体事务，很少会觉得他们是在与“上帝的思想”交流。

> **热力学定律像（莎士比亚的）《哈姆雷特》一样，它可以触动绝大部分人的心灵最深处的情感，并诱发出无比丰富的想象。**
>
> **——钱德拉塞卡**

文中所说“灵感的指导”和“对上帝所表述的思想的认知”，都直接指向了一种审美判断。这充分说明，即使终生与实验打交道的焦耳，如果缺乏一种审美判断，恐怕也会影响到他伟大的实验发现。

在焦耳之后，还有许多科学家对热功当量作了进一步测定，他们把热功当量的数值测得更加精确。

（3）亥姆霍兹最全面和最严谨的论证

德国科学家亥姆霍兹。他在生物学、光学、声学、数学、气象学及电动力学等方面做出了重要的贡献。

在焦耳1847年6月23日讲演之后一个月，德国物理学家亥姆霍兹在柏林物理学会上，也宣读了同样内容的论文：《论力的守恒》。这是一篇被认为具有历史意义的文献。亥姆霍兹在力学的基础上，用精确的数学方法表达了能量转换与守恒定律。它完全是从理论物理模式展开的，所以被认为是能量守恒定律第一个最严谨、最全面的论证，其影响也比迈耶和焦耳的影响大得多。

亥姆霍兹学识渊博，是世界第一流的生理、物理和数学家。1843年到1847年他在波茨坦当军医时，开始独立地研究能量守恒定律。在研究过程中，他与迈耶一样存在着一种“跳跃”，他之所以能完成这一跳跃，很重要的一点是他也像迈耶一样，信奉康德等人的自然哲学观点。他曾经明确陈述了康德自然哲学的这一信念：

科学的问题首先在于寻找一些规律，根据这些规律，可以使个别的自然过程归因于一般的规则而可以从一般的规则推演出来……理论自然科学的最终目标，就是去发现自然现象的最后的和不再变化的原因。

1994年德国为纪念亥姆霍兹去世100周年发行的纪念邮票。

正是由于亥姆霍兹这种自然哲学的倾向，他的第一篇论文的命运与迈耶的一样，也被波根多夫退回。但德国伟大的数学家雅可比（C. G. J. Jacobi，1804—1851）却发现了亥姆霍兹理论的重大价值。雅可比曾对力学做过精湛的研究，他熟知欧拉、拉普拉斯、拉格朗日等人的著作及研究成果，对动力学中的微分方程还做过专门研究，并得了许多新解法。他认为亥姆霍兹的理论是18世纪数学家、力学家们思想合理的发展。由于雅可比的重视，能量守恒定律在德国也逐步受到人们的重视。

德国数学家雅可比，19世纪欧洲最伟大的数学家之一。

1881年，亥姆霍兹回忆这一段往事时说：

我后来在权威中所遇到的阻力，使我多少感到惊讶。波根多夫的《物理与化学年鉴》拒绝接受我的文章，在柏林科学院中，只有数学家雅可比对我的论文感兴趣。荣誉和鼓励，在当时还不能靠探索新的思想来获得，新思想只会给你带来嘲笑。

1855年，威廉·汤姆逊（William Thomson，1824—1907）将亥姆霍兹的“力的守恒”正式改称为“能量守恒”；他还和德国物理学家克劳修斯同时研究出热与功转化的情形，得出$\Delta U=Q+A$，即物体内能的改变量ΔU，等于外界对此物传递的热量Q和外界对此物做的功A之和。这就是热力学第一定律。自此，意义广泛的能量守恒定律正式成为物理学中最普遍、最深刻的定律之一。

英国物理学家威廉·汤姆逊，热力学奠基人之一。

他在流体力学、电磁学、数学和技术等方面都有诸多贡献。1892年被授予"开尔文勋爵"（Lord Kelvin）称号。

爱尔兰数学家哈密顿被认为是爱尔兰最伟大的人之一。他始终谦卑而虔诚，从不热衷于追求声誉。

美是各部分之间以及各部分与整体之间固有的和谐。在这里，部分是个别的音符，整体则是和谐的声音。数学关系可以把两个原来彼此独立的部分结合成一个整体，这就产生了美。

——海森伯

在不同领域工作的众多科学家齐心努力下，1860年左右能量守恒定律得到了普遍的承认，被认为是全部自然科学的基石。任何一种新的理论，都必须符合能量守恒定律，否则就不可能获得科学界的承认。

由上面迈耶和亥姆霍兹两人的经历可以看到一个惊人的共同之点，那就是由于科学界敌视以康德、谢林为代表的自然哲学，结果使他们的研究工作受到很大的损害，迈耶甚至因此郁闷而成神经错乱。亥姆霍兹曾经有些愤愤不平地说：

哲学家指责科学家眼界狭窄，科学家反唇相讥，说哲学家发疯了。其结果，科学家开始在某种程度上强调要在自己的工作中扫除一切哲学影响，其中有些科学家，包括最敏锐的科学家，甚至对整个哲学都加以非难，不但说哲学无用，而且说哲学是有害的梦幻。这样一来，我们必须承认，不但黑格尔的非分妄想（要使其他所有学术都服从哲学）遭到唾弃，而且，哲学的正当要求，即对于认识来源的批判和智力功能的定义，也没有人加以注意了。

事实上，亥姆霍兹的远大构想远不止于构建一个能量守恒定律。对此，克劳普尔有准确的描述：

亥姆霍兹生命之中理性的驱动力就是他永不停息地探索最基本的统一原理。他最早明确指出，物理学所有的统一原理中最深刻的原理之一就是能量守恒。1882年，他始创了一门交叉学科（后来被称为物理化学）的研究工作。他关于感觉的研究揭示了物理学与生理学的统一。此外，他关于视觉和听觉的理论探索了颜色与音乐的美学含义，在艺术与科学之间搭建起桥梁。他表达了主观和客观、美学与理性的统一，而这是他生前身后很少有人做到的。

亥姆霍兹希望找到一个根本性的原理——大统一（a unity of unities），由它可以导出物理学的全部内容。为此，他奋斗多年。他认为应用爱尔兰数学家和物理学家哈密顿（W. R. Hamilton，1805—1865）所提出的"最小作用原理"可以实现这个伟大目的。但是，他在有生之年并未完成这项工作。

请读者注意上述引文中的着重号之处，它们明确表示亥姆霍兹在建立能量守恒定律过程中的审美诉求。

（4）一言难尽的玻耳兹曼

玻耳兹曼对分子运动论做出了卓越的贡献，尤其是他将热力学第二定律用分子运动论和概率理论进行解释，真是让人耳目一新，眼界大开。美丽的大自然再一次向人类展示出她那绚丽多彩、婀娜多姿、云兴霞蔚和气象万千的面貌。

热力学第二定律是说，自然界有些过程只能向一个方向自动进行，但不能自动反方向进行。例如，热可以从高温物体自动向低温物体传播，但不能从低温物体自动向高温物体传播。这种过程叫不可逆过程。热力学第二定律讨论的就是种种不可逆过程。玻耳兹曼用概率理论（probability theory）解释这种不可逆过程。他指出，不可逆过程是由于大量做无规则运动的分子引起的，不可逆过程实际上是反方向过程，实现的可能性很小很小，也就是概率很小，趋向于零。

举一个例子：一个箱子用隔板分成A、B两室，在A室里有1摩尔分子气体（1摩尔有6.02×10^{23}个气体分子），把隔板抽开，A室气体向B室扩散，最后两室气体分子大体上一样多。如果问：有没有可能所有气体分子又都自动回到A室，B室一个分子不留？大家一定会说："那怎么可能！"是的，这的确不可能，因为这是一种不可逆过程。为什么不可能呢？玻耳兹曼算了一下，所有分子都回到A室的机会不是没有，但机会只有：

$$\frac{1}{2^{6\times10^{23}}}$$

这种机会小得几乎等于零，以致实际上不可能。再打一个极通俗的比方：让一只猴子在打字机上任意瞎敲，它有可能打出莎士比亚的《哈姆雷特》吗？不能说不可能，但这种可能的机会小到几乎为零。

前面我们提到，克劳修斯曾经为"宇宙学的根本定律"提出了热力学第二定律：宇宙的熵趋于一个极大值。在克劳修斯那里，熵的定义十分复杂而且无法

我所说的"理论描述之美"是什么意思呢？关于库仑力的定律是一个漂亮的描述；它描述了先前不服从任何特殊定律的现象，而现在它们却服从了。热力学的第一、第二定律是对自然界某些基本性质很美的理论描述。第一、第二定律的结论和对这些定律精确的观察是每一位学热力学的学生都很欣赏的课题。

——杨振宁

30岁时的玻耳兹曼，当时他在奥地利维也纳大学当教授，致力于热力学研究。

1875年，玻耳兹曼和他的妻子亨丽·埃特以及他们的四个孩子。

玻耳兹曼和他的同事们，他坐在前排中间。

单一地、精确地界定。到了玻耳兹曼用分子运动论和统计方法解释，就十分简单而且精确明了：熵就是分子运动“无序性的量度”。熵增大原理就是一个孤立系统的无序性只会越来越大，一直大到不能再大为止。我们用一个通俗的例子来说明这一点。在一杯清水里滴进一大滴红墨水，红墨水分子的无序运动使它渐向四方扩散，直到这杯清水全部成为淡淡的红色为止。对这杯浅红色水来说，它的熵到了极大值。这杯清水变为浅红色水的过程，称为熵增大过程。如果扩散到全部清水里的红色分子再自动集聚在一起成为一大滴红墨水，即由无序状态自动变为有序状态（也即是熵减小），这种过程是不可能发生的。因为它违反了热力学第二定律。

这就是宏观热力学第二定律中不可逆过程的微观本质。由此可知不可逆过程具有统计上的含义。

由于麦克斯韦和玻耳兹曼决定性的贡献，物理学家们开始自觉舍弃机械决定论，采取一种新的统计决定论，使现代物理学走向了更深刻和广泛的统一，即宏观和微观世界的辩证统一。

玻耳兹曼墓碑上刻着他发现的伟大的公式 $S=k\ln W$.

玻耳兹曼的贡献是无与伦比的，可惜在当时人们还不大相信分子原子论，因此玻耳兹曼的贡献长期未被人们接受，这使他情绪十分沮丧，再加上其他一些原因，1906年夏天，他竟然在意大利里亚斯特一个海滨度假村自杀了。

啊，玻耳兹曼，一言难尽的伟大物理学家！这不由使人们想到杜甫的诗句：

冠盖满京华，斯人独憔悴。

千秋万岁名，寂寞身后事。

热力学的两个定律把大自然千变万化的运动，用两个定律就统帅起来，使五彩缤纷、瞬息万变的大自然再次把它那婀娜多姿的美丽和谐呈现在人们面前。这种美简直使科学家颤抖了，惊呆了。

人们为了纪念玻耳兹曼的伟大的贡献，在他的墓碑上刻下了他发现的熵增大公式方程：

$$S = k \ln W$$

方程中S为熵，W为系统无序性量度，k为玻耳兹曼常数。这个方程的物理学意义是：如果一个孤立系统没有外界的干预总是越来越混乱，正像一个懒人的房间如果没有人帮助他收拾打扫，只会越来越乱，不会自行变得整齐起来一样。

玻耳兹曼方程具有永恒的价值，这是因为是他第一个向我们指出，如何协调非常不同于我们日常经验的微观物理学与作为这种经验基础的宏观物理学之间的关系。

爱因斯坦高度评价玻耳兹曼的这一伟大贡献。1900年9月13日，他在给女友米列娃的信中写道：

玻耳兹曼是壮观动人的。我几乎已经读完了（他的讲稿）。他是一位阐释问题的大师。我坚定地相信这一理论的原理是正确的，这意味着我相信在气体情形中，我们真的是在与有确定的有限大小的质点打交道，它们在按照某些条件运动……

在普尔茨·布拉姆绘制的漫画中，玻耳兹曼正在沉思物理中的哲学原理。

非常值得注意的是，玻耳兹曼不仅是一位“壮观动人的……大师”，而且他像许多物理大师一样，是一位音乐造诣极高的人，他弹钢琴可以使人如醉如痴；更不同一般的是，他还是一位很不错的诗人！在他的著作《力学原理》一书里，开篇竟然是一首诗：

不懈探求真理；
表达力求清晰；
捍卫它直到生命的最后一息！*

在这首诗中，玻耳兹曼动人地描述了他对科学事业的执着和忠诚。在《天堂里的贝多芬》一诗中，他描述了自己灵魂的一次旅行：

他离开了自己的身体，飞向天堂。

在诗中他提到了自己的痛苦和悲伤，以及对死亡的向往。它是这样开始的：

带着不堪回首的痛苦，

---

* 这首诗和下面《天堂里的贝多芬》均参考了胡新和先生在《玻耳兹曼——笃信原子的人》中译本的译文。特此表示感谢。——本书作者

物理学家并不会因为懂得了彩虹的形成原因是光的散射定律，就失去了对蔚蓝色天空和紫红色落日的感动。

灵魂逃离了凡世间的肉体，

扶摇直上，穿越空间！

多么快乐的飞扬，

对一个曾为忧伤和痛苦所折磨的人。*

如果仅从这首诗来看，人们不会想到作者是一位物理学家，只会认为作者是一个敏感、富于想象力的诗人。诗人感情丰富而细腻，常会想到灵魂、痛苦、折磨，也因此常常向往天堂和飞扬；而物理学家多半理性有余，很少浮想联翩地沉醉于想象世界之中。

玻耳兹曼是物理学大师中少见的诗人之一。正因为如此，他对物理学美学曾经有过深入的思考。1900年，他在莱比锡大学就职演说中讲道：

群芳斗艳中花卉精致的美，昆虫世界中极为丰富多彩的类型，人类和动物身上器官的精巧的构造，对于所有这些的说明，构成了力学的领域。我们理解了，为什么对于我们的物种来说，这一点是有用的和重要的，即有些感觉印象是讨人喜欢的，因而去追求它们，而对另一些则讨厌它们；我们认识到去构造尽可能精确的周围环境的图像，并严格地依据是否与经验相一致来区分其

* 这首诗还有好几段，这里只选用了第一段。

真假是何等重要。由此，我们能用力学来说明美的概念的起源，就像说明真的概念的起源一样。

玻耳兹曼这段话是回应一些诗人对科学成就的疑虑和叹息。这些诗人认为科学的进步摧毁了对大自然美的欣赏能力。玻耳兹曼回答说，物理学家并不会因为懂得了彩虹的形成原因是光的散射定律，就失去了对蔚蓝色天空和紫红色落日的感动。这在玻耳兹曼1905年访问了美国加利福尼亚州以后写的旅游散文中就可以看出。在这篇像诗一般美丽的散文中，这位物理学大师对自然和人间的那种动人的感受能力，绝对不比任何诗人差一分一毫：

从不来梅到纽约的远洋航行中，这种远洋汽轮真可谓人类的杰作之一。每次乘坐这样的轮船远航都会比前一次感受更佳。澎湃的海洋每天都能变出一幅令人叹为观止的新模样。看，今天它剧烈地奔腾泛起白色的浪花；看，那一条条的船，一时船身好像被浪花吞食了，稍待片刻，船身又从浪花中吐了出来。

……在某些个特殊的日子里，海洋会披上盛装，它那蓝色衣装的色彩是如此之深，又如此之亮，还用奶白色的浪花镶着边。我曾嘲笑过那些画家居然会花费几天的时间去重现某种神奇的色彩。现在我明白了，那蓝蓝的大海的确能令人激动得热泪盈眶。仅仅一种色彩就能使人大声喊叫，以发泄他的激情。这是何等神秘啊！

如果说有什么比大自然的美丽更令我钦慕,那就是人类的智慧。早在腓尼基人以前，人类就征服了这茫茫无际的大海……诚然，自然界最奇异的东西莫过于人类丰富的思想。

诗人和音乐家的品格，决定了玻耳兹曼对物理学之美有特殊的鉴赏力。难怪他在评论麦克斯韦的物理学论文时会用那么奇特的类比！（见本书“绪言”）

与牛顿的第一次大统一比较起来，热力学两个定律统摄的自然现象更为宏大宽广，如果说它像一首美妙宏伟的交响乐一点也不为过。它的和音直指宇宙每一个领域，无所不包、无所不容、纤悉无遗、概莫能外，以致

这幅漫画中，玻耳兹曼正在加利福尼亚大学演讲。画中的玻耳兹曼像一个美国西部牛仔！

船在大海中行驶的时候，会给乘客带来激动的感受。

德国物理学家普朗克（M. Planck，1858—1947，1918年获得诺贝尔物理学奖）在无可奈何之中发动量子理论革命时，他紧紧抓住热力学两个定律不放，发誓般地宣称：

在任何情形下，即使其他的定律可以放弃，唯有热力学的两个定律无论如何不能违背！

真是掷地有声、慷慨激昂啊！下面将要讲述的两个科学发现的故事，不仅充分证实普朗克的预言惊人地正确，而且我们可以非常动情地感受到物理理论之美。

鬼魂般的粒子——中微子

物理学家常常把中微子这个基本粒子称为“原子的鬼魂粒子”。这可真是一个令人毛骨悚然的绰号啊！“中微子”这个名字本身倒是一个颇有一些可爱的，有点小巧玲珑的味道，但为什么会有那么一个可怕的绰号呢？说来话长。简而言之，就是因为它颇有点神出鬼没、来无影去无踪的神秘感。美国著名作家厄普代克（J. Updike，1932—2009）在得知中微子的行为后，写了一首《宇宙的烦恼》的诗，诗中艺术化地描述了中微子来无影去无踪的本领：

中微子，多渺小，没有质量不足道。
不带电荷成中性，对人礼貌不干扰。
地球是个傻大个，驰骋穿过自逍遥。
进退伸缩真自如，穿过地球轻声笑。
深夜床下穿人体，人在梦中不知晓。
啊呀，我说：宇宙真是令人恼；
哈哈，你说：世事真乃太奇妙！

岂止中微子的行为让人惊奇而不可思议，中微子的发现过程也都充满了不可思议的奇迹。

中微子的发现与一桩“失窃案”有关。这桩失窃案不是什么金银财宝、奇画异品被盗，而是在一个核反应过程中，一部分能量莫名其妙地失踪了，或者说“失窃”了！

1914年，英国物理学家查德威克（J. Chadwick，1891—1974，1935年获得诺贝尔物理学奖）在做放射性实验时，发现放射线物质放射出的β粒子（即高速运动的电子），具有一种宽阔的连续能谱分布。这一实验结果使物理学家大惑不解。为什么“大惑不解”呢？问题其实非常简单，因为按照能量守恒定律，β粒子应该有确定的能量。例如，核A在放射出β粒子后，变成另一种核B，根据能量守恒定律，β粒子的能量E_β应为：

热爱音乐的普朗克，他的钢琴演奏达到了专业水平。

上大学期间，普朗克一直是慕尼黑大学交响乐团的指挥。图中的他正沉浸在美丽的琴声中，悦耳的琴声使他悟到了自然界两个定律——热力学的定律的至美。

中国大亚湾核电站是研究中微子振荡的最佳地点之一。2006年，大亚湾反应堆的中微子实验正式启动。

英国物理学家查德威克，他于1932年发现中子。

丹麦物理学家玻尔，他于1922年获得诺贝尔物理学奖。

$$E_{\beta}=E_{A}-E_{B}$$

上式中E_A和E_B分别为核A和核B的全部能量，可由公式$E=mc^2$算出，因此它们是确定的。E_A和E_B是确定的，E_{β}当然也是确定的。但查德威克的实验结果却明确地显示出，β粒子的能量可以在零到某一个最大值之间连续分布，而且衰变后的总能量比衰变前的总能量还要少一些。这就是当时颇为轰动的“能量失窃案”。

为了弄清这一失窃案，丹麦物理学家玻尔（N. Bohr，1885—1962）提出了一个惊人的观点。他认为在β衰变中，能量仅在统计上守恒，而在单个粒子反应中并不守恒。* 玻尔在1930年的一次演讲中指出：

在β射线衰变中，为了维护能量守恒定律，导致实验解释的困难……原子核的存在及其稳定性，也许会迫使我们放弃能量守恒的观念。

玻尔等人有这种想法也并不奇怪，因为当时正处于一场科学革命之中，一切科学标准包括审美标准都要在理性的审判台上接受最严厉的审判和考验。时空观在相对论中发生了根本的变化，因果律正在受到普遍的置疑，所以怀疑在微观世界中粒子物理学里能量守恒定律是否适用，普朗克的誓言是否应该坚持，并不是什么不可理解或不合情理的事情。

为了解决“能量失窃”这个困难，物理学家们提出了各种各样的方案。除了玻尔等人提出的怀疑守恒定律的普适性这一方案以外，大约要算奥地利物理学家泡利（W. Pauli，1900—1958）提出的一个方案最为大胆。泡利认为能量守恒定律绝不能被违背，他决心拯救这个伟大的定律！他提出，也许在核里除了质子和电子以外，还存在一种新的、暂时尚未为人知晓的粒子：这种粒子是电中性的，质量很小很小，以前没有被人们发现。有了这种粒子，能量守恒定律遇到的困难可以得到解决。因为缺失的能量很可能是被这个新粒子带走了。

泡利初次提出上述想法完全是试探性的。那是1930年12月，他被邀请参加在德国图宾根召开的一次物理学会议，讨论有关放射性问题。由于泡利还要参加一场据

* 玻尔的这个观点被称为B-K-S建议（B-K-S proposal）。这是用提出建议的三位物理学家姓氏的第一个字母表示。这三位物理学家分别是：玻尔（Bohr, N.）、克拉默斯（Kramers, H. A.）和斯莱特（Slater, J. C.）。

说是“少不了”他的舞会，就请一位物理学家带去一封公开信，代表他在会上宣读。在这封信里，他提出核里可能存在一种中性粒子的想法，并为这粒子取名为“中子”[后来因为查德威克发现电中性的粒子称为中子，泡利假设的粒子因为质量很小，就由费米（E. Fermi，1901—1954）建议改称为“中微子”。为方便起见，下面就直接称为中微子]。

图宾根市依山傍水，是德国最著名的大学城。

泡利在公开了中微子的假想以后，又十分后悔，以致在把信请人带走的那天深夜，冒雨去找天文学家巴德（W. Baade，1893—1960），诉说自己的莽撞：“我今天做了一件很糟糕的事。一个理论物理学家无论在什么时候都不应该这样做的。我提出了一个在实验上永远也检验不了的东西。”

泡利为什么犹豫呢？“提出了一个在实验上永远也检验不了的东西”是一方面，另一方面是他的提议违背了当时粒子物理学的审美标准。物理学家在19世纪末和20世纪初，在一片黑暗的亚原子世界里终于有了伟大的突破，发现了带负电的电子和带正电的质子，它们组成了大千世界里最基础的物质——原子。从此，一片朦胧的亚原子世界终于显示出一线光明，美丽的微观世界就将呈现在人们面前。物理学家欢欣地认为，亚原子世界就两种粒子，电子和质子，一个带负电，一个带正电，这是多么简单、美妙而神奇的世界啊。这种解释简单性的审美标准几乎成了物理学界的共识和金科玉律，谁也没有胆量越雷池一步。泡利为了拯救能量守恒定律这一已经成共识的审美判断，却要违背另一个审美标准，他不能不在两者中犹疑和权衡。

德国天文学家巴德。他发现仙女座距地球是200万光年，而不是此前确定的80万光年，于是宇宙体积一下增加了20倍。

提出者自己都疑虑重重，别人当然就更不会相信。事实上，泡利的中微子假说提出来以后，物理学家当中很少有人相信真有什么中微子存在。当时物理学界

奥地利物理学家泡利，他于1945年获得诺贝尔物理学奖。

的一些著名人物如玻尔、爱丁顿（Eddington，1882—1944）、狄拉克、维格纳（E. Wigner，1902—1995）等人，都曾公开表示反对。例如，维格纳曾对派斯（A. Pais，1918—2002）说：

第一次听到泡利的假说时，我的第一个反应是，泡利一定疯了。虽然我十分钦佩他的勇气。

爱丁顿的强烈反对态度一直持续到1938年。他曾说：

我可能说我不相信中微子……说不相信还不足以表示我的思想。我认为，实验物理学家不会有足够的智慧发现中微子。如果他们获得了成功，甚至可以应用到工业上去，我想也许我不得不相信，但我仍可能怀疑他们干得不十分光明正大。

反对中微子的人当中还有哲学家。例如，科学哲学家马吉诺（H. Margenau）在1935年曾说：

在对物质基本成分的解释上，现在真是意见纷纭。好像觉得还不够混乱似的，又冒出了一个中微子的鼓吹者……近年来，许多发现的趋势似乎同解释的简单性和一致性背道而驰。

马吉诺显然完全是从审美判断上反对泡利的中微子假说。

美国物理学家维格纳，他于1963获得诺贝尔物理学奖。

由于大多数物理学家的反对，再加上中微子假说本身存在的一个巨大困难，使得泡利也觉得自己的假说有些“可疑”。这个困难十分明显。根据海森伯的不确定性原理，如果核内真有电子和中微子，那么它们的动量（和质量）必然很大，而且应该受到很大的核力作用。真是这样的话，中微子早就应该在β衰变中被发现了，不被发现是绝不可能的。

正当中微子的命运岌岌可危时，费米于1933年提出了“β衰变理论”。这个理论认为，β粒子和中微子并不是原来就存在于核里的，而是核里的中子在某种条件下经β衰变转变为一个质子，并且在转变过程中放射出一个β粒子和一个中微子。这样，β粒子和中微子原来都不存在于核里，而是在反应过程中产生并放射到核外的。这样，β衰变理论只用在核外考虑β粒子、中微子的存在。

当实验证实了费米的β衰变理论是正确的之后，一位苏联物理学家赞叹地说：

离奇的是……像在钢笔尖上建摩天大楼那样，在想象的中微子基础上建立了完整而详细的β衰变中微子理论。

“中微子”这个名称也是费米在一次会议上灵机一动取的，因为这时已经有了中子，而中微子的质量比电子还小得多，因而“微”不足道。

费米在芝加哥大学装配的一组实验装置。图中人物是该研究小组成员之一牛森（H. W. Newson）。

故事还没有完，因为中微子像鬼魂一样来无影去无踪，很难在实验室里找到它。事实上，中微子直到1952年才找到。在没找到它之前，尽管β衰变理论取得了很大进展，但仍然有一些著名的物理学家不相信中微子的真实性。1936年还出现了一场大的波折。

1936年，美国实验物理学家香克兰（R. S. Shankland）在实验中“证实”了玻尔提出的建议，即能量的确在基本粒子反应过程中只能在统计上守恒，在某一次反应中也许并不守恒。香克兰的实验报告一发表，立即受到那些厌恶引入新粒子的物理学家的热烈欢呼。最令人感到惊讶的是，不久前刚引入正电子的狄拉克，竟异乎寻常地欢迎香克兰的文章。他立即写了一篇题为“在原子过程中能量守恒吗？”*的文章，反对泡利的中微子假说和费米的β衰变理论。他在文中写道：

意大利物理学家费米，他于1938年获得诺贝尔物理学奖。

物理学家们目前已面临对基础做出重大改变的时期，这一改变包括放弃那些物理学曾经紧紧依靠的原则（能量和动量守恒），并在这一基础上建立B-K-S理论或类似的理论。

狄拉克还不无嘲笑地写道：

“中微子这个观察不到的新粒子是某些研究者专门造出来的，他们试图用这个观察不到的粒子使能量平衡，以便从形式上保住能量守恒定律。”

* “Does conservation of energy hold in atomic processes? ” *Nature*, 137 （Feb. 22），298—199.

英国物理学家狄拉克，他于1933年获得诺贝尔物理学奖。

接着，英国理论物理学家佩尔斯（K. E. Peierls，1931— ）也立即发表文章《香克兰实验的诠释》*，支持狄拉克的意见，而且更激进。他写道："看来，一旦抛弃了内容详细的守恒定律，那将是令人满意的。"

命运多舛的中微子又一次前途未卜。不过，这次风波不大，因为不久香克兰的实验就被哥本哈根玻尔研究所的实验所否定。这次小小的风波也就迅速平息了。

中微子假说，从此日益为人们信服，20世纪50年代，中微子终于被实验发现，泡利拯救能量守恒定律（即热力学第一定律）的壮举终于顺利实现！由此，这个审美判断被证明在宏观、微观世界都是没有问题的。但是，到了20世纪80年代，这个与审美判断有密切关联的热力学第二定律在宇观领域里是否仍然有效，引起了又一次争论。

现在，鼎鼎大名的霍金要上场了。

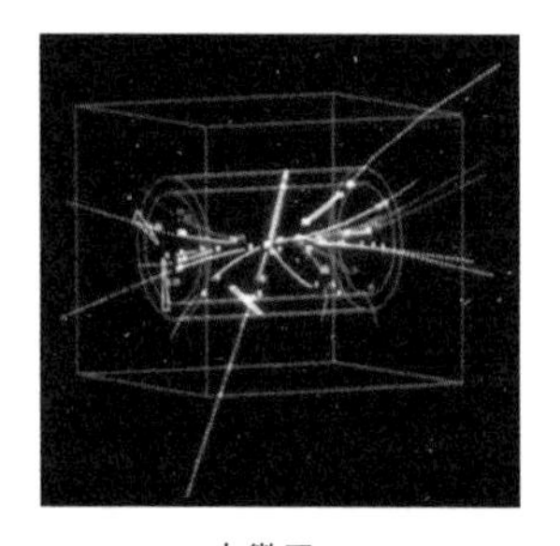

中微子。

黑洞热力学

1973年初，霍金的女儿出生不久的一天晚上，他上床的时间比往日长得多。直到第二天霍金的妻子简（Jane Wilde）才知道其中的原因。原来他大脑中突然浮现出的黑洞几何图形有时会相互碰撞，就像两个星球有时会相互碰撞一样，这种浮想使霍金把宇宙学和一门古老的物理学理论——热力学联系起来了。他和彭罗斯（R. Penrose，1931— ）已经证明，两个黑洞相撞时，两个黑洞并成一个，合并后表面积不可能变小，而且几乎总是大于原先两个黑洞表面积的总和。这个结果总是在霍金大脑里游来荡去，它们化成了几何图形，忽而重叠，忽而分离，让霍金感到心荡神移，无法自制。突然，他想到了热力学中的第二定律。

霍金在慢慢上床时候想到的，黑洞的表面积只会增大与封闭系统的"熵只会增大"，两者忽然联系到了一起。这是一个了不起的飞跃。注意，凡是飞跃必然有某种审美诉求隐含在潜意识里。在他之前恐怕从来没

* "Interpretation of Shankland's experiment." *Nature*, 137, 904.

有人想到热力学和黑洞会有什么关联。霍金曾经说：

我对自己的发现如此激动，以至于当天晚上几乎彻夜未眠。

第二天早上，霍金立即在电话中把这个想法告诉了彭罗斯。后来，霍金发现的这一规律被称为“面积定律”（Law of areas）。

英国宇宙学家和物理学家霍金。

有一位同事开玩笑地说：“这好像突然打开现今最时髦的小轿车的车盖，却发现里面有一台老古董蒸汽机在运作！”

于是，1973年初，霍金和彭罗斯开始用热力学作为一种模拟的方法，希望找到一个模型来研究黑洞的性质。因为黑洞的行为太奇怪，不借用一种现成的模型来研究，人们几乎不知所措。在思维方法中，这叫作“类比法”（analogy）。但是，无论是霍金还是彭罗斯，他们只不过是借用热力学的一些方法而已。虽然他们知道热力学定律是宏观和微观世界里的基本定律，但是并没有认识到它们真的能够被运用到宇观中的黑洞理论

霍金出生那一天，正是伽利略逝世300年祭日。图为伽利略在演示望远镜的操作。

英国宇宙学家和物理学家彭罗斯。

中，霍金更没有想到他会与一位美国年轻物理学家发生激烈的争论，而争论的原因正是热力学第二定律到底能不能真的用来研究黑洞。这是一次极有价值的争论，因为通过这次争论，热力学的审美判断果真像普朗克的誓言中斩钉截铁所说的那样——除了热力学定律绝不能违背以外，其他的理论和定律都可以重新审查！

这场十分有趣的争论，是由一个叫贝肯斯坦（J. Bekenstein，1947—　）的年轻人引起的。贝肯斯坦当时在美国著名物理学家惠勒（J. A. Wheeler，1911—2008）手下做研究，还十分年轻。

强将手下无弱兵。贝肯斯坦在研究黑洞的时候，决定将热力学第二定律直接用到黑洞的研究中去。在他的博士论文中，他利用精妙的数学方法证明：黑洞的“表面积”可以直接作为黑洞的“熵”的量度。由此他还在论文中宣称：热力学概念对于黑洞的确是适用的。

几个月后，贝肯斯坦带着他的论文出现在惠勒的面前。他对惠勒说：

黑洞视野的面积不只与黑洞的熵相似——实际上它就是黑洞的熵（其数值位于一个比例常数范围之内）。

美国物理学家、宇宙学家惠勒。他手下有不少“疯狂的”学生。

在惠勒的研究生涯里，他经常看到自己的学生提出一些出乎人们意料之外的奇怪而疯狂的理论。于是他告诉贝肯斯坦：“你的想法相当疯狂，因此有可能是对的，那么你就去发表吧。”

但是，贝肯斯坦的这一个判断，激怒了霍金。

霍金为什么被激怒了呢？原来，在相对论物理学看来，黑洞的温度是绝对零度，这是为什么呢？因为没有任何东西，包括光和热都不可能从黑洞里逃逸出来，既然如此，黑洞的温度只能是绝对零度；否则的话，热作为一种能量就要从黑洞里逃逸出来了。

霍金和卡特（B. Carter，1942—　）合写了一篇文章，指出了贝肯斯坦的“致命缺陷”：既然黑洞的温度是绝对零度，那黑洞就不会有熵；相反，如果黑洞本身就有熵，那黑洞的绝对温度就不可能是零度了。

霍金认为贝肯斯坦的结论是极其荒谬的。他本人虽然利用热力学的方法来"模拟"黑洞到底发生了什么事情，但贝肯斯坦却错误地将热力学第二定律真刀实枪地用在黑洞研究上，那就非常荒唐了。霍金说：

我对贝肯斯坦非常恼火。我写文章批评贝肯斯坦，部分动机是不高兴贝肯斯坦滥用了我的"面积定律"。

大部分物理学家都赞成霍金的意见，纷纷发表论文反对贝肯斯坦的意见。虽然贝肯斯坦当时只是一个小人物，而霍金已经很有名气，但他却没有因为霍金的名气和众多科学家的反对而退缩。他认为，将热力学应用于黑洞研究将会产生巨大的推动力量，1972年他发表了《黑洞热力学》（*Black hole thermodynamics*）的论文，霍金和他的朋友们立即回应了一篇题为"黑洞力学中的四个定律"（*The four laws of black hole mechanics*）的论文，反驳贝肯斯坦。剑桥和普林斯顿的这场争论僵持了一段时间。贝肯斯坦后来回忆说：

在1973年那些日子里，经常有人告诉我走错了路，我只能从惠勒那儿得到安慰，他说，"黑洞热力学是疯狂的，但也许疯狂到了一定程度之后就会行得通"。

后来的事实证明，霍金错了，热力学中的熵的确可以用在黑洞研究上。霍金后来在《时间简史》一书中写道："最后发现，他（贝肯斯坦）基本上是正确的，虽

资料链接：熵（entropy）

物质系统的不能用于做功的能量的度量。因为功是从系统的有序获得，所以熵的大小也是系统的无序或无规性的度量。如果将热能dQ加进保持恒温的系统中，则熵的改变dS为：$dS=(dU+pdV)/T\geqslant dQ/T$，式中$dU$为能量的改变，$p$为压强，$dV$为体积的改变。对于可逆过程，$dS=dQ/T$，且$S$为状态变量。因为其值完全由系统当前的状态所决定——即与沿什么路径到达当前的状态无关。所有自然过程是不可逆的并使熵值增加，因而$dS>dQ/T$。熵是一种广延的性质，即其大小可以从零变化到系统内的全部能量值。熵的概念是德国物理学家克劳修斯于1850年提出的，有时被用于表述热力学第二定律。根据这一定律，在热气体与冷气体的自发混合、气体向真空的自由膨胀以及燃料的燃烧之类的不可逆过程中，熵都是增加的。

（摘录自《大不列颠百科全书》6，第82页）

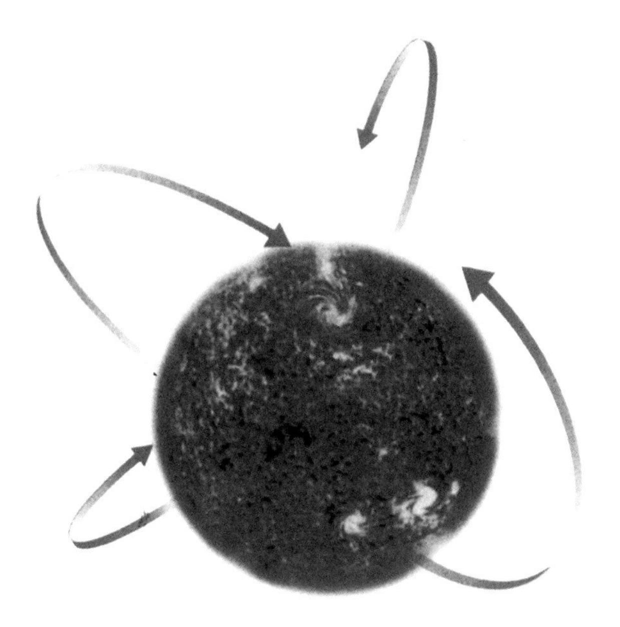

黑洞示意图：光线不能逃脱黑洞的束缚。

霍金正在体验身体失重的状态。从他的笑容里我们可以感到他所感受到的美妙、愉悦的感觉。

然是在一种他肯定没有遇到的情形下。”后来霍金自己还更进一步证明黑洞向外辐射的公式，这种辐射又被称为“霍金辐射”。

在这种激烈的争论和思考后，霍金才想到要深入研究一下20世纪另一个伟大的理论——量子力学，从这方面思考也许会找到更合适的突破口。量子引力也由此破土而出。

钱德拉塞卡（S. Chandrasekhar，1910—1995）对此评论说：

> 1975年霍金在形式上得出了熵。当人们对此追根求源时，发现这个熵的概念和热力学中熵的概念是完全一致的。热力学和统计物理学并没有期望从广义相对论中得出熵，[*]然而，从这个理论得出的结果并不违背热力学和统计物理学定律。

乐团正在演奏贝多芬的《第九交响乐》。

当我们目睹热力学的两个定律如此巧妙、精致地既适用于微观、宏观的物质运动，又令人惊讶地适用于宇宙中物质的运动时，我想每一个具有想象力的读者一定会像列维坦见到美景和歌德、托尔斯泰听到优美的乐曲一样，激动得泪流满面。

这是大自然最激动人心的美景，是震撼灵魂的最宏伟的交响乐。不，是天籁！

---

* 因为黑洞理论是广义相对论的一个推论，所以这儿说“并没有期望从广义相对论中得出熵”。——本书作者注

哪位神明写出了这些符号？
——麦克斯韦方程组

我灵魂的嫩须与你的纠缠在一起，
虽然两者相距不知多少里，
而你的盘卷在线路中的灵魂，
围绕着我的心，与心上的磁针。
……
噢！告诉我，当信息从我的心里，
沿着电线向你那里奔流，
在你里面产生了什么样的感受？
你只要撤一下，我的烦恼立时化为乌有。

电流经过重重电阻，磁场不断地向外开展，
而你又撤回来，给我下面这个答案：
“我是你的电容，你用电把它注灌，
我是你的电压，把你这电池充满。”
——选自麦克斯韦诗歌作品《一个男电报员给一个女电报员的爱之信息》

法拉第（Michael Faraday，1791—1867）

在研究物理学家成长的历程时，我们常常会惊讶地发现，最杰出的物理学家在少年时期都有着几乎大致上相同的爱好和才能。例如，我们可以举出很多例子证明，他们在少年时期都特别喜欢几何和艺术（音乐、诗歌、绘画等），而且在这两方面都显露出不同寻常的才能。上一章我们看到玻耳兹曼的例子，他是一位了不起的物理学大师，又是一位写抒情诗歌和散文诗的高手；另一位19世纪伟大的物理学家麦克斯韦也不例外。

英国物理学家麦克斯韦。他于1871年被任命为剑桥大学第一位实验物理教授，并成为卡文迪什实验室第一任主任。

喜欢写诗的麦克斯韦

麦克斯韦在爱丁堡上中学时，他不仅在数学上表现出卓越的天资，在比赛中获得第一名，而且他在诗歌比赛中也获得了最高奖。在数学领域里，他不仅喜爱数学，而且从小表现出不凡的才能。当他还在家里跟父亲学习时，就制出了5个立方体的模型，显示他对数学的敏感和爱好。到14岁时，他受到爱丁堡一位知名的装饰艺术家海伊（D. R. Hay）的影响，对几何对称现象非常感兴趣。海伊曾试图用几何模式来表现装饰中的艺术对称，这启发了麦克斯韦的灵感，使他发现了一种绘制卵形线（oval）的方法。这种卵形线曾经由笛卡儿首先研究过，笛卡儿虽然描述过绘出这种曲线的方法，但麦克斯韦的方法却崭新而又简便。麦克斯韦的父亲对此感到振奋，把这一发现告知爱丁堡大学哲学教授福布斯（J. Forbes），后者又把麦克斯韦记述这一方法的论文推荐

大自然到处都是美丽的对称性结构。图为漂亮的雪花六角形结构。

水结晶照片（日本学者江本胜拍摄）。

装饰艺术中经常采用对称的几何图案。

给《爱丁堡皇家学会纪事》发表。福布斯在给麦克斯韦父亲的信中，高度评价了麦克斯韦少年时的这一发现：

亲爱的先生，我仔细阅读了您儿子的文章，我想，他用的方法很聪明——特别是在他这样的年龄来说；而且我相信，这种方法在本质上说是一种新方法。关于后一点，我曾听取过我的朋友克兰德教授的意见……

克兰德的评价则似乎更高一点，他认为麦克斯韦的论文写得“非常难得，非常灵巧”，其绘制卵形线的方法的确是前所未有的。《麦克斯韦传记》的作者埃弗里特（C. W. F. Everitt）说得很对，由麦克斯韦这一发现，“显示了他一生的两个特色：严密性和对几何论证的偏爱。”

至于麦克斯韦的诗歌，中国的读者大约很少有人见过。* 这里给出两首，可以使我们对麦克斯韦在写诗方面的才能有一个初步的了解。这首诗是麦克斯韦在看过威廉·汤姆逊发明的镜式电流计以后写的，诗中充分表达了麦克斯韦对新仪器的赞美和兴奋心情。麦克斯韦在诗中写道：

灯光落到染黑的壁上，
穿过细缝
于是那修长的光束直扑刻度尺，
来回搜寻，又逐渐停止振荡。
流啊，电流，流啊，让光点迅速飞去，
流动的电流，让那光点射去、颤抖、消失……
啊，瞧！多奇妙！多细，
更细，更清楚，
滑动的火！还有准线，
使读数更精密，
多清楚，
摆动吧，磁铁，摆动吧！忽进，忽退，
摆动的磁铁，你最终到底停于何处？
啊，天哪！你没弄清楚，
准确到十分之一的读数！
不，这不仅是什么精确的方法，
这简直是神明之术！
断开电流，断开吧，让光点自由飞去，

* 据香港中文大学童元方教授在《水流花静——科学与诗的对话》一书中所说，伦敦皇家学院“麦克斯韦理论物理讲座”教授派克（E. R. Pike）对她说：“我虽为麦克斯韦讲座教授，不要说没有读过他的诗，根本连他写的诗都不知道。”童元方教授还说，在坎贝尔（L. Campell）写的《麦克斯韦传记》（*The Life of James Clerk Maxwell*）里收集了麦克斯韦的诗约有50首。

断开电流，让磁铁休息，让它慢慢停住。

还有一首苏格兰方言诗《可否请你跟我来》。这是一首情诗，透露出他将与妻子共结秦晋之好的甜蜜心情。全诗有四节：*

一

可否请你跟我来，
在春潮初涨的时光。
在这样宽广的世界里，
安慰我，来到我身旁？
可否请你跟我来，
看一下学生如何在此成长，
在我们美丽的山坡上，
在我们自己的小溪旁？

二

因为小羊就快来，
在春潮初涨的时光；
那些小羊年年都来，
来到我们自己的小溪旁。
可怜的小羊不会留驻，
但我们会记得那一天，
我们第一次看到它们嬉戏，
在我们自己的小溪旁。

三

我们向含苞的花树凝望，
在春潮初涨的时光；
微风如细语般在倾诉，
又轻轻滑过枝头而低唱，
槲鸫鸟在它筑巢的地方，
工作了就休息，休息了又工作，
在它最喜爱的树丛间，
在我们自己的小溪旁。

四

我们将共度此生，
在春潮初涨的时光。
虽然这世界如此宽广，

1861年麦克斯韦在伦敦通过三个不同的滤镜（红、蓝、绿）向公众演示由三张反转片叠加而成的彩图。

俄罗斯画家列维坦的画作《春潮》。涓涓春水涨满了画中的低地，它映照着天蓝色的苍穹。尽管寒气还未消除，但报春的绿芽已经在树梢上首先绽露出来，这意味着，一切生命都将苏醒。

* 这首诗和附录中的两首诗，均借用香港中文大学童元方教授在《水流花静——科学与诗的对话》一书中的译文，特表示感谢！——本书作者

从欢快的溪流可以感觉到麦克斯韦的甜蜜心情。

你真的要做我的新娘。
不论是责备，还是赞赏，
没有人能使我们天各一方，
使我们背离带来快乐的生活方式，
在我们自己的小溪旁。

为什么像玻耳兹曼、麦克斯韦、普朗克、爱因斯坦和海森伯这些在物理学领域里取得过突破性贡献的科学巨匠们，都显示出在数学和诗歌、音乐方面特殊的才能呢？这是一个非常值得注意和研究的现象，它说明不同思维方式的结合，对于科学研究有极重要的意义；数学、物理等自然科学的重大发现，仅仅靠严密的逻辑思维是不可能取得的。俄罗斯伟大的数学家柯瓦列夫斯卡娅（С. В. Ковалевская，1850—1891）说：

不能在心灵上作为一个诗人，就不能成为一位数学家。

我们向含苞的花树凝望……

杨振宁在一次接受莫耶斯采访时说：

杨振宁：……因此，我们可以知道自然界一定存在着一种秩序。而我们渴望全面了解和认识这种秩序，这是因为以前的经历多次告诉我们：研究得越多，我们对物理学的认识也就越深刻，越有前景；而且越美，越强大。

莫耶斯：您说的是美？

杨振宁：是的，我说的是美。如果你能将许多复杂的现象简化概括为一些方程式的话，那的确是一种美。诗歌是什么？诗歌是一种高度浓缩的思想，是思想的精粹，寥寥数行就道出了自己内心的声音，袒露出自己的思想。科学研究的成果，也是一首很美丽的诗歌。我们所探求的方程式就是大自然的诗歌。

这是一首很美的诗。当我们遇到这些浓缩精粹的结构时，我们就会有美的感受。当我们发现自然界的一个秘密时，一种敬畏之情就会油然而生，好像我们正在瞻仰一件我们不应瞻仰的东西一样。*

俄罗斯数学家柯瓦列夫斯卡娅，她被誉为“数学公主”。

科学大师们正是因为有了诗人般的想象力，才能不断开拓新的领域。一位科学家没有诗人的浪漫、富于想象的气质，是不可能做出重大突破性发现的。麦克斯韦正是这种具有诗人气质的科学家，恰好他又生在电磁学正需要突破的年代，于是牛顿之后最伟大的发现，荣幸地落在了他的身上。

19世纪前叶电磁学发展简史

1854年，麦克斯韦以第二名的优异成绩毕业于剑桥大学，这时他对电磁学产生了浓厚的兴趣。电磁学从1820年奥斯特（H. C. Oesterd，1777—1851）发现电流的磁效应算起，到麦克斯韦开始注意它为止，只经历了20多年的时间。时间虽然不长，但在这个领域里却显现出突飞猛进的变化。在这一迅猛的变化中，对称性思想扮演了一个非常重要的角色。

普朗克不但是一位杰出的物理学家，而且也是一位钢琴和管风琴演奏高手，偶尔，爱因斯坦会来为他伴奏小提琴。

自从意大利物理学家伏打于1800年发明伏打电池以后，稳恒持续的电流立即为科学家开辟了崭新的研究领域，人们以极大的热情研究电流的化学效应、热效应，并先后取得了丰硕的成果。但现在看来颇为奇怪的是，虽然电和磁在自然现象中曾一再显示了它们之间有着紧密的关系，但电流的磁效应在1800年以后的20年里，根本不被绝大部分物理学家重视。

1820年，这种冷清的局面被丹麦物理学家奥斯特打

---

* 摘自《大自然具有一种异乎寻常的美——杨振宁与莫耶斯的对话》，杨建邺译，《科学文化评论》，2007年4期，105—109页。

意大利物理学家伏打，他一生做过无数电学的实验。

1800年伏打制成了著名的伏打电池，拿破仑兴趣盎然地观看了伏打的演示。图中桌上放的就是伏打电池，左边操作者为伏打，右前坐着的人是拿破仑。

破。尽管法国著名的物理学家库仑（C. Coulomh，1736—1806）早就断言电与磁是不同的实体，它们之间不存在什么联系；与奥斯特同时代的名声极大的安培（A. M. Ampère，1775—1836）也认为："电和磁是相互独立的两种不同的流体。"

英国物理学家杨（T. Young，1773—1829）还断言："没有任何理由去设想电与磁之间存在任何直接的联系。"

但是，德国哲学家康德和谢林却认为，"基本力"相互间是可以转化的，电和磁之间也一定有某种关系。奥斯特像迈耶一样，从这种自然哲学信念里汲取了力量，相信电和磁之间一定有某种联系。经过十多年潜心的研究，他终于在1820年发现了具有划时代意义的电流磁效应：磁针在电流的作用下，转动了！当磁针最后停下来不动时，磁针将与电流垂直。

奥斯特的发现立即让欧洲轰动起来。法国科学家马上抛弃库仑的错误结论，迅速地、全力以赴地研究奥斯特的发现。由于法国科学家安培的惊人智慧和技巧，他在得知奥斯特的发现后，一个月之内就把电流的磁效应的研究大大向前推进。

既然电流可以产生磁，那么从对称性考虑，磁也应该可以产生电流。

在1820年以后，不少物理学家都有这种想法，而且不少人还试图通过试验证实这一点，其中包括法国的安培、阿拉戈（D. F. J. Arago，1786—1853）和英国的法拉第（M. Faraday，1791—1867）等杰出的物理学家。但十几年的努力，没有获得任何成功。

在1831年以前，法拉第先后做过四次尝试以证实磁生电的猜测，结果都失败了。幸运的是法拉第不仅是一位杰出的实验物理学家，同时他还具有哲学家的头脑。他重视实验，但也同时重视理论思维，注意从自然哲学中汲取思想活力，以便作为实验的指南。因此，他深信自然界是统一的、和谐的、对称的。他曾说过：

我早已持有一种见解，它几乎达到深信不疑的地步，而且我想这也是许多自然科学家们所持的见解，即物质之力所表现出来的各种形式具有共同的起源，这即是说它们彼此之间紧密相关，可以相互转化，并有共同的力的当量。

他甚至还说过：

这种信念使我常常希望用实验证明引力和电力之间的联系的可能性。

如果我们想到，今天物理学家们正在为寻找（万有）引力和电力的统一而艰苦探索，我们怎能不惊叹法拉第科学思想的深邃呢！

丹麦物理学家奥斯特，是他发现了电流的磁效应，从而引起了电磁学迅猛的发展。

但是在1831年以前，法拉第却接连饱尝失败的苦果。仔细分析可知，其失败的关键在于错误地理解了大自然的对称性。包括法拉第在内，他们开始都吃了“绝对对称”（absolute symmetry）的苦头。他们都是这样想的：既然奥斯特发现的是稳恒的电流产生稳恒的磁效应，那么，反过来，稳恒的磁场就应该产生稳恒的电流。这种设想该多么谐调、对称，该多么美！但大自然就是不喜欢这种绝对的对称，不能完全满足科学家先验的设计。

奥斯特在做电流磁效应的实验。

大自然在总体上呈现了对称性，但在细节上却又不对称。大自然也许正是通过对称性中显示出不对称，不对称中又在总体上对称，这才显得色彩缤纷、丰富多彩，婀娜多姿、生气勃勃、曲径通幽，显示出一种深沉的美。打一个简单的比喻，在中国几乎众人皆知的一首诗《清明》里有四句：

清明时节雨纷纷，
路上行人欲断魂。
借问酒家何处有，
牧童遥指杏花村。

这四句诗，流传到今已是一千多年，至今仍为人们喜爱，其中原因之一就是它朗朗上口，音调铿锵和谐。用物理术语说就是在韵律上它有一种对称中的不对称性，即四句诗的末尾四个字“纷”“魂”“有”“村”的发音，其韵律同中有异。如果这四个字音韵全同，就会大煞风景、俗不可耐、令人扫兴了。自然界的对称性亦如此，如果它们绝对对称，这世界就一点也不美了；不仅不美，它也许早就达到热力学中的熵极大，宇宙也

左图：麦克斯韦的父亲。
右图：幼年麦克斯韦与母亲。

法国物理学家阿拉戈，他把奥斯特的发现带到法国。

就因此死亡！李政道教授曾经精彩地指出：

对自然界对称性的欣赏贯穿于人类文明之中。对称的世界是美妙的，而世界的丰富多彩又常在于不那么对称。除规则的晶体外，自然界大部分景观确实带有一些非对称性。一幅近似左右对称的山水画，能给人一种美的享受。但如果将画的一半与它的镜像组合，形成一幅完全对称的山水画，效果就会迥然不同。这种完全对称的画面，呆板而缺少生气，与充满活力的自然景观毫无共同之处，根本无美可言。有时，对称性的某种破坏，哪怕是微小的破坏也会带来某种美妙的结果。

1831年8月31日，法拉第在一只软铁环上绕上两组线圈A和B（见法拉第电磁感应实验示意图）。据他的实验日记记载，铁环用7/8英寸粗软铁棒弯成，外径为6英寸，A和B线圈由铜导线绕成。这一装置，比他以前试过的各种装置在电磁耦合上要强得多。B线圈两端用一较长铜导线连起来，在距铁环3英尺远处，在连接导线下放一磁针。当法拉第把A线圈与电池接通时，他意外地发现，在接通的一瞬间，B线圈连线下的磁针明显地摆动了一下，然后又迅即回到原来的位置上。

法拉第大吃一惊，这不是一种瞬时的电流效应吗？但是他以及几乎所有物理学家当时一直在寻找持续的、稳恒的电磁效应，他们都很自然地设想：把导体放在磁体附近将产生稳恒电流，或者，一根导线上如通以强的电流，那么其近旁导线也将产生稳恒电流。正因为这种

清明时节雨纷纷，路上行人欲断魂。

（左）弘仁的原画；（右）取弘仁的画的一半与其镜像组合而成的完全对称的山水画。

李政道对此解释说："弘仁（1610—1664）创建了几何山水画的中国学派。如图（左）是他的一幅作品，虽然复印件无法充分表现出原画的风采，画中对岩石的分层结构的刻画仍清晰可见。画中也显示出内在的近似左右对称。若将画的一半与它的镜像组合，则得到另外一种结果，如图（右）。弘仁的画是对自然的抽象，但完全对称的画面则与任何自然景观毫无共同之处。

猜测，物理学家们都一心注意研究如何用磁产生稳恒电流，忽视了对瞬时过程的观测；即便发现了瞬间效应，大约也认为那是不值得重视的，是"藻屑"，或者是实验出了瑕疵。

正是在这一错误思想指导下，法拉第没有立即明白上述瞬时效应的重要性。他在给友人信中写道：

我好像抓住了好东西，但这不像是鱼，说不定是藻屑。

接着，他于9月24日、10月1日和10月17日又连续做了一些实验，通过这些实验法拉第才明白，他抓住的正好是一条鱼，而且是一条大鱼，而不是"藻屑"。至此，他才明白电磁感应是一种瞬时性效应，是变化的磁场产生了变化的电流。以前追求的稳恒效应是错误的。11月14日，法拉第向英国皇家学会报告了整个实验的情况和结论。

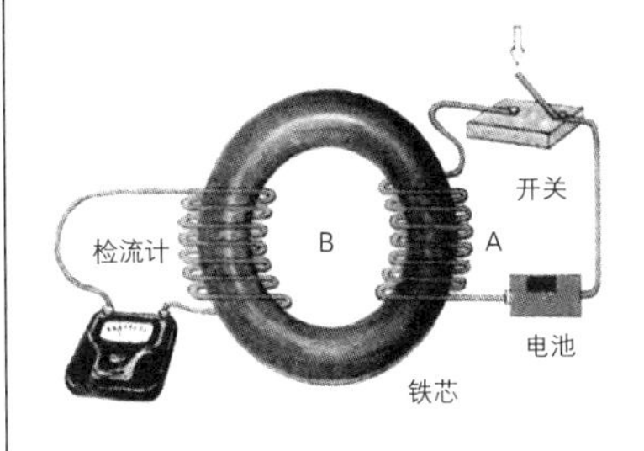

法拉第电磁感应实验示意图。

在A组线圈开通或者断开的瞬间，B组线圈中就会出现电流，检流计的指针因此摆动。在1831年法拉第做实验时，还没有检流计，他只能在与B线圈连接的导线下放一磁针来检测B线圈中的电流。

法拉第的发现引起了物理学家们极度惊讶和不解。这其间的原因之一，就是由于当时科学家们对对称性的了解还十分肤浅。他们多半从表观上、形象上去认识它，还没有从更高的抽象的数学水平上了解它。直到后来的麦克斯韦，才把人们对对称性的了解向前推进了一大步，而且是十分关键的一步。

写到这儿，不由想到许多书籍对法拉第的评价存在偏颇，认为法拉第只是一个文化程度不高、数学水平太差的一个实验物理学家。错！法拉第的确没有受过正规

法拉第的实验桌（复制品照片）。

的高等教育，但是由于他的好学、罕见的努力和坚忍不拔的精神，使他不仅成了技巧高超的实验大师，而且对哲学也有非常深刻和精到的认识。我们可以说，他的哲学见解超越了当时几乎所有的自然哲学家和科学家。例如，对于大自然统一、和谐的美学判断，就大大超越了他同时代的科学家们。他在实验日志里写道：

引力，当然这种力对电、磁和其他力能够得到一个实验关系，由此就能把它们在交互作用和等效效应中联系起来……

然而实验却显示引力拒绝与其他力“绑在一起”。在实验日志中他写道：“结果是否定的”，但他在这句话后面又加了一句，“它们并没有动摇我认定引力与电力之间存在联系的强烈直觉”。十年之后他再次试验，几乎用同样的话来结束他最后的文章。

在研究引力与其他力统一理论的优秀物理学家长长

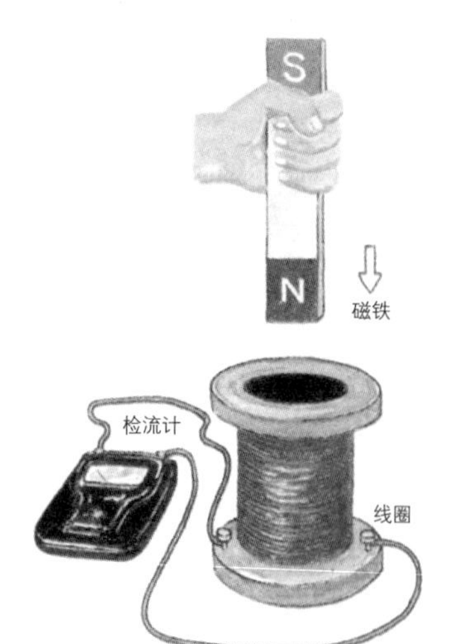

当磁铁插入或拔出线圈时，检验电流的检流计的红色指针就摆动起来。

的队伍中，法拉第应该排在第一位。20世纪爱因斯坦研究了很多年也以失败告终。但是，到了20世纪末，建立一个包括引力和电磁力以及弱、强相互作用力的统一场论，又成了物理学的热门话题。20世纪末到21世纪初，人们对量子引力理论有了新的发现。至今，这方面的努力虽然尚未成功，但是物理学家们都不否认这是一个伟大的梦想。

法拉第使用的线圈，至今保存在英国皇家学会。

如果法拉第没有独到精湛的自然哲学见解，他的这些审美判断从何而来？法拉第是一个虔诚的圣地玛尼安会（Sandemanian）的会员，1840年还被选为教会的长老。他认为这是自己一生中的大事。深挚的和根深蒂固的宗教信仰对他的自然哲学的形成也有深刻的影响。他相信宇宙是按神意创造的，所以大自然不会表现出不和谐和不对称的模式。他在自然力中寻找和谐对称的模式，年复一年，至死不渝。这期间他多次获得的成功，使他的这种信仰更加坚定。

法拉第使用过的电磁感应装置。

我们还应该注意到，法拉第对大自然的美情有独钟，而且非常善于欣赏和赞美大自然的美。在他的日志里有许多对大自然亲切的、兴致勃勃的欣赏、描述和赞美。我们不妨摘录一两段于下：

早上天气晴朗，非常美丽，下午有暴风雨，同样美丽。我从来没有见过这样漂亮的景色。一阵暴风雨来了，山的半边极暗，而另一半边却有明亮的阳光照着，在远处云端下面的森林和沼泽地上鲜绿色的光真是华丽。然后，闪电划过，接着是阿尔卑斯山优美的雷声轰鸣。结束了，又来一阵闪电，袭击了距我们不远处的教堂，随后着火了，结果损伤并不严重，很快就过去了。

一次，一阵突如其来的雪崩声音使他惊叹不止：

时不时有雷鸣般的雪崩，这种突如其来的雪崩声音非常微妙而且庄重……在这样的距离看雪崩，不仅不可怕反而很优美。很少能在一开始就目睹这景象，先是耳朵听见发生了一些奇怪的事，而后才看到，眼睛看到的

法拉第经常给青少年做科学演讲。当时他的演讲成了伦敦的重大事件，参加的人非常多，几乎每一次都爆满。

是下沉的云或其他什么，在水流变成雪、冰和流体构成的一股喧嚣而猛烈波浪式蜂拥而至的激流之前的景象，就像它下落穿过空气，看起来像水变稠了，而且就像它从下面堆积成块的倾斜表面溢出。运动起来像糨糊，停停走走，就像一团团地向后面堆积或消散。

法拉第大部分时间都在实验室里做实验。他发现了电磁感应，并提出“场”的概念，从而深刻地改变了物理学的发展。

由以上这些文字，你不觉得法拉第是一位风景抒情诗人吗？没有对大自然的美充满爱意和敬畏，没有很好的文学修养和丰富的诗人般的想象力，他能够写出这么动人的抒情散文吗？

一位使物理学发生过深刻改变的大师，不可能不是崇敬、热爱大自然的诗人。

麦克斯韦方程组

麦克斯韦在剑桥大学读书时，就认真研读过法拉第的《电学实验研究》，对法拉第提出的以电力线表示的

暴风雨、闪电，同样会给我们一种美感。

场的概念十分重视。虽然在法拉第的整本著作里，连一个数学公式都没有，而且内容芜杂，但麦克斯韦却感觉到在法拉第的实验记录里，有一种光辉的思想在朦胧处闪着光。是什么呢？他也一下子说不准，后来他发现法拉第关于电场、磁场的“场”（field）的观念，是法拉第物理思想的精髓。法拉第认为，带电体和磁体之间的相互作用必须依靠带电体和磁体在空间形成的电场和磁场，而绝非牛顿和安培所强调的“超距作用”。麦克斯韦相信：法拉第提出那些形象的电力线、磁力线也可以用数学形式表示，而且绝不比职业数学家的方法差。到1855年，他果然从法拉第的大量定性实验记录里，总结出了几个非常优美的数学公式。

法拉第为人类认识电现象做出了重大贡献。

1857年，当时麦克斯韦还没有完全完成他的工作，他就急切地把自己的部分结果寄给法拉第。当法拉第看到这些优美的公式后，可以说是惊喜交加。1857年3月25日，法拉第给麦克斯韦写了一封有趣的信，信中写道：

我亲爱的先生：

收到了您的文章我很感谢。我不是说我敢于感谢您是为了您所说的那些有关电（磁）力线的话，因为我知道您做这项工作是由于对哲学真理感兴趣。但您必定猜想它对我是一件愉快的工作，并鼓励我去继续考虑它。当我初次得知要用数学方法来处理电磁场时，我有不可名状的担心；但现在看来，这一内容竟被处理得非常美妙。

……在这样的距离看雪崩，不仅不可怕反而很优美。

麦克斯韦看了这种赞扬，当然十分兴奋，但他并没有满足这仅限于总结性的成果，他还渴求着新的突破。麦克斯韦首先是把已知的4个定律用数学方程表达出来：

$\nabla \cdot \boldsymbol{E} = 4\pi\rho$　　库仑定律

$\nabla \cdot \boldsymbol{H} = 0$　　高斯定律

$\nabla \times \boldsymbol{H} = 4\pi \boldsymbol{j}$　　安培定律

$\nabla \times \boldsymbol{E} = -\dot{\boldsymbol{H}}$　　法拉第定电磁感应律

但是麦克斯韦很快发现，在这4个数学公式中，安培定律和法拉第电磁感应定律之间缺乏一种对称性。对此杨振宁教授曾经在《从历史角度看四种相互作用的统

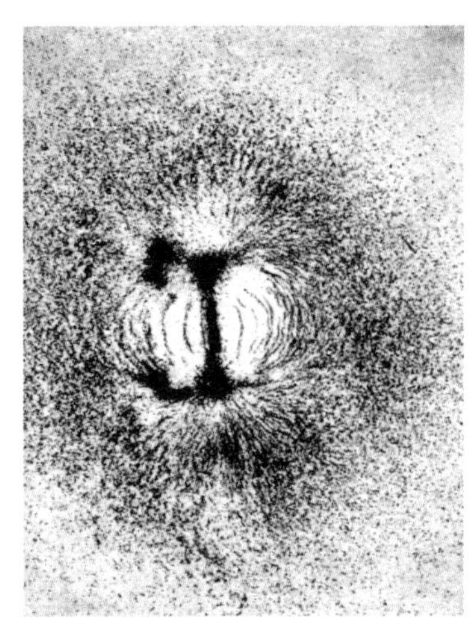

法拉第用铁屑显示磁场中的磁力线，以此证明磁场的存在。法拉第指出：带电体和磁体周围的整个空间，都连续分布着一种叫“场”的介质，电力和磁力正是由场来传递。磁力线和电力线则是场的结构和变化的一种形象化描绘。后来爱因斯坦继承和发展了法拉第“场”的思想，对法拉第的这一思想给予了高度评价，他指出，法拉第的一些观念“伟大和大胆是难以估量的……借助于这些新的场概念，法拉第就成功地对他和他的先辈所发现的全部电磁现象，形成一个定性的概念”。他还说：“场的思想是继牛顿时代以来，物理学的基础所经历的最深刻的变化。”

麦克斯韦故居。

一》一文中写道：

麦克斯韦到底做了什么事情呢？他就是把……电磁学里的4个定律写成了4个方程式：第一个是库仑定律，第二个是高斯定律，第三个是安培定律，第四个是法拉第定律，其中$\boldsymbol{E}$是电场，$\boldsymbol{H}$是磁场。

……麦克斯韦把这几个方程式写出来后发现了一个问题，这个问题在方程式写出之前大家都没有注意到，法拉第没有注意到，麦克斯韦也没有注意到。麦克斯韦最初写出的4个定律没有$\dot{E}$这一项，写出后他发现这4个公式实际上是不相容的，里面彼此要发生矛盾。如不把它写成数学的公式，单看这4个定律，那就不太容易了解它们之间是不相容的。可是写成了数学的公式，便可以运用数学中积累了好几个世纪的一些知识，作一些运算，这样麦克斯韦就发现它们的不相容。为了使它们相容，他（在安培定律中）加了一项$\dot{E}$，就是电场对时间的微商。

下面就是麦克斯韦加了$\dot{\boldsymbol{E}}$一项以后的麦克斯韦方程组：

$$\nabla \cdot \boldsymbol{E} = 4\pi\rho$$

$$\nabla \cdot \boldsymbol{H} = 0$$

$$\nabla \times \boldsymbol{H} = 4\pi \boldsymbol{j} + \dot{\boldsymbol{E}}$$

$$\nabla \times \boldsymbol{E} = -\dot{\boldsymbol{H}}$$

这就是说，麦克斯韦在没有任何实验的基础上，纯粹从对称性这一美学判断出发，就大胆地提出：既然法拉第电磁感应定律证实变化的磁场（$\dot{\boldsymbol{H}}$）可以产生感生电场$\boldsymbol{E}$，那么变化的电场（$\dot{\boldsymbol{E}}$）也应该可以产生磁场$\boldsymbol{H}$。这一推断是如此地大胆和美妙，又完全没有任何实验的启迪和支持，以至于当时物理学界几乎没有任何人认真对待这个推断，大都认为这纯是一种异想天开罢了。

杨振宁接着说：

加了这一项，就变成相容的了，而且又不违反原来法拉第的定律和安培的定律。这是物理学史上一个非常重要的发展。

这样，他的方程组就具有了完美的对称形式，有了这四个方程，再利用数学方法，麦克斯韦竟然推出电磁场的波动方程，而且发现光也是一种电磁波！

最后一句话需要解释一下。麦克斯韦在仔细研究他的方程组以后，获得了物理学中的一个真正让人吃惊的发现：电磁波的存在。概括地说，如果我们处于一个电场随时间变化的空间区域，那么在邻近的空间就会产生磁场；这个磁场也是随时间变化的，它又产生电场。这就像投进池塘的石子激起的水波一样，电磁场也以波的形式传播出去，电能和磁能相互转换。

而且麦克斯韦还惊讶地发现，由他的方程可以精确地算出电磁波的传播速度。光的速度在那时已经由实验和天文观察精确地测出了。麦克斯韦从理论上得到的电磁波传播速度的值和实测的光速值极其相符！这实在是一个非常意外和绝对了不起的发现！麦克斯韦由此推断，光只是众多电磁波中的一种。牛顿和荷兰物理学家惠更斯（C. Huygens，1629—1695）总结出的光学定律，全部可以由麦克斯韦的方程组推出。

光学从此成为电磁学的一个分支。

在物理学发展史上，麦克斯韦是第一个在没有充分的经验事实情况下，仅依靠纯抽象的审美判断（数学上的对称性），就提出了电磁波的假说，并将光和电磁波统一起来。这不能不说是一件划时代的大事。在对称性思想认识的历程上，这更是一件特别值得注意的事件：麦克斯韦把经典物理学的对称性思想推上了新的高峰——从表观上的对称性提高到理论结构的对称性。也许正是因为这一思想方法的飞跃如此新颖而大胆，致使一些与麦克斯韦同时代的伟大物理学家，如玻耳兹曼、亥姆霍兹都不能立即接受麦克斯韦的电磁理论。德国物理学家、诺贝尔奖获得者劳厄曾说过：

> 尽管麦克斯韦理论具有内在的完美性并和一切经验相符合，但它只能逐渐地被物理学家们接受。它的思想太不平常了，甚至像亥姆霍兹和玻耳兹曼这样有异

卡文迪什实验室第一位主任麦克斯韦。

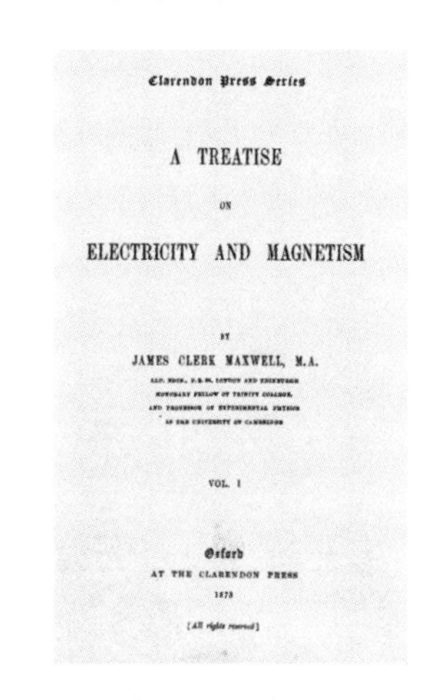

Clarendon Press Series

A TREATISE

ON

ELECTRICITY AND MAGNETISM

BY

JAMES CLERK MAXWELL, M.A.

VOL. I

Oxford

AT THE CLARENDON PRESS

1873

[All rights reserved]

麦克斯韦《电磁通论》一书的英文版扉页，该书直到现在仍是人们广泛阅读的教科书。2010年北京大学出版社出版了该书的中译本。

赫兹正在实验室里用他设计的实验仪器寻找电磁波。

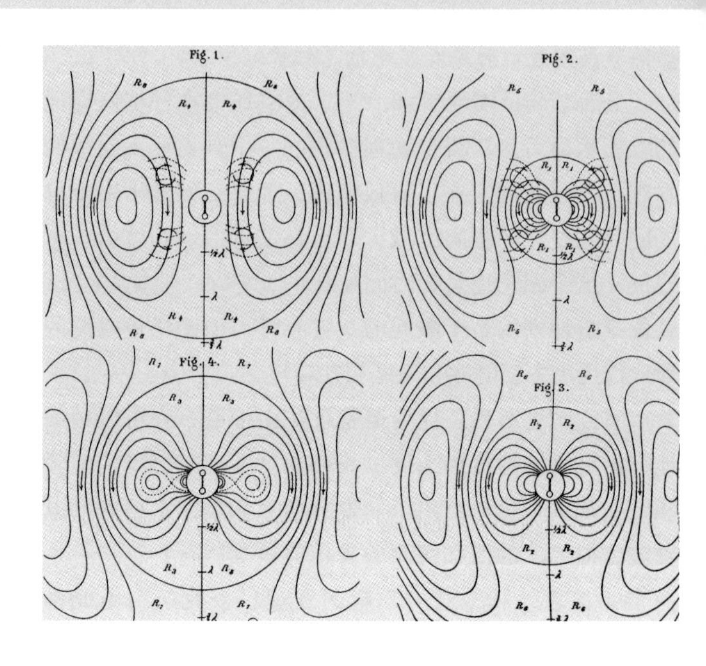

赫兹展示的振荡偶极子的电力线。赫兹开创性地设计出振荡回路，第一次成功验证了电磁波。

常才能的人，为了理解它也花了几年的力气。

直到1888年，德国物理学家赫兹用奇妙的电火花实验证实了电磁波的存在以后，人们才不仅承认了麦克斯韦的伟大理论，而且莫不惊叹对称性威力如此之大，以及麦克斯韦方程如此之优美。玻耳兹曼就曾用歌德的诗句赞美道：

是哪位神明写出了这些符号？

纪念赫兹（左）与麦克斯韦（右）的邮票。

麦克斯韦方程的美，以及它的重要性，随着时间的推进，显示得越来越清楚。爱因斯坦最先认识到这组方程的美在哲学、物理中的深刻内涵。1931年在纪念麦克斯韦100周年诞辰时，爱因斯坦指出：

在现实观念的变革中，这是自牛顿时代以后，物理学所经历的最深刻和最富有成果的一场革命。

在1946年写的《自述》中爱因斯坦又说："在我的学生时代，最使我着迷的课题是麦克斯韦的电磁场方程。"

杨振宁教授说得更清楚：

一直要等到1905年爱因斯坦发表了那篇伟大的论文之后，人们才理解了麦克斯韦方程组真正的意义。麦克斯韦方程组的重要性无论怎样估计也不会过分。麦克斯韦方程就是电磁论。假如没有我们对麦克斯韦方程组的理解，那就不可能有今天这样的世界。直到今天，麦克斯韦方程组的深刻含义仍在继续探讨之中。

英国作家马洪（Basil Mahon）在他写的麦克斯韦传记里有一章的标题是“美丽的方程组”（The beautiful equations），文中写道：

麦克斯韦方程组是宏伟的数学表述，它深奥、微妙，但又令人吃惊地简单。它们如此具有说服力，以至于人们不需要学习高深的数学知识就可以感觉到它们的美和力量……

麦克斯韦的理论囊括了宇宙的一些最基本的性质，不仅解释了所有已知的电磁现象。而且解释了光……当琼斯（R. V. Jones）教授把麦克斯韦理论描述为人类思想最伟大的一次飞跃时，他只是表达了后来科学家对麦克斯韦理论的普遍看法。

聪明的读者也许会发现，麦克斯韦方程组仍然还有不对称的地方：库仑定律和高斯定律前者不等于零，而后者却等于零。这不是明显的不对称吗？说得对！这儿的确显示出一种不对称性，狄拉克早就发现了这一点。这种不对称起因于带电体有单独电荷存在，例如正电荷或负电荷；而磁体总是两极同时存在，磁南极和磁北极永远不能分开，自然界还没有单独的磁极存在。如果磁单极（magnetic monopole）不存在，高斯定律就只能为零。如果真像狄拉克设想的那样有磁单极出现，这一个不对称性就消除了，麦克斯韦方程组也就更加对称。但是，当代物理学至今还没有在实验上找到磁单极存在的证据。

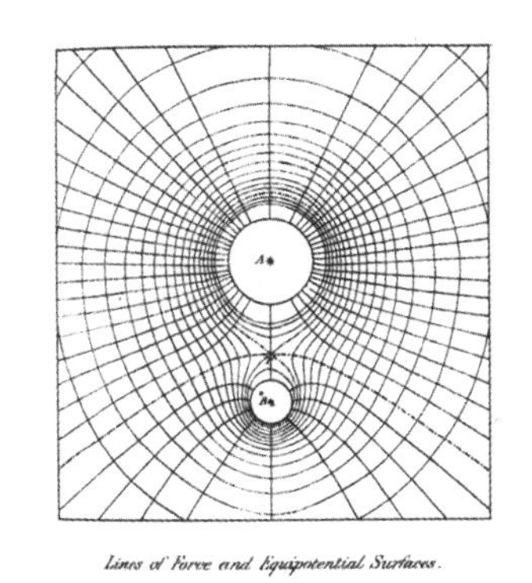

麦克斯韦展示的受电流干扰的均匀磁场。

> 哪位神明写出了这些符号？
> 灵魂的渴望平静下来，
> 让大自然的秘密向我敞开！*
>
> ——歌德

附录：麦克斯韦的诗

情　诗

1857年，麦克斯韦离开了剑桥，回到苏格兰，在亚伯丁的马利斯乔学院任教授。1858年2月，他与学院院长的千金杜尔小姐订婚，6月在亚伯丁结婚。

单是1858这一年，麦克斯韦在温馨的爱情呼唤下写了五六首情诗。

下面这一首是麦克斯韦写给妻子的，是当年两人暂别后所写

---

* 这三句诗的英译文是：
Was it a god who wrote these signs?
That have calmed yearnings of my soul,
And opened to me a secret of Nature.

的。这首诗，仿佛是在漆黑的长夜中，在她耳旁的轻轻絮语，如此温馨……

经常到了夜晚，我在屋中与孤寂周旋，
我渴望飞过陆地，飞越海洋，
分开阴霾，穿透黑暗，
想和你相见，去和你相见。

而你也会欣快地向我飞来，
我熟悉的妻，永远的爱！
我们忽然了悟：相距如此遥远，
岂非抛弃了人生最宝贵的冠冕。

这夜的死寂当前，
但我希望看见你，即使周围全是陌生的脸，
也希望在疾驶如飞的火车声里
把你带在我的身边。

我会感觉到你向我靠近，
手牵着手，魂牵着魂；
只觉快乐的夜何其短暂，
黑暗中的缱绻如此深沉。

那些幸福的渴求与希冀，
那些意念的想象与秘密，
到时却只是徘徊不前，
而在一长吻中得到答案。

我接过你深情的酒盏，
你，感到我力量的震颤，
灵魂在信仰中冉冉上升，
超越了焦思与困倦。

因为爱就是终极，
直到你把我，我也把你，
交托给爱我们两个的上帝，
祂会把我们带到祂怀里安息。

我们全部的祈祷只是怀疑与软弱，
我们热烈企盼的天赐半数已飞逝而过，
洁净自己而远离罪与忧，
只有爱，会超越死亡而不朽。

加深我们的爱，噢！主！

这幅画表现的是少年麦克斯韦跟在骑马的父亲身后游玩。父亲是位热衷于技术和建筑的律师，对麦克斯韦一生影响很大。

麦克斯韦夫妇合影。

愿我们相信你伟大的爱，
向你打开我们灵魂的窗户，
迎接赐给我们的礼物。

所有心灵的能与意志的力，
在我们死时，无不同化于尘土，
唯我们的爱，将长存而永驻，
即使山已烂，海已枯。

此外，还有一类诗，比如：《刚体》《分子的演化》《一八七四年七月与女子讲演物理科学 Ⅱ》等谐趣其外，庄严其中，完全是他的发明。其中最让人喜欢的大约是《一个男电报员给一个女电报员的爱之信息》。

一个男电报员给一个女电报员的爱之信息*

我灵魂的嫩须与你的纠缠在一起，
虽然两者相距不知多少里，
而你的盘卷在线路中的灵魂，
围绕着我的心，与心上的磁针。

如丹尼尔所创的电池那样的稳定，
如格罗夫的那样的强烈，如史密的那样的激情，
我的心倾吐出的爱，如潮水的翻腾，
而所有的电线都在你那里合拢。

噢！告诉我，当信息从我的心里，
沿着电线向你那里奔流，
在你里面产生了什么样的感受？
你只要揿一下，我的烦恼立时化为乌有。

电流经过重重电阻，磁场不断地向外开展，
而你又揿回来，给我下面这个答案：
“我是你的电容，你用电把它注灌，
我是你的电压，把你这电池充满。”

麦克斯韦致Cayley Portrait基金委员会的信（1887）

啊，可怜的人类，囿于八荒！
但却是何等的荣耀，他的思想，

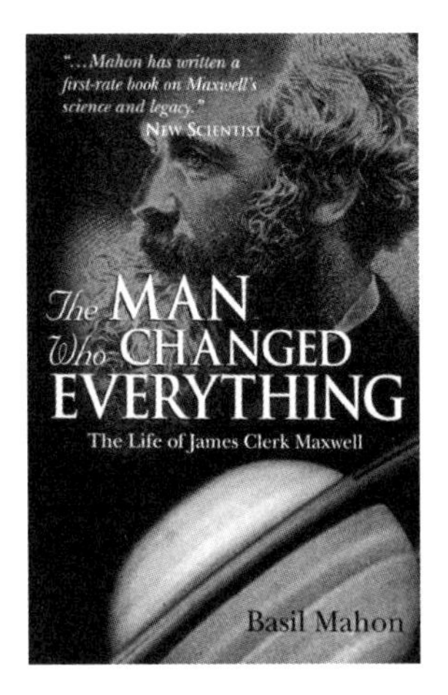

英国作家Basil Mahon写的*The Man Who Changed Everything: The Life of James Clerk Maxwell*一书原文版封面。在这本书里可以欣赏到许多麦克斯韦写的诗歌。

* 这一首诗原来的标题是Valentine by a Telegraph Clerk ♂ to a Telegraph Clerk ♀，麦克斯韦把与两个符号放在“电报员”（telegraph clerk）这个字之后，以♀和♂代表两位电报员。标题中Clerk这个字，一语双关：可以解为电报员，也可以是麦克斯韦的名。一个男克莱克给一个女克莱克发的电报，可以是他给妻子的另一首情诗。四个诗节，是两段对话：首三节是男电报员对女电报员所发的信息，第四节的前两句是男电报员的叙述，后两句是女子的复电。

第一节用的意象是电线，也就是两个电信局之间的电线。第二节出现了三个人名：丹尼尔（Daniell）、格罗夫（Grove）和史密（Smee），他们发明制造的电池是19世纪中期一般使用的三种电池。

麦克斯韦在其他科学领域亦有突出贡献，比如研究光弹性，他设计的“色陀螺”获得皇家学会的奖章。图为位于美国夏威夷莫纳克亚山上的为纪念这位伟大科学家而命名的麦克斯韦望远镜。

1879年10月8日，年仅48岁的麦克斯韦在剑桥去世。这是麦克斯韦的墓碑，他被安葬在家乡的一座老教堂的庭院里。

穿透六合之限，延伸于苍穹，
他发展的符号将欢唱着他的骄傲，
引领他，穿越难以想象之道，
用还未诞生的方程，征服新的大陆……

前进吧符号，主人！迈着庄严的步伐，
前进，直到时空燃烧着的边界，
Dickenson勾勒的时空只到二维，
但我们却能踏着他的脚印向前发展，
他卓越的灵魂，存在于无约无束的
N维空间，在普通空间已难容下。

似是而非的抒情诗

我的灵魂乃是一个繁绕之结
卷入流动的精致的旋涡之中
那是毗邻智慧的未知的天堂
你的衣服就如同量刑的座椅
一切工具甚至海员的解索针
都拿来解开我这异乡的灵魂
不料那繁绕的纠缠一如当初
在四维空间所在的宽广之处
其中点缀着你繁星般的幻想
克莱因和克利福德用那平坦
有限无边的平坦填满了虚妄
开始思考无限现在终归灭亡

连锁倒转法

——爱因斯坦使对称性成为现代物理学明星

物理学家第一次开始体会到对称性在物理学方程中的作用。当物理学家讨论起物理学的“优美”时，他们所说的就是对称性可以将许多不同的现象和概念统一成一个非常紧凑的形式。方程式越是优美，它就包含越多的对称性，也就能以最短的形式解释更多的现象。

——美国物理学家　加来道雄（Michio Kaku，1947—　）

爱因斯坦走在普林斯顿的大街上。自从1933年，54岁的爱因斯坦来到美国新泽西州普林斯顿高等研究院后，他在这里度过了生命的最后22年。

英国天文学家和数学家邦迪（H. Bondi，1919—2005）爵士*曾经说："他（爱因斯坦）深信，美是探求理论物理学中重要结果的一个指导原则。"在引用这句话的时候我不免心里有一点儿不踏实：这句话是不是说过了头？用"美"来指导"探求"？我记得，美国艺术博物馆的一位馆长曾经对温伯格经常在物理学中使用"美"这个词感到愤慨。这位馆长说："我们的工作中，专业人员已经不再使用'美'这个词，因为要定义它真是太困难了。"法国数学家和物理学家庞加莱也无奈地承认："可能很难定义数学的美，其实任何一种美也都难以定义。"

1951年3月14，普林斯顿高等研究院为爱因斯坦举办72岁生日宴。宴会结束后，爱因斯坦坐在弗兰克·艾德洛特（Frank Aydellote）的车里。国际合众社的记者亚瑟·赛斯（Arthur Sasse）请他笑一笑，爱因斯坦就做了个怪相，吐了吐舌头。

面对馆长的愤慨和庞加莱的无奈，我还有引用邦迪这句话的勇气吗？这是讨论物理学理论之美时经常遇到的疑惑，即使受到嘲笑也不奇怪。尤其是在20世纪以前，人们想要讨论物理学中的美学问题时，更是难以施展手脚，因为一百多年前的物理学虽然有了长足的进展，经典物理学的三大支柱已经建立起来，但是对于物理学后面隐藏的美，还缺乏深刻的认识，或者还感到一片朦胧，似明似暗、似隐似现、似是而非。

但是，随着20世纪的来临，尤其是1905年出现了爱因斯坦的相对论，物理学理论之美的问题出现了根本的转机。物理学家切实感受到了理论物理学中有一种轮廓清晰的美，而且有时还能够描述这种美，用这种审美判据来指导物理学研究。

美国科学史家霍顿（G. Holton，1922—　）在1973

* 邦迪爵士是奥地利出生的数学家和天文学家。他1947年成为英国公民，1959年被选为皇家学会特别会员，1973年封为爵士，1983年成为剑桥大学丘吉尔学院院长。

法国物理学家和数学家庞加莱。他先于爱因斯坦走近了相对论；但是由于他对时间的理解有误，不幸功败垂成。

年写的一篇纪念爱因斯坦的文章《从开普勒到爱因斯坦科学思想的渊源》中说，在研究爱因斯坦1905年发表的三篇划时代的论文时，“科学史家会发现一个有趣的问题”，原文如下：

人们……会发现这三篇论文的风格基本上是相同的，并且显示了爱因斯坦那时著作中独特的东西。每篇论文一开始都讲到形式上的不对称或别的不合于流行的美学性质的地方，然后提出一个原理，结果，不对称消除了，而且最后得出了一个或更多个可以用实验来验证的预言。

霍顿的分析，可以说是分析爱因斯坦思想方法的精辟之见，也终于使我充分理解了邦迪的话。在研究爱因斯坦的相对论时，我们会发现，一个统一理论之中含有内在的因素可以导致更高的统一理论，其中存在的某种对称性就是这样的因素；扩大原来的对称性就会导致更高的对称性，从而导致更普遍的、更全面的统一理论。

在爱因斯坦1905年写的第一篇相对论论文《论动体的电动力学》中，文章开篇就直指对称性问题：

大家知道，麦克斯韦电动力学——像现在通常为人们所理解的那样——应用到运动物体上时，就要引起一些不对称，而这种不对称似乎不是现象所固有的。

1905年第四期德国《物理学杂志》封面及《论动体的电动力学》首页。这是爱因斯坦发表的关于狭义相对论的第一篇论文。

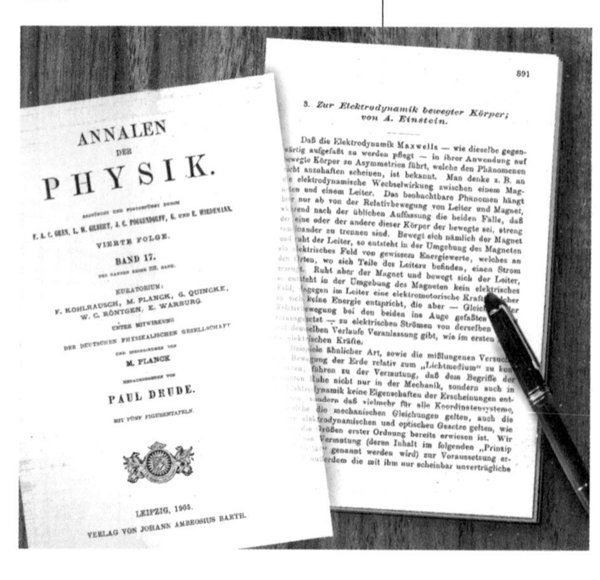

ANNALEN
DER
PHYSIK.
F. A. C. GREN, L. W. GILBERT, J. C. POGGENDORFF, G. UND E. WIEDEMANN.
VIERTE FOLGE.
BAND 17.
KURATORIUM:
F. KOHLRAUSCH, M. PLANCK, G. QUINCKE,
W. C. RÖNTGEN, E. WARBURG.
UNTER MITWIRKUNG
DER DEUTSCHEN PHYSIKALISCHEN GESELLSCHAFT
M. PLANCK
PAUL DRUDE.
MIT FÜNF FIGURENTAFELN.
LEIPZIG, 1905.
VERLAG VON JOHANN AMBROSIUS BARTH.

891

3. *Zur Elektrodynamik bewegter Körper;*
von A. Einstein.

Daß die Elektrodynamik Maxwells — wie dieselbe gegenwärtig aufgefaßt zu werden pflegt — in ihrer Anwendung auf bewegte Körper zu Asymmetrien führt, welche den Phänomenen nicht anzuhaften scheinen, ist bekannt. Man denke z. B. an die elektrodynamische Wechselwirkung zwischen einem Magneten und einem Leiter. Das beobachtbare Phänomen hängt hier nur ab von der Relativbewegung von Leiter und Magnet, während nach der üblichen Auffassung die beiden Fälle, daß der eine oder der andere dieser Körper der bewegte sei, streng voneinander zu trennen sind. Bewegt sich nämlich der Magnet und ruht der Leiter, so entsteht in der Umgebung des Magneten ein elektrisches Feld von gewissem Energiewerte, welches an den Orten, wo sich Teile des Leiters befinden, einen Strom erzeugt. Ruht aber der Magnet und bewegt sich der Leiter, so entsteht in der Umgebung des Magneten kein elektrisches Feld, dagegen im Leiter eine elektromotorische Kraft, welcher an sich keine Energie entspricht, die aber — Gleichheit der Relativbewegung bei den beiden ins Auge gefaßten Fällen vorausgesetzt — zu elektrischen Strömen von derselben Größe und demselben Verlaufe Veranlassung gibt, wie im ersten Falle die elektrischen Kräfte.

Beispiele ähnlicher Art, sowie die mißlungenen Versuche, eine Bewegung der Erde relativ zum „Lichtmedium" zu konstatieren, führen zu der Vermutung, daß dem Begriffe der absoluten Ruhe nicht nur in der Mechanik, sondern auch in der Elektrodynamik keine Eigenschaften der Erscheinungen entsprechen, sondern daß vielmehr für alle Koordinatensysteme, für welche die mechanischen Gleichungen gelten, auch die gleichen elektrodynamischen und optischen Gesetze gelten, wie dies für die Größen erster Ordnung bereits erwiesen ist. Wir wollen diese Vermutung (deren Inhalt im folgenden „Prinzip der Relativität" genannt werden wird) zur Voraussetzung erheben und außerdem die mit ihm nur scheinbar unverträgliche

不仅狭义相对论是从对称性分析入手，广义相对论也同样是从对称性分析入手。把对称性作为一个物理学问题来强调，标志着现代物理学中对称性思想的开始。华裔物理学家徐一鸿教授在他的《可怕的对称——现代物理学中美的探索》一书中写道：

有几乎整整300年的时间，物理学家对对称性的认识还仅限于旋转和反射不变性。由于这两种对称都能立即觉察到，物理学家不会劳神费力去将对称当成一种基本的概念。确实，在20世纪以前的物理学中很少提到对称性。

1905年爱因斯坦提出了狭义相对论，这使我们对时间和空间的认识发生了一场革命。我认为爱因斯坦的理论第一次发现了自然一直设法隐藏的对称性……

爱因斯坦的理论的理性基础是对对称性的威力的深刻理解，正是在此基础之上，他才得到了这个理论的实际的物理结果……爱因斯坦的真正辉煌的理性遗产的东西，是爱因斯坦使对称性成为现代物理学明星。

要想理解爱因斯坦是如何“使对称性成为现代物理学明星”，我们得从爱因斯坦在瑞士伯尔尼专利局工作时发表的文章《论动体的电动力学》讲起。

这幅画是根据爱因斯坦4岁时的照片绘制的。和牛顿一样，爱因斯坦的童年并没有表现出比其他孩子更为聪明。爱因斯坦甚至到快3岁时才学会说话。

在伯尔尼专利局

1902年6月，爱因斯坦的噩运终于结束：6月19日，瑞士司法部通知他，联邦委员会于6月16日会议上“已经遴选您为联邦专利局临时三级技术员，年俸3500法郎”。同日，瑞士专利局也通知爱因斯坦被临时录用，并告知他至迟于7月1日到任，当然“可以提前上任”。失业两年的爱因斯坦得知这一消息后，其高兴和激动是完全可想而知的。他于6月23日（星期一）提前上任。从此，爱因斯坦有了宁静的生活环境，可以保证他无忧无虑地去思考、追寻科学原理的基础。

爱因斯坦在伯尔尼专利局工作时的照片。

伯尔尼（Berne）位于瑞士中部阿勒河两岸，是瑞士的首都和政治文化中心。它始建于12世纪，由于特殊优越的地理位置，它从1848年起就被指定为首都。对于爱因斯坦来讲，伯尔尼无论从什么意义上来说，都是他的福地，他的人生之旅就是在这儿发生了根本性的变化。1903年1月，他和米列娃结下秦晋之好，接着他的两个儿子汉斯（Hans）和爱德华（Edward）分别于1904和1910年在伯尔尼出生；更为重要的是，他于1905年在专利局工作时提交了5篇划时代的论文，其中的每一篇都可以使他在科学史上流芳百世。正是在这个人口不足10万的小城市里，爱因斯坦的智慧和他的原创性理论震撼了世

爱因斯坦与米列娃的结婚照。

1903年，爱因斯坦夫妇在伯尔尼小商场街49号二楼租了一个房间。现在这个房间是爱因斯坦纪念馆。照片中左起第一个门面就是49号楼。

界，并从此改变了人类文化、思想的进程。一个与牛顿可以媲美的科学伟人从伯尔尼走向了世界。

爱因斯坦永远不会忘记伯尔尼。

伯尔尼因为有了爱因斯坦也从此被人们永远铭记。

1903年1月6日，爱因斯坦与米列娃结婚，证婚人是好友哈比希特（C. Habicht，1876—1958）和索洛文（M. Solovine，1875—1958），双方家长都没有参加婚礼。登记后，几个人到饭店简单地庆祝了一番。他和米列娃很晚才回到小商场街49号刚租来的一间漂亮房屋里。像以后经常会发生的情形一样，爱因斯坦这天晚上忘了带钥匙，他们只好把房东叫起来开门。

爱因斯坦终于有了一个家，而且这个新家很合他们的心意：它有一个大阳台，在阳台上可以欣赏远处阿尔卑斯山的美丽景色。晚上，爱因斯坦可以利用闲暇的时间探讨科学的基础，而米列娃不仅可以使不拘小节、不重仪表的爱因斯坦安心地、无须他顾地思考，而且又可以聆听爱因斯坦如潮水般涌出来的新思想。这就不仅可以使爱因斯坦毫无阻碍地、狂热地宣讲自己思考的结果，以及米列娃可以分享爱因斯坦的欢乐，而且她也许还可以向他提出疑问，帮他锤炼那还不够成熟的思想毛坯。

爱因斯坦的书桌。与其他物理学家堆满昂贵实验器材的实验室大不一样，爱因斯坦进行理论研究时，所需要的只有纸和笔。

爱因斯坦在伯尔尼工作时还有一个良好的环境，就是专利局和“奥林匹亚科学院”，它们对于爱因斯坦的成功也起到重要的作用。

专利局局长哈勒是一位坚强有力、善良、有逻辑头脑和有个性的人。对于如何审阅专利，哈勒作了如下训示：

瑞士伯尔尼专利局，1902—1909年，爱因斯坦在这儿工作了7年。照片上是新建的专利局，位于现在的爱因斯坦街2号，旧的已经拆去。

你们着手审查时，要设想发明者所说的全是假话。如果你们不这样想，顺着发明者的思路走去，你们就会受束缚。你们始终要有批判的眼光，要警惕。

从批判的、反驳的立场去审查各种专利申请，这种思考问题的方法对年轻的爱因斯坦实在太有好处了，因为这可以使他思想敏锐起来，不落窠臼；而且这种批判的方法也给爱因斯坦带来许多乐趣。爱因斯坦很喜欢这种工作，也很适应这种批判的氛围。对哈勒他长期怀有感激之情。

“奥林匹亚科学院”的三员大将：（左起）哈比希特、索洛文和爱因斯坦。

爱因斯坦很快在审查专利的工作中“游刃有余”，所以有很多空闲时间重温旧梦——研究物理学。在专利局工作的七年多时间里，他总共写了30篇科学论文，创立了狭义相对论，提出了光量子假说，用布朗运动证实了原子的存在，开始构思引力理论，为广义相对论奠定了基础……这一切成就的取得，爱因斯坦自己认为和专利局的工作有必然联系。他在1955年写的《自述片断》*中深情地回忆了他的这段经历：

在（伯尔尼）我的最富于创造性活动的1902—1909这几年当中，我就不用为生活而操心了。即使完全不提这一点，明确规定技术专利权的工作，对我来说也是一种真正的幸福。它迫使你从事多方面的思考，它对物理的思索也有重大的激励作用。总之，对于我这样的人，一种实际工作的职业就是一种绝大的幸福。因为学院生

* 1955年3月，爱因斯坦为纪念苏黎世联邦理工学院建校100周年而写的几页《自述片断》。——编辑注

爱因斯坦，20世纪50年代摄于普林斯顿。1932年，爱因斯坦受聘为美国普林斯顿高级研究院的教授。1933年后爱因斯坦一直待在普林斯顿，直到1955年去世。

爱因斯坦与第二任妻子爱尔莎在一艘游轮上，摄于1922年。

1931年的爱因斯坦。当有人问他的聪明才智是从哪儿来的，他回答道：“我并没有特殊的天赋，只是充满好奇。”

活会把一个年轻人置于这样一种被动的地位：不得不去写大量科学论文——结果是趋向于浅薄，这只有那些具有坚强意志的人才能顶得住。

在伯尔尼时期，他和几个朋友由于对科学研究共同的爱好，组成了一个“奥林匹亚科学院”的讨论小组，进行业余的科学活动。这种业余科学活动对爱因斯坦的脱颖而出，起了重要的作用。对于处在成长过程的人来说，争论其实就是一种激励和解放。《诗经·卫风》里有：“有匪君子，如切如蹉，如琢如磨。”此其意也！

索洛文在他的回忆中生动地描述了他们之间的争论：

对于长时间的激烈争论，遗憾的是我现在简直无法描绘出一幅适当的景象。有时我们念一页或半页，有时只念了一句话，立刻就会引起强烈的争论；而当问题比较重要时，争论可以延长数日之久。中午，我时常到爱因斯坦的工作处门口，等他下班出来，然后立刻继续前一天的讨论。“你曾说……”“难道你不相信这一点吗？……”，或者“对我昨晚所讲的，我还要补充这样一点……”。

这些“长时间的激烈争论”对爱因斯坦思想的发展，确实起了深刻的影响。一旦他有什么新的想法，他就会向朋友们提出来讨论。除了“奥林匹亚科学院”的两个朋友以外，在伯尔尼时期还有一位很好的朋友，那就是贝索（M. Besso，1873—1955）。贝索是一个爱吹毛求疵的人，他常常会从意料不到的角度给爱因斯坦的设想或创见，提出很有深度的批评或建议。如果爱因斯坦提出了惊人的新观念，他就会激动地说：“如果它们是玫瑰，它们就会开花。”

一般来说，爱因斯坦终生都是比较孤独的。他似乎不必从别人那儿寻求启示，但他还是愿意向不多的几位朋友（到后期多是助手）谈到自己的思考，注意他们的反应并与他们进行沟通。但他从不和朋友过分地亲密（包括他的两任妻子），他不希望别人干扰他心灵中的自由思考。他认为这样他可以“在很大程度上不为别人的意见、习惯和判断所左右……”。这句话是1930年写的，而此前近30年在伯尔尼的爱因斯坦，还非常年轻，那时他还比较愿意与朋友们交谈和争论，听取他们的意见，改正自己的某些不合适的想法，但越到以后，他越倾向于喜欢孤独——“与年俱增”。

孤独是思维的伴侣，但是一般人耐不住孤独和寂寞。

爱因斯坦的对称性思考

我们回到要讨论的问题：爱因斯坦如何发现麦克斯韦电动力学的不对称性？我们再一次引用爱因斯坦在《论动体的电动力学》译文开篇的第一句极其重要的话：

大家知道，麦克斯韦电动力学——像现在通常为人们所理解的那样——应用到运动物体上时，就要引起一些不对称，而这种不对称似乎不是现象所固有的。

下面我们就从麦克斯韦电动力学的不对称性着手。我们在前面曾经讨论过麦克斯韦方程组，这个方程组就大体上代表了经典电动力学。这组方程的建立，主要得益于麦克斯韦对于对称性思想的重视。有意思的是，当大部分物理学家对麦克斯韦的对称性思想还半信半疑和不得要领时，爱因斯坦显然高人一筹地看出：麦克斯韦方程还有一种“隐藏着”的不对称性，这不能不说是物理学思想领域中最神奇的事件。是什么不对称呢？

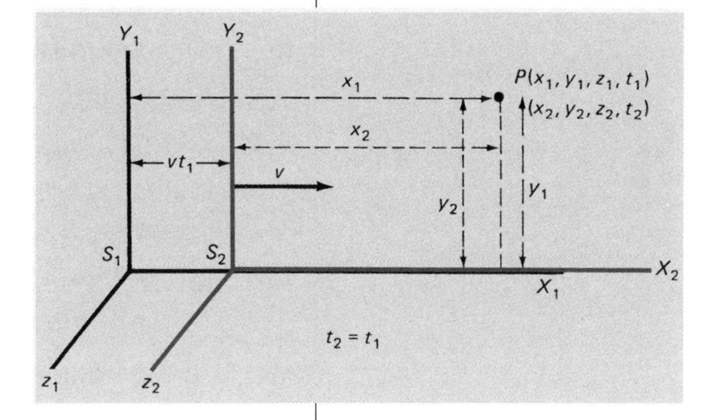

伽利略变换

如果有两个参照系S_1和S_2，而且参照系S_2以速度v沿着x轴正方向平移，则两个参照系的空间和时间的变换将遵照伽利略变换：

$$x_2 = x_1 + vt$$
$$y_2 = y_1$$
$$z_2 = z_1$$
$$t_2 = t_1$$

原来，麦克斯韦方程组里，有一个恒定不变的常数——即光速c。不对称性的产生就起因于这个常数c。因为，根据经典力学中的伽利略变换，在不同的参照系观察到的光速应该是不同的。但麦克斯韦方程组中的c是常数，由此就应该得出一个结论：麦克斯韦方程组只可能在一个特殊参照系里才能成立，也就是说，只是对于这个特殊参照系，光速才为c；根据伽利略变换，对

爱因斯坦一生喜欢拉小提琴，常常与朋友同事一起演奏。爱因斯坦的儿子汉斯说："与其说我的父亲是物理学家，不如说他是一位艺术家。"

于其他所有参照系光速不再应该是c，因而麦克斯韦方程组就不能成立。那么，这个特殊的参照系是什么呢？麦克斯韦含含糊糊地说，是静止不动的以太。这样，在麦克斯韦的电动力学里就少不了一个特殊的"以太参照系"。也就是说，以太参照系和所有其他参照系不等价，它们的地位不对称，以太参照系明显要优越一些。这样，牛顿力学中的"绝对空间"现在终于有了"具体的实物"做衬托了。但无论是牛顿的绝对空间也好，还是麦克斯韦的以太参照系也好，都意味着有一个特殊的、不同于一般的参照系存在，而这种不对称性使爱因斯坦感到不满意，他认为"这种不对称似乎不是现象所固有的"。

爱因斯坦思想中还有一个非常重要的对称性的考虑，即相对性思想的考虑。我们都知道，伽利略在1632年出版的《关于托勒密和哥白尼两大世界体系的对话》一书中，用他那有名的"萨尔维阿蒂大船"道出了一条重要的真理，即任何人无法从匀速直线行驶的（和密封的）"萨尔维阿蒂大船"中发生的任何一个现象，来确定船是在运动还是停止不动。（请注意，伽利略明确说的是"任何一个现象"，并非只有力学现象。一些教科书中把伽利略相对性原理称为力学相对性原理，不完全符合历史事实。）譬如，你睡在一条匀速直线行驶的大轮船的客舱里，你如果不朝窗外看，就根本无法知道船是不是在走；如果你想做一个实验，例如把一粒花生米垂直向天空抛出，然后让它落到嘴里，你也许会以为当花生米抛到空中时，人跟着船向前走了一段距离，因此

伽利略为了证明相对性原理的"萨尔维阿蒂大船"。

在这艘匀速行驶的大船上，无论做哪种如图中所绘的力学实验，都无法证明大船是在行驶还是静止不动。如果真有了静止"以太"，那么相对性原理就不再成立了。

花生米不会落入口中；但花生米照样落入你口中，跟以前在家里丢花生米入口的情形完全一样。所以，你的花生米实验失败了，你无法由这个实验确定船是否在运动。不仅这个实验你注定要失败，你还可以设计许多实验，你都会注定失败。所以伽利略说：任何一种现象都无法确定“萨尔维阿蒂大船”是否在运动。

爱因斯坦在音乐上有很高的天赋，小提琴、钢琴演奏都非常专业。有人说，爱因斯坦如果没有成为一名物理学家，就会成为一名音乐家。

但是，现在似乎有希望了，科学家可以用光速来测定“萨尔维阿蒂大船”是否在运动了！的确，20世纪末有许多科学家真这样想了。为什么说有希望用光速来测定呢？原因是麦克斯韦测出的光速c如果真是相对于“以太绝对参照系”而言，那么在以速度v行驶的“萨尔维阿蒂大船”上发出一束光，这束光的速度就应该是（$c+v$）了！这是由伽利略变换中的“速度相加法则”来决定的。好了，如果我们测出船上发出光的速度是（$c+v$），我们就知道船正在走，而且速度是v。

如果上面说的是真的，那么伽利略相对性原理就只对力学现象有效，对电磁学现象就不再正确。这个相对性原理真的就只能称为“力学中的相对性原理”。当时的确有很多人这么想。但爱因斯坦对这种缩小相对性原理应用范围的想法，完全持反对态度。他认为应该提高相对性原理的地位，应该是“任何现象”都应该满足相对性原理，电磁现象不应该有特殊的优越性，否则自然现象就缺乏和谐的对称性。

但是，为了扩大相对性原理，使之也适合于电磁现象，却出现了一

1923年，爱因斯坦参加在柏林举行的反战示威游行。

个很大的困难。因为如果用测量光速的办法也不能决定“萨尔维阿蒂大船”是否在运动，那么，在大船行走时发出的光，也应该是c，和船不动时发出的光一样。这也就是说，光速在任何船上都保持不变，不论船动还是不动，也不论船动得快还是慢，光速总是c。但是，如果光速在任何情形下都保持不变，那么电磁学规律就不能满足“伽利略变换”，这可是一个非常巨大的困难。因为，伽利略变换是牛顿力学中的一个基础；而且，几百年来，各种各样的事实都证明伽利略变换是正确的。

这样，在爱因斯坦面前有两条路：是承认相对性原理对一切现象都适合（这就将得出光速总是不变），还是放弃伽利略变换？

（漫画）爱因斯坦与他的好友埃伦菲斯特（Paul Ehrenfest，1880—1933）共享演奏的乐趣。

在物理学里，变换的不变性表明的是一种对称性，对应着一个守恒量、一个守恒定律。那么，伽利略变换不变性的对称性，对应着什么守恒量呢？我们根据该变换进行简单计算，立即可以推出：空间两点之间的距离Δl及时间间隔Δt，都将是不变的，也就是说Δl（空间）和Δt（时间）是守恒的。在经典物理传统的时空观统治下的物理学家们，谁敢（或者说怎么会）轻易否定Δl和Δt的守恒性？即便是爱因斯坦，也不会轻易怀疑它的可靠性。正因为他没有怀疑到绝对的时空观，所以他认为的不应有的不对称性就消除不了。这使他感到迷茫，甚至绝望。在1946年写的《自述》里，爱因斯坦曾经回忆说：

我要使物理学的理论基础同这种认识相适应的一切尝试都失败了。这就像一个人脚下的土地被抽掉了，使他看不到哪里有可以立足的牢固基地。

他甚至说：

渐渐地……我感到绝望了。我努力得越久，就愈加绝望，也就愈加确信，只有发现一个普遍的形式原理，才能使我们得到可靠的结果。

由于光速不变会产生上述严重困难，因此有一段时期爱因斯坦不得不想到要抛弃它。但这样又缩小了相对性原理的适用范围。这的确是会使人感到“绝望”。经过多年思索之后，爱因斯坦终于注意到，困难在于经典物理最基本、也因而最不会引人怀疑的基本概念上出了问题，原来“时间是可疑的”！

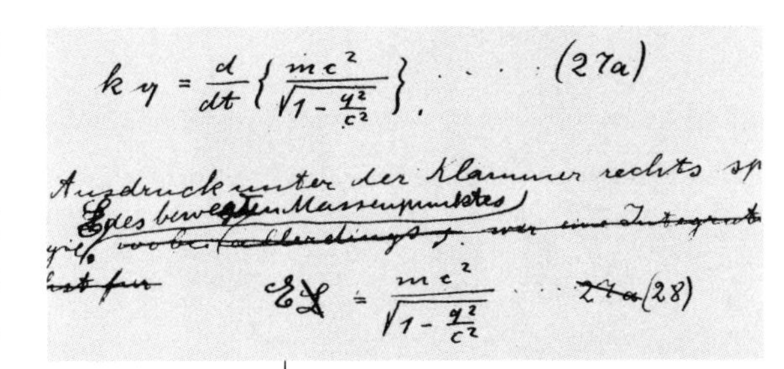

爱因斯坦第一次解释相对论的手稿片段。

1905年在伯尔尼的一个早晨，爱因斯坦在起床时突然醒悟到：同时性并不是绝对的，对一个观察者来说是同时的两个事件，对另一个观察者来说就并不一定是同时的。我们举一个例子。附图中的路上有A、P和B三个点，P在A、B的中点。P点有两个人吉尔（Jill）和杰克（Jack）,吉尔在平板车上，杰克在地上。如果车子不动，A、B两处同时发生的闪电（lightning flashes），在吉尔和杰克看来，都是同时发生的。但是，如果平板车以一速度v向左行驶，当正好行驶到P点的时候，杰克看到A、B两地同时发生闪电，那么在吉尔看来两处的闪电还是否同时发生呢？经典力学认为当然是同时发生呀，难道还有什么问题吗？大部分读者很可能也会认为当然同时发生啦。但是，爱因斯坦在利用“光速不变”的结论对这件事情仔细分析以后，发现在杰克看来同时发生的闪电，在吉尔看来这两地的闪电却不是同时发生的！原因其实很容易弄清楚。当吉尔的车行驶到P点的时候，A、B两地发生闪电，杰克看来同时发生，但是当A闪电到达吉尔眼睛时，吉尔已经向A靠拢，距离A近了一些，因此会先到达吉尔眼睛；而B点则由于吉尔向左行驶则距离增加，所以B点的闪电比起A点的闪电要后达到吉尔的眼睛。所以，只要我们承认光速不变原理，那么杰克和吉尔就感觉到以往大家都承认的“同时性”不再绝对正确：静止不动的杰克看来是同时发生的事情，运动着的吉尔看来就不是同时了！

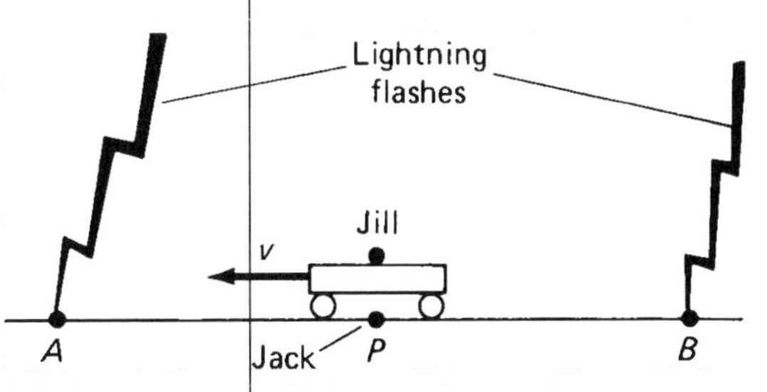

不同的参照系里，同时性不再是绝对的。在杰克看来是同时发生的事情，吉尔看来就不一定是同时发生的。

爱因斯坦在一次演讲中回忆说：

在伯尔尼的一个朋友帮了我的忙。有一天，天气真是美极了，我去访问他，我和他开始了谈话。“最近有一个很困难的问题，我无法解释。今天我来就是想就这个问题与你论战一番。”我和他讨论了许久，突然，

他*的性格，与其说像我们通常认为科学家应有的那种性格，倒还不如说更像艺术家所具有的那种性格。例如，他对一个好的理论和一项做得好的工作的最高评价并不是依据其正确性和精确性，而是其优美性。

汉斯·爱因斯坦（Hans Einstein，1904—1973）

* 指爱因斯坦。

1938年爱因斯坦在一位朋友家中骑自行车。

我知道问题的症结了。第二天，我又去找他，还没有向他问候，我就急忙地对他说："谢谢你，困难的问题已经完全解决了。"我解决的正是时间这个概念。时间这个概念本来是不能给出一个绝对的定义的，但是在时间和信号速度之间有着不可分割的关系。有了这个新的概念，前面所说的困难就全部迎刃而解。5个星期之后，狭义相对论就完成了。

这一点一经突破，爱因斯坦就在光速不变和伽利略变换之间作了果断的选择：放弃经典力学中的伽利略变换，而将光速不变提高到原理的地位，并且扩大了伽利略的相对性原理。乍看起来，爱因斯坦似乎放弃了经典力学中的对称性，即由伽利略变换不变性反映的时间间隔和空间距离的守恒，但实际上，爱因斯坦放弃的是低层次的对称性。因为，光速不变被提升为原理之后，麦克斯韦电磁理论中优越的以太参照系就不存在了，所有的参照系都是平等的，伽利略的相对性原理也因此恢复到对"任何一个现象"都正确的原理，而不会再被误认为只对

2005年国际物理年一个纪念会会场的入口标志。

“力学现象”有效。这样，对称性就扩大了范围，使原来经典力学和麦克斯韦电动力学之间的不对称性消除了。时间和空间，虽然失去了经典力学中所具有的彼此孤立的守恒（对称性），但在狭义相对论里却在彼此关联中守恒。也就是说，原来的对称破缺了，新的、更大的对称在更高层次中又出现了。

狭义相对论终于胜利创建。狭义相对论的建立，是整个自然科学的一场大革命。在1907年前后，很少有人理解它。一位波兰物理学家因菲尔德（L. Infeld，1898—1968）曾这样描述过当时的情况：

这些新概念起初几乎一点影响也没有……只是在过了大约4年的时间才开始有反应。就科学认识而言，这是一段很长的时间。

对称性显示出了强大的威力

狭义相对论最初给人们一个最奇妙的感受（或冲击），是在开动的火车中或飞行的飞船中，时间会变慢，米尺会缩短。这儿我们不得不写出几个数学公式。先讲时间变慢的公式——正式的术语为“时间膨胀”（time dilation）的公式。

在火车中一位旅客将打火机从打着到熄灭，车内的人测量它开始（打着火）于t_1'，结束（熄灭打火机）于t_2'，因此在火车中这一事件经历的时间 $\Delta t'=t_2'-t_1'$。在站台上的一个人测量这同一事件（旅客打着打火机到熄灭），其开始时间为t_1，结束于t_2，则经历的时间$\Delta t = t_2-t_1$。在经典物理学中，$\Delta t'= \Delta t$，即所有参照系中事件经历的时间都绝对相等。但是，在狭义相对论中，$\Delta t' \neq \Delta t$，而是由下面公式确定：

$$\Delta t'=\Delta t\sqrt{1-\frac{v^2}{c^2}}$$

式中：c为真空中的光速，即3×10^8米 / 秒，v为火车的速度。因为$c > v$，所以$v^2 / c^2 > 0$，因此，$\Delta t' < \Delta t$，也就是说同一事件在火车上经历的时间$\Delta t'$比站台上所经历的时间Δt要短一些，也就是说火车上的钟比站台上的钟慢了。

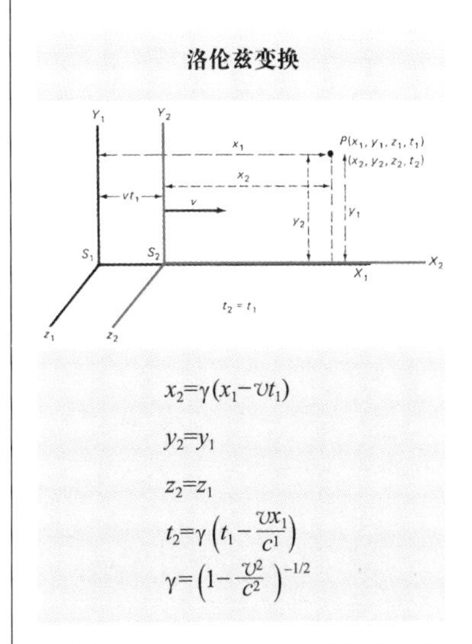

图中有两个参照系S_1和S_2，S_2以速度v沿x轴向右运动。P点对S_1的坐标为x_1，y_1，z_1和t_1，P点对S_2的坐标为x_2，y_2，z_2和t_2。

洛伦兹变换首先是由荷兰物理学家洛伦兹（1902年获得诺贝尔物理学奖）提出来的。但是，洛伦兹并没有真正理解他提出的变换式。爱因斯坦后来与洛伦兹成了最亲近的朋友，而且爱因斯坦一生都尊敬和爱戴比他大26岁的忘年交洛伦兹。

但火车上的人并没有时间变慢的感觉。

上述变慢公式已有不少实验证明。1941年美国康奈尔大学的物理学家罗西（B. B. Rossi）和霍尔（D. Hall）测出，高速运动的π粒子的寿命会增长，其原因就在于在高速运动时，π粒子的时间变慢了。1966及1971年，在瑞士日内瓦欧洲核子研究中心（CERN）的欧洲粒子加速器实验室（European Particle Accelerator Laboratory）在实验中，将π粒子加速到0. 997 c，结果π粒子的寿命增加了12倍，与上述时间变慢公式完全相符。1976年，维索特（R. Vessot）和莱文（M. Levine）把原子时钟装在火箭上射向太空然后返回，结果也证明了上述公式。

不过，当v很小时（即$v \ll c$），$\frac{v^2}{c^2} \to 0$，所以$\Delta t' \to \Delta t$。即，在日常生活中，与c相比较v很小，相对论的时钟变慢效应很小，$\Delta t'$与Δt的差别小到可以忽略不计。

除了时间变慢以外，还有空间的改变，即在运动方向上长度会缩短（length contraction）。依然以火车为例，火车在x轴上运动，在火车上的观察者测量一根米尺在x轴上的长度为：$\Delta l' = x'_2 - x'_1$；但在站台上的人测量同一根米尺，其长度则为：$\Delta l = x_2 - x_1$。根据相对论的数学推算，

埃舍尔的木版画“相对论”。

汤普金斯先生在相对论世界里发现骑车的人变扁了!

$$\Delta l' = \Delta l \sqrt{1-\frac{v^2}{c^2}}$$

当火车以速度v运动时，$c > v$，所以$v^2 / c^2 > 0$，因而 $\Delta l' < \Delta l$ 。这就是说，站台上的人看见火车上的米尺（及所有物体长度在x轴方向上）缩短了。但火车上的人并不知道也不认为他的米尺变短了。

这种长度上的变化，后来美国物理学家和科普作家伽莫夫（G. Gamow，1904—1968）写了一本非常有趣的书《物理世界奇遇记》。在书里，有一位汤普金斯先生在听相对论讲座的时候，因为听得不大懂，就晕晕沉沉地入了梦乡。在梦中他来到“相对论世界”，他发现对面一位骑自行车的人向他很快地驶来，他惊讶地发现这个骑自行车的人好怪呀——非常的扁！骑得越快“变得越扁”。

梦中的汤普金斯先生忽然想起刚刚听到的一点点相对论，忽然大悟，自己一定是来到了相对论世界！于是他自豪地想：幸亏他懂得一点相对论。瞧，他骄傲而且感叹地说：

> 我现在看出点诀窍来了。这正是用得上“相对性”这个词的地方。每一件相对于我运动的物体，在我看来都缩扁了，不管蹬自行车的是我自己还是别人！

相对论不仅引起了时空观的巨大变革，而且还使一些传统的物理思想发生了重大突破性进展。

在9月的论文里，爱因斯坦进一步用相对论动力学揭示了物质和运动的内在联系，指出在高速运动中物体的（惯性）质量明显与运动速度有关，即

$$m = \frac{m_0}{\sqrt{1-(v^2/c^2)}}$$

式中：m_0是物体相对于观察者静止时的质量，称之为静质量；m是物体相对于观察者以速率v运动时所测得的质量，称之为观测质量或相对论性质量。这个公式说明，惯性质量在牛顿力学中虽然是一个

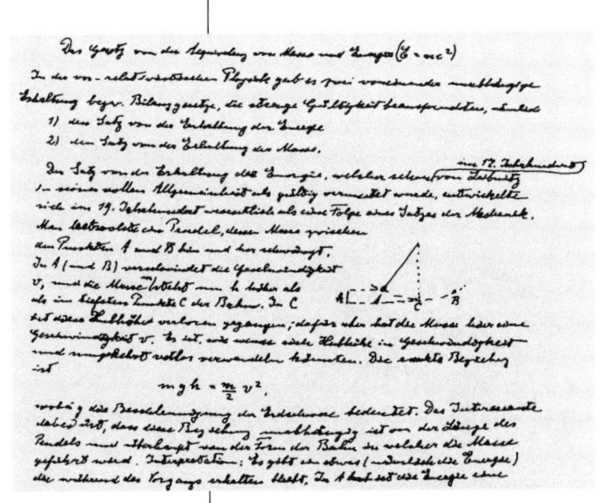
Das Gesetz von der Äquivalenz von Masse und Energie ($E = mc^2$)
In der vor-relativistischen Physik gab es zwei voneinander unabhängige Erhaltung bezw. Bilanzgesetze, die strenge Gültigkeit beanspruchten, nämlich
1) den Satz von der Erhaltung der Energie
2) den Satz von der Erhaltung der Masse.
Der Satz von der Erhaltung der Energie, welcher schon von Leibniz (im 17. Jahrhundert) in seiner vollen Allgemeinheit als gültig vermutet wurde, entwickelte sich im 19. Jahrhundert wesentlich als eine Folge eines Satzes der Mechanik.
Man betrachte ein Pendel, dessen Masse zwischen den Punkten A und B hin und her schwingt.
In A (und B) verschwindet die Geschwindigkeit v, und die Masse befindet sich um h höher als im tiefsten Punkte C der Bahn. In C ist diese Hubhöhe verloren gegangen; dafür aber hat die Masse hier eine Geschwindigkeit v. Es ist, wie wenn sich Hubhöhe in Geschwindigkeit und umgekehrt restlos verwandeln könnten. Die exakte Beziehung ist

$$mgh = \frac{m}{2} v^2,$$

wobei g die Beschleunigung der Erdschwere bedeutet. Das Interessante dabei ist, dass diese Beziehung unabhängig ist von der Länge des Pendels und überhaupt von der Form der Bahn in welcher die Masse geführt wird. Interpretation: Es gibt ein etwas (nämlich die Energie) das während des Vorgangs erhalten bleibt. In A ist die Energie eine

爱因斯坦的手稿，上边写有著名的质能方程。

$E=mc^2$是一个极其神奇的公式，原子弹的基本原理就出于这个公式。正因为它的神奇，所以很多有关爱因斯坦的漫画上，都画有这个公式。

常数，但在相对论力学中却并非一个常数，而是一个取决于速度的量！这的确颇令人困惑不解：这样，质量守恒定律岂不再也不严格成立了吗？

不用担心，爱因斯坦还推出一个著名的公式

$$E = mc^2$$

它说明，一个物体只要它的能量增加，其质量亦将成比例地增加。

在经典力学中，质量和能量之间是相互独立的，相互没有关系，但在相对论力学里，能量和质量只不过是物体力学性质的两个不同方面而已。这样，在相对论里，质量这一概念的外延就被大大地扩展了。原来在经典力学中彼此独立的质量守恒和能量守恒定律结合起来，成了统一的"质能守恒定律"（conservation law of mass-energy），它充分反映了物质和运动的统一性。

可以看出，麦克斯韦利用对称性统一了电、磁和光学，成为统一的经典电动力学，显示出了对称性的力量。但是麦克斯韦还没有像爱因斯坦那样仅仅从理论内在的、"隐藏的"不对称性的分析出发，就得到了这么多物理学理论上根本没有意料到的成就。人们不止一次地赞叹：对称性以它强大的力量，把物理学中那些看上去毫不相干的现象在更深的层次上连接到了一起。这是物理学历史上的一大奇迹。

本节结尾时，我讲一个小故事。

1982年，杨振宁教授在意大利见到了英国物理大师狄拉克。狄拉克问杨振宁：

"你认为爱因斯坦最重要的工作是什么？"

杨振宁说："广义相对论。"

狄拉克摇头，不以为然，又说："应该是狭义相对论。"

后来，杨振宁在1992年一次演讲中说：

我后来想了想，懂得了狄拉克的想法。因为对称性对基本物理学的影响，正与日俱增。而且，狭义相对论之所以有一个革命性影响，正是因为爱因斯坦的狭义相对论，在科学史上首次把对称性原理运用到最基本的物理学当中。

爱因斯坦的头发被画成原子弹爆炸时的蘑菇云。

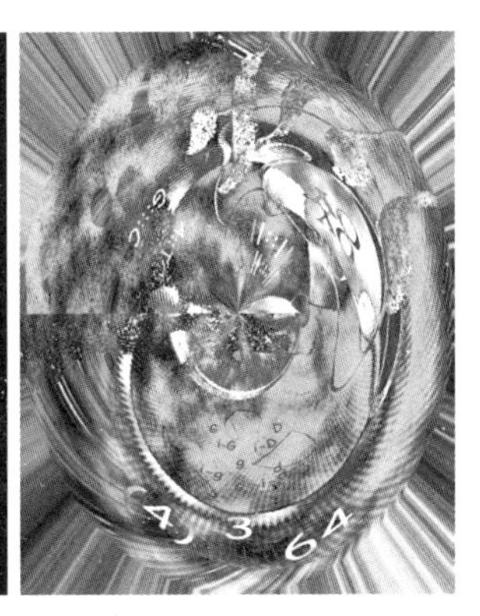

这是一组表现爱因斯坦相对论的艺术图片。这些图片让人感到一种极具震撼力的美与和谐，但同时又让人感觉玄之又玄，从而使相对论蒙上了更加神秘的色彩。在《狭义与广义相对论浅说》一书中，爱因斯坦以浅显的语言和身边的事例讲述相对论的基本原理。运动的火车、耀眼的闪电、巨大的星系，在爱因斯坦的仔细追问下，这些平常事物竟然是如此不可思议。

爱因斯坦在建构狭义相对论的期间，更深刻地领悟到对称性的威力，连他自己也不免大吃一惊。对称性分析可以将看来似乎不同的概念统一起来，空间和时间现在被看作同一对象的不同状态，能量和物质，以及电和磁，也可以通过第四个维度联系起来。此后，通过对称性分析以实现更大的统一，先是成为爱因斯坦的、而后成为所有物理学家进行研究的指导原则。正如美国物理学家加来道雄（Michio Kaku，1947—　）所说：

> 物理学家第一次开始体会到对称性在物理学方程中的作用。当物理学家讨论起物理学的“优美”时，他们所说的就是对称性可以将许多不同的现象和概念统一成一个非常紧凑的形式。方程式越是优美，它就包含越多的对称性，也就能以最短的形式解释更多的现象。*

这以后，爱因斯坦更加主动而有信心地利用对称性的分析来研究已有理论的不对称性，并由此建立起有更大对称性的理论——广义相对论。

物理学中对称性概念的下一步伟大进展是狭义相对论，以及洛伦兹群，这要归功于庞加莱、爱因斯坦和闵可夫斯基。在历史上，这是场和对称性概念的第一次深刻的结合。

——杨振宁

“我一生最愉快的思想”

当大部分物理学家还没有领悟到狭义相对论的对称美时，爱因斯坦却对狭义相对论又不满意了。他发觉狭义相对论仍然有一种“内在的不对称性”，他又要努力去建立更对称、更高级的相对论性理论。很多人不明白爱因斯坦到底想干什么，连德国最有名的教授普朗克都不知道这个爱因斯坦到底又着了什么魔。我们知道，是普朗克教授首先发现狭义相对论的价值，并推荐

---

* 这段话最后一句的原文是：

The more beautiful an equation is the more symmetry it possesses, and the more phenomena it can explain in the shortest amount of space.

这句话原文用的是斜体，这显然是强调的意思。——本书作者

普朗克和爱因斯坦。

爱因斯坦为普鲁士科学院院士，并且到柏林来出任柏林大学教授和物理研究所的所长，使爱因斯坦迅速闻名于欧洲。当爱因斯坦不满意狭义相对论时，普朗克问道："不是一切都很好了吗，你又在忙什么呀？"

爱因斯坦说："烦人的事多着呢，狭义相对论中的不对称性，最令我心烦。"

普朗克不解，又问："又是什么样的不对称性呢？"

原来是这么一回事：我们知道，牛顿定律对所有惯性参照系都是一样的，但对于非惯性系牛顿定律就不适用了。例如，我们对一个物体作用一个力F，这个物体就会得到一个加速度，由牛顿定律可以算出，加速度

$$a = F / m$$

式中：m 为物体的质量。不论各个惯性系之间速度有多大差异，这个 a 对所有的惯性系都是同一个值。爱因斯坦问："为什么有这样一种特殊的（惯性）参照系呢？"

爱因斯坦发现狭义相对论仍然存在"一个固有的认识论上的缺点"，即它与牛顿力学一样，都将惯性参照系放在一个特殊优越的地位上，爱因斯坦认为这仍然是一种"内在的不对称性"的表现。他尖锐地指出：

当我通过狭义相对论得到了一切所谓惯性系对于表示自然规律的等效性时（1905年），就自然地引起了这样的问题：坐标系有没有更进一步的等效性呢？换个提法：如果速度概念只能有相对的意义，难道我们应该固执地把加速度当作一个绝对的概念吗？

以玻尔为首的哥本哈根学派对量子力学提出了不同于薛定谔和爱因斯坦的基本解释。图为爱因斯坦在一次与玻尔讨论时拍下的两张照片。上图，玻尔似乎在苦苦思索，而爱因斯坦则一副幸灾乐祸的样子；下图，需要绞尽脑汁的则成了爱因斯坦自己。

在牛顿力学中速度是一个相对量，加速度是一个绝对量。如果进一步问，加速度相对什么而言呢？回答多半会是：相对于任何一个惯性系。这个回答能令人满意吗？爱因斯坦不满意，他说：

无论是从物理学上还是从美学上看，这个答案都是相当不能令人满意的。牛顿完全明白这一点。世界上究竟是什么东西，把惯性参照系从所有参照系中挑选出来作为无加速运动的标准？牛顿没能找到答案，因而假设了绝对空间的存在。

从对加速度绝对性的思考中，爱因斯坦发现狭义相对论与牛顿力学有着共同的基础。如果说狭义相对论否

定了以静止以太形式出现的绝对空间，但却如同牛顿力学一样，无法对以惯性系形式出现的绝对空间做出令人满意的解释。狭义相对论和牛顿力学一样，都将惯性系放在一个特殊优越的地位上。

狭义相对论的另一个缺陷是它不能容纳引力现象。爱因斯坦起初并不明白这点，只是当他试图在狭义相对论的框架里处理引力问题时，他才发现了一个难以克服的困难：根据狭义相对论的一般考虑，物理体系的惯性质量 m_i 将随其总能量的增加而增加，但根据匈牙利物理学家厄缶（L. von Eötvös，1848—1919）通过精确的扭秤实验证明，不同物体的惯性质量m_i与引力质量m_g之比（m_i/m_g）在10^{-8}精度范围内是相等的（现在已经超过10^{-9}的精度），即对任何物体而言，m_i/m_g等于一个常数。其实，这是一个人们早已知道的事实，200多年前伽利略就已经得出结论：在地球的引力作用下所有物体的加速度都是相同的。这一结论经过简单

爱因斯坦在柏林家中的书房里。

伽利略很早就发现了一个极其简单的实验事实：一切物体在引力场中都具有相同的加速度，即物体的惯性质量等于引力质量。传说伽利略还在比萨斜塔做过两个大小不同的铁球同时落地的实验。在牛顿力学中，这一事实是理所当然的，并没有得到解释，然而爱因斯坦却把它当作一个值得研究的大问题，并看出了其中的关键所在，从而导致了广义相对论的诞生。

匈牙利物理学家厄缶。

的数学处理，即可得到$m_i/m_g=$常数，可惜这一古老而又经过反复实验证实的事实，却不能由经典力学和狭义相对论做出任何解释。

除此之外，牛顿万有引力公式具有的超距和瞬时作用性质，与狭义相对论中相互作用只能有限速度传递的原则是相互矛盾的；而且牛顿的引力理论只能用伽利略变换进行变换，而不能用洛伦兹变换。

根据以上种种原因，爱因斯坦敏锐地察觉到，在狭义相对论的框架里不能建立令人满意的引力理论。1922年，爱因斯坦在访问日本时做了题为“我是怎样创造相对论”的演讲，在该演讲中曾回忆了这阶段的研究工作，他说：

1907年，当我正写一篇关于狭义相对论的评述性文章时……我认识到，除了引力定律以外的一切自然现象都能借助狭义相对论加以讨论。我非常想弄明白其中的原因……最使我不满意的地方是，虽然惯性和能量之间的关系已经如此确定地从狭义相对论中推导出来，但惯性和重力（或引力场的能）之间的关系却不能得到说明。我发觉这个问题不能依靠狭义相对论来说明。

爱因斯坦在普林斯顿高等研究院。巨大的窗户，使他可以随时欣赏窗外的风景。

从爱因斯坦这段十分重要的回忆中可以看出，他在研究引力问题时，特别重视引力质量与惯性质量相等这一两百年来就为人所共知但又未受重视的经验事实。爱因斯坦曾这样说过：

引力场中一切物体都具有同一加速度。这条定律也可以表述为惯性质量同引力质量相等的定律。它当时就使我认识到它的全部重要性。我为它的存在感到极为惊奇，并猜想其中必定有一把可以更加深入地了解惯性和引力的钥匙。

的确，在物理发展史中，我们可以清楚地看到，一个普适常数的发现，常常会引出重大的物理发现，例如：光速 c 的发现导出狭义相对论，普朗克常数 h 的发现导致量子论的建立等等。m_i/m_g等于普适常数这一事实，使爱因斯坦相信，这是一个“准确的自然规律，它应当在理论物理的原理中找到它自身的反映。”大自然中的常数反映的正是大自然的一种深刻的对称性。

1907年，爱因斯坦已经认识到，惯性质量和引力质量相等的原理，完全可以用另外一个叫“等效原理”（principle of equivalence）的新物理概念来描述。这个原理是说：空间某物体受到引力的作用，与物体以相应加速度做加速运动时所产生的效应相同，这就叫作“等效原理”。举一个例子，在太空中有一宇宙火箭在相对于遥远的星球匀速前进。这时如果有一颗星从后面向火箭游来，而火箭里的乘客并没有看见这颗星，乘客由于这颗星的引力作用被拉向身后的座椅，压在椅背上，他们以为是火箭在做加速运动，因为他们有这方面的经验：当乘汽车时，如果车突然加快，人就会突然向后仰，紧压到坐椅背上。这次他们又这样判断：火箭在加速。只有当他们看见了游近的星，才明白自己错了，他们很奇怪，这两种效应怎么完全一样呢？

爱因斯坦曾生动回忆过他的思维历程，他说：

有一天，我正在伯尔尼专利局的一张椅子上坐着，一种想法突然袭上心来：如果一个人自由落下，他将不会感到自己的重量。我不禁大吃一惊，这个极简单的思想，给我以深刻难忘的印象，并把我引向引力理论。沿

爱因斯坦在普林斯顿一条林荫小道上散步。后面的女士是他的秘书杜卡斯。

在行驶的列车上用摆锤演示广义相对论。广义相对论颠覆了“绝对的时空观”，如果时间和空间是绝对的，就相当于可以去除所有的星辰、原子和质子，也就是说去除宇宙中的所有物质，只剩下时间和空间。爱因斯坦认为正好相反，空间和时间是由宇宙中的物质来决定和定形的，时间和空间可以被弯曲和变形，就像放在床垫上的物体的重力使床垫弯曲变形一样。光线在大物质（如太阳）的附近时可看到明显的弯曲，钟表在较强的引力场走得比平时要慢，在宇宙的尺度里，所有这一切都可得到验证，但对人们的日常生活却无关紧要。对于人们的日常生活来讲，牛顿和伽利略对自然的经典描述就足够了

苏黎世大学。1906年爱因斯坦在此获得博士学位，三年后该校聘请爱因斯坦为理论物理副教授。

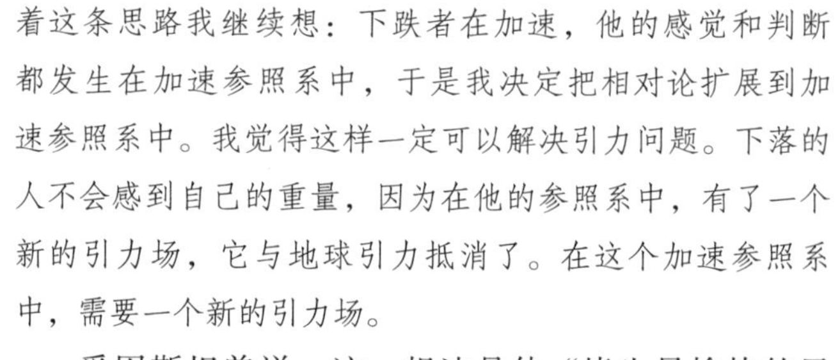

着这条思路我继续想：下跌者在加速，他的感觉和判断都发生在加速参照系中，于是我决定把相对论扩展到加速参照系中。我觉得这样一定可以解决引力问题。下落的人不会感到自己的重量，因为在他的参照系中，有了一个新的引力场，它与地球引力抵消了。在这个加速参照系中，需要一个新的引力场。

爱因斯坦曾说，这一想法是他“毕生最愉快的思想”。这一思想是如此的吸引他，以致出现了一些轶事趣闻。有一次爱因斯坦和居里夫人携带两家的孩子们去野外爬山，当他们登上一条河谷陡峭的岩壁时，沉思中的爱因斯坦突然抓住居里夫人的手，大声说：

我想知道，如果人从这山上自由下落时，感觉会怎么样？

年轻人听了这莫名其妙的问话，大声笑起来，还以为爱因斯坦在说什么笑话。他们哪里知道，爱因斯坦正在构思一个伟大的理论！

爱因斯坦沿着这条思路想下去，他突然恍然大悟：原来引力场也只不过是一种相对的存在，对一个从

爱因斯坦纪念馆内景。

山上自由下落的人来说，当他下落时，他周围并不存在什么地球的引力场！如果这位下落的人把握在手中的小钉锤松开，由于所有物体有相同的自由下落加速度，所以这把小钉锤将与下落者保持相对静止的状态。因此，从人与物相对位置而言，下落的人可以认为自己处于“静止状态”。

这样，在同一引力场中一切物体下落都有相同的加速度这一非常难以理解的定律，立即有了深刻的物理意义。也就是说，即使只有一个物体在引力场中下落得与其他物体不一样，那么下落者将可以借助它辨明他正在下落。但如果不存在这样的物体——正如经验以极高的精度证实那样——那么下落者就没有客观根据可以辨明自己是在一个引力场中下落。相反，他倒是有权利把他的状态看成是静止的，而他周围并没有与引力有关的场。

因此正如爱因斯坦所说：“我们不可能说什么参照系的绝对加速度；正如狭义相对论中，不允许我们谈论一个参照系的绝对速度一样。”

由于爱因斯坦在1907年12月4日的一篇文章中，首次提出广义相对论的两个基本原理（等效原理和相对性原理），并分析了由此产生的若干结论，所以人们通常把这篇文章看成是广义相对论的创始起点。但广义相对的最终建成，是在八年之后的1915年。

1919年11月6日

比起狭义相对论，广义相对论将得到更多和更加奇怪的推论，让所有物理学家更加惊诧不已。例如在爱因斯坦的理论中，引力恰好就是时空的曲率效应。温伯格在《终极理论之梦》一书中这样写道：

广义相对论的最终形式，不过就是以引力重新解释了弯曲空间的数学，以一个场方程决定一定物质和能量产生的曲率。

时空和物质这两种以前不相关的物理量联系到了一起：物质引起了时空的弯曲，引力又是时空弯曲（即

爱因斯坦与居里夫人在瑞士山间乡野处远足。

爱因斯坦设想自己在自由下落时会发生什么事情。*

图中文字为：“当我跌落时，如果我把锤子扔了，锤子就会与我以同样的速率下落。”“对我来说，锤子看起来是不动的，它似乎是静止的。”

* 本图借用（英）布鲁斯·贝塞特、拉尔夫·德尼著《视读相对论》一书第47页的插图，特此表示感谢。——本书作者

摆脱了引力的宇航员可以在太空中自由飘行。这时航天器与他保持同步飞行，不用担心它飞跑了。

曲率）引起。现在看来“力”只是幻象，是几何的副产品。地球之所以绕太阳运行，是因为空间曲率在推动地球。也就是说不是引力在拉，而是空间在推。在牛顿那儿，时间和空间是一切运动的绝对参照系；在爱因斯坦的理论中，时间和空间是动态的了。

由时空弯曲可以直接推出当光线经过巨大物质体系（如太阳）时，因为时空曲率的改变，光线也应该弯曲。在爱因斯坦的理论中，大概没有比时空弯曲更能够吸引公众的想象力了。数不清的科幻小说都由此而起，黑洞的猜想也很快引起了普遍的兴趣。不论时空弯曲如何让人惊讶，甚至难以让人相信，但爱因斯坦认为肯定可以由日食时的观测证实。

有人问爱因斯坦：“如果观测与您的理论不相符合，怎么办？”

爱因斯坦回答说：“那我就为上帝感到遗憾。”

这意思是说：上帝怎么会如此愚蠢，居然违背具有如此对称性的理论来设计宇宙？爱因斯坦在1915年还说过：“一旦你真正了解了广义相对论，几乎无人能逃脱这一理论的美的魔力。”*

图中两个致密的白矮星每321秒绕各自的轨道旋转一周。天文观测表明，它们的轨道正在逐渐变小，这证实了爱因斯坦在广义相对论中的预言：白矮星由于重力波产生的影响而最终丧失它的轨道能量。

到1919年5月，英国科学家在爱丁顿的组织下，到西非和巴西观测日食。在观测中他们证实了广义相对论光线弯曲的预言。爱因斯坦根据广义相对论的理论，推算出当星光从太阳边缘掠射到地球上来时，光线弯曲的角度是1.74秒。开始大家都不相信这个预言，但英国科学家在5月29日观测的结果，证实了广义相对论的预言！

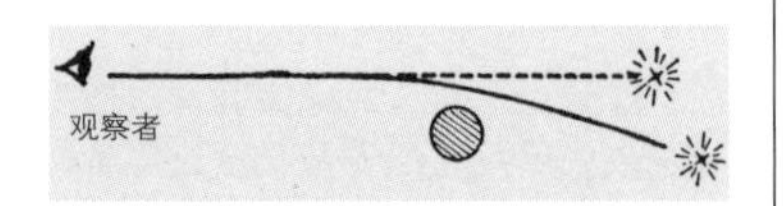

光线弯曲示意图。当太阳（图中用有阴影的圆表示）出现在星体和地球之间时，星光就会发生弯曲。图中实线表示星光实际走的路线，虚线代表观察者的视路线。于是原来看不见的星体由于星光弯曲可以被观察者看见。

1919年11月6日，英国皇家学会正式宣布了他们观测的结果，这一消息立即引起了全世界空前的轰动。世界各地报纸都争先恐后在头版头条刊登这一科学新闻：“科学革命”“宇宙新理论和牛顿观念破产”，等等。爱因斯坦成了世界头号明星人物，他的照片在各种报刊上都可以找到。

有一件事曾经引起人们的关注。钱德拉塞卡对爱丁顿组织观测队的行动非常钦佩，并当面表示他的钦佩之情。但是爱丁顿根本不领情，说：“其实我根本就没有想到有必要进行什么观测，因为爱因斯坦的理论一定是正确

* Hardly anyone who was truly understood it will be able to escape the charm of this theory.

的。”由这件事，人们觉得爱丁顿他们的观测并不一定真的证实了爱因斯坦的理论：由于他们确信理论是正确的，所以对观测的误差做出了对理论有益的处理。对此温伯格说：“不管怎样，我还是愿意相信1919年的远征队员们在分析数据时，被广义相对论的激情淹没了。”

广义相对论的美和它的魅力，不仅征服了爱丁顿，也征服了几乎所有的科学家。此后，广义相对论还得到了更多的实验证实，到今天，它已成为理论物理前沿最重要的理论之一。

爱丁顿（前左1）和爱因斯坦（后左1），其他三人是洛伦兹（前右1）、德西特（后右1）和埃伦菲斯特（后排中间）。

爱因斯坦的这种不断扩大对称性的探索大自然奥秘的方法，被杨振宁教授称为“连锁倒转法”，杨振宁教授还用下表对这种倒转法作了简洁的表示：

对称性和物理定律

爱因斯坦以前	爱因斯坦以后
实验→场方程→对称性（不变性）	对称性→场方程→实验

在爱因斯坦以前，物理学家都是由实验、经验事实，归纳出一个方程，然后由这个方程得到某种对称性（即变换的不变性）；到爱因斯坦，他把这种探索方法来了一个“连锁倒转”，先假定某种对称应当存在，然后以这为根据演绎出一组方程，然后用实验证实这些方程。

杨振宁指出：

这正是一个最重要的进展。这种把原先的程序颠倒过来的做法，我曾称之为“对称性支配相互作用”。用了这种新的程序，对称性的考虑便变成了基本相互作用原理，而且事实上，它已经成为20世纪七八十年代基本物理学占统治地位的主题了。

温伯格在20世纪90年代评论广义相对论时说：

还有一种性质能让物理学理论美起来——理论能给人一种“不可避免”的感觉。听一支曲子或

英国报纸上刊登日食观测证实爱因斯坦广义相对论的消息（右栏）。

THE TIMES, SATURDAY, NOVEMBER 8, 1919.

FOOD OUTLOOK.

CHEAPER IMPORTED MUTTON.

BREAD SUBSIDY TO REMAIN.

(By Our Parliamentary Correspondent.)

The recent rapid rise in the cost of living is engaging the anxious attention of the Food Controller and his staff. Little hope is held out in official circles, however, of any relief on balance before the end of the year.

The following may be accepted as an authoritative statement of the views of the Food Ministry. First, the Food Controller has decided to reduce the price of one article of food at once. Twopence a pound is to be knocked off the maximum price for New Zealand mutton on Monday. Mr. Roberts hopes to be in a position to reduce the price of bacon by 2d. in the pound by the end of the year. No other controlled articles of food are likely to come down in price for a considerable time.

On the other hand, there is no present intention to increase the price of any of them. The Government seem to have definitely come to the conclusion that the bread subsidy must be continued at least during the winter months, and

THE REVOLUTION IN SCIENCE.

EINSTEIN v. NEWTON.

VIEWS OF EMINENT PHYSICISTS.

Wide interest in popular as well as in scientific circles has been created by the discussion which took place at the rooms of the Royal Society on Thursday afternoon on the results of the British expedition to Brazil to observe the eclipse of the sun on May 29. (These were referred to in an interview with Sir Frank Dyson, the Astronomer Royal, which appeared in *The Times* of September 9.) The subject was a lively topic of conversation in the House of Commons yesterday, and Sir Joseph Larmor, F.R.S., M.P. for Cambridge University, on arriving at a lecture before the Royal Astronomical Society last evening, said he had been besieged by inquiries as to whether Newton had been cast down and Cambridge "done in."

Mr. C. Davidson, of Greenwich Observatory, one of the astronomers who took the photographs of the sun's eclipse at Sobral, in Northern Brazil, last May, in conversation with a representative of *The Times* last night, said he agreed that the observations taken of Kappa^1 and Kappa^2, near the constellation of Hyades, at

意大利画家拉斐尔。

拉斐尔的名画《圣家族》。

一首小诗，我们会感觉一种强烈的美的愉悦，仿佛作品没有东西可以更改，一个音符或一个文字你都不想是别的样子。在拉斐尔的《圣家族》里，画布上的每个人物的位置都恰到好处。这也许不是你最喜欢的一幅画，但当你看这幅画的时候，你不会觉得有任何需要拉斐尔重新画的东西。部分说来（也只能是部分的）广义相对论也是这样的。一旦你认识了爱因斯坦采纳的一般物理学原理，你就会明白，爱因斯坦不可能导出另一个迥然不同的引力理论来。正如他自己说的，关于广义相对论，"理论最大的吸引力在于它的逻辑完整。假如从它得出的哪一个结论错了，它就得被抛弃；修正而不破坏它的整个结构似乎是不可能的。"

爱因斯坦利用对称性支配理论结构的设计，是物理学史上最深刻的思想，今天基础物理学基本上是遵循爱因斯坦的这一思考程序：从扩大一种对称性出发，得到方程，然后看它预言的结论是否与观察结果相符。下面还要讲到的狄拉克、杨振宁的研究就是最好的例子。

大自然在最基础的水平上是按照美来设计的。由此物理学家们的梦想——利用美学判断来引导物理学研究终于有了希望：物理学家似乎有了一个比较明晰可靠的审美框架和比较可靠的审美判据。因此现在我对于在本专题开始时引用邦迪的那句话，心里踏实了许多。事实上，审美已经成了当代物理学的驱动力之一。

20世纪审美判断的一场较量

——爱因斯坦获诺贝尔奖背后的故事

在20世纪获诺贝尔奖的700人（次）当中，恐怕爱因斯坦获奖时引起的麻烦最多，而获奖原因更是奇怪得独此一家。很早就不断有人提名他为获奖的候选人，但由于种种几乎不可置信的理由却一直没有成功。1922年，他终于获得了补发的1921年诺贝尔物理学奖。

1909年10月，德国著名化学家奥斯特瓦尔德（W. Ostwald，1853—1932）首先提名爱因斯坦为1910年诺贝尔物理学奖候选人，原因是狭义相对论的伟大贡献。

盛大的诺贝尔奖颁奖晚宴。

以后他又于1912年、1913年再度提名爱因斯坦。那时反对相对论的势力很强，评奖委员会没有把奖给爱因斯坦也情有可原。1912年，当德国物理学家普林斯海姆（P. Pringsheim，1881—1964）推荐爱因斯坦因相对论为获奖候选人，当时他写了一句很有分量的话："我相信诺贝尔奖委员会很少有机会为一件具有类似意义的工作而颁奖。"

从后来物理学的发展来看，普林斯海姆的话非常准确。但令人遗憾和惊讶的是，诺贝尔奖委员会却千真万确地没有因20世纪最伟大的理论——相对论而颁奖给爱因斯坦。无论怎么说，这恐怕也是诺贝尔奖颁奖史上的极大缺憾。

盛大的诺贝尔奖颁奖典礼。

1919年11月，英国皇家学会会长约翰·汤姆逊（Joseph John Thomson, 1856—1940，1906年获诺贝尔物理学奖）就郑重宣称："（爱因斯坦的引力理论）是牛顿时代以来最重要的进展，是人类思想上最高的成就之一。"当时科学界最有权威的人士之一的荷兰物理学家洛伦兹［（H. A. Lorentz，1853—1928），1902年获诺贝尔物理学奖］，在1919年9月22日写信给埃伦菲斯特说："（日食观测的结果）是所曾得到过的对一种理论的最

举行诺贝尔奖颁奖晚宴的巨大厅堂。

光辉的证实之一，而且也很适于铺设通往诺贝尔奖的道路。”甚至连一开始劝爱因斯坦“不要搞什么广义相对论，即使搞出来了也没有人信”的普朗克，也在1919年1月19日因广义相对论的成就提名爱因斯坦为候选人，理由是他迈出了超越牛顿的第一步。1921年有更多的人因广义相对论而提名爱因斯坦，但诺贝尔奖委员会因为还有不少人反对相对论而犹豫不决，结果弄得1921年竟没有颁发物理学奖。那么多最有权威的科学家的推荐，委员会都能置之不顾，由此可以想见诺贝尔委员会里反对爱因斯坦获奖的势力多么强大。

德国化学家奥斯特瓦尔德是最早提名爱因斯坦获诺贝尔物理学奖的人。

在1919年以前，无论是狭义还是广义相对论，每年都会突然冒出一些反对意见或证实其有误的实验，而提出这些反对意见和实验结果的人，又多不是等闲之辈，有的还是非常著名的科学家（或哲学家），因而引起诺贝尔奖委员会有些犹豫也不是完全不可理解的事情。但是到了1919年英国日食远征考察队以确凿的观测证明了爱因斯坦的新引力定律后，委员会的犹豫就颇让人费解了。1919年，许多著名的科学家继续提名爱因斯坦，其中包括瓦尔堡（E. Warberg，1846—1931）、劳厄、普朗克等人，原因是广义相对论；瑞典的物理化学家阿伦尼乌斯（S. A. Arrhenius，1859—1927）因布朗运动提名爱因斯坦为候选人。但委员会最后提出的报告中却认为，“如果爱因斯坦因为统计物理学……而不是因为他的其他主要论文而获奖，那是会使学术界感到奇怪的。”意

英国物理学家约翰·汤姆逊对爱因斯坦的评价非常高而且中肯。

思是说爱因斯坦的统计力学论文的质量没有他的相对论和量子物理学方面研究的质量高；但是对于广义相对论，却又建议等到1919年5月29日的日食观测的结果出来以后再说。由于结果在1919年9月6日才能正式公布（爱因斯坦的广义相对论被证实），结果1919年的物理学奖“因为发现极隧射线的多普勒效应以及电场作用光谱线的分裂现象”而授给了德国的斯塔克（J. Stark，1874—1957）。

阿伦尼乌斯。

1920年有更多的科学家提名爱因斯坦因广义相对论而获奖，因为1919年已经由观测日食证实了广义相对论的一个预言。玻尔也第一次开始提名爱因斯坦，他特别提到相对论是“第一位的和最重要的”，还说：“在这里，我们面临着物理学研究发展中最有决定性意义的进步。”

委员会让阿伦尼乌斯（一位瑞典物理化学家！）写一篇关于广义相对论的评价报告。阿伦尼乌斯那时还一直揣摩和跟随德国科学家对爱因斯坦的意见。当德国的诺贝尔获奖者勒纳德（P. Lenard，1862—1947）和斯塔克在大力反对爱因斯坦和相对论时，他也极力反对爱因斯坦因为相对论获奖。他在报告中指出：红移实验尚未被实验证实；1919年日食考察的结果有许多人提出了批评、质疑；而近日点效应，阿伦尼乌斯不幸错误地附和了德国科学家革尔克（E. Gehrcke，1878—1960）的意见。革尔克于1916年曾提出，水星近日点的运动早就由德国物理学家格伯（P. Gerber，1854—1909）解决了。其实，爱因斯坦在1917年就正确地分析过，格伯的理论基础以及革尔克的意见是建立在相互矛盾的假说之上。结果1920年诺贝尔物理学奖在哈瑟伯格（B. Hasselberg，1850—1894）的坚持下，授予了瑞士裔的法国一位冶金学家纪尧姆（C. E. Guillaume，1861—1938），原因是“发现镍钢合金的反常性以及它在精密物理学中的重要性”。几乎所有的物理学家包括纪尧姆自己对这一决定都大吃一惊，只有法国和瑞士人高兴。

德国物理学家勒纳德。他和斯塔克两人坚决反对爱因斯坦获得诺贝尔奖。后来这两位获得过诺贝尔物理学奖的人，都成为纳粹党徒。

1921年，普朗克在一封简短而有力的信中，再次提名爱因斯坦因为广义相对论的贡献为获奖候选人，还有

1927年的第五届索尔维会议上几乎聚集了当时所有顶级的物理学家。爱因斯坦坐在前排正中间，他的左侧坐的依次是洛伦兹、居里夫人、普朗克，玻尔坐在第二排右一。

许多著名科学家，如爱丁顿、赖曼（T. Lyman，1874—1954）等等，都提名爱因斯坦。瑞典乌普萨拉大学的奥席恩（C. Oseen，1879—1944）提名爱因斯坦因光电效应获奖。

委员会让乌普萨拉大学的眼科医学教授古尔斯特兰德（A. Gullstrand, 1862—1930，1911年获诺贝尔生理学或医学奖）写一份关于广义相对论的评价报告，让阿伦尼乌斯写一份关于光电效应的评价报告。古尔斯特兰德根本不懂物理学，更不用说相对论了，但是他偏要钻到物理学评选委员会来，而且自不量力地要决定物理学的评奖！古尔斯特兰德在瑞典很有权威，他以他的全部权威反对爱因斯坦获奖，他曾私下对人说：绝对不能让爱因斯坦获奖，哪怕全世界支持他！

结果可想而知：他这个纯外行居然严厉地批评相对论，说它们根本没有被实验严格证实。这真是应了中国一句民间谚语："乔太爷乱点鸳鸯谱。"还有一位瑞典皇家科学院院士、物理学奖评委会成员哈瑟伯格，当他听说有可能因为相对论而授予爱因斯坦诺贝尔物理学奖，他在病床上提出抗议，反对因相对论而授奖给爱因斯坦，他写道："将猜想放在授奖的考虑之列，是根本

1949年爱因斯坦邀请那些有幸从大屠杀中逃生的犹太小孩到他在普林斯顿的家中做客。

位于德国波茨坦大学内的爱因斯坦塔。该塔建于1920—1921年间，塔的主要功能是作为太阳系的观测台。世界各地为纪念爱因斯坦的伟大贡献修建了许多纪念馆、纪念碑、塑像。相比之下，或许爱因斯坦的质能方程才是真正意义上的永恒丰碑。

不可取的。”

瑞典科学家如此坚决反对爱因斯坦获奖有比较复杂的原因，但是其中非常关键的一点是由于在19—20世纪之交科学革命的过程中，科学的审美判断发生了巨大的、革命性的变革，科学家之间发生的争议差不多到了水火不容的地步。老一派的科学家抓住实验是检验一切理论的根本标准，不容动摇；而新成长起来的年轻理论物理学家已经发现，判断真理的标准发生了变化，有了新的标准，不能死死抓住实验标准而断然否定物理学理论中的美学标准。在两种本应该相互融合、相互参照的标准讨论中，却被老一派物理学家以非常极端的、断然否定的态度，变得彼此不能相容，变成你死我活的斗争。这实在是一种不幸。在爱因斯坦是否应该获奖这件事情上，就反映了这一场激烈而又有些荒唐的斗争，几乎成了一场生死较量，所以才出现了“绝对不能让爱因斯坦获奖，哪怕全世界支持他”这样荒唐的决心和声明。

瑞典科学界在20世纪早期过分注重实验物理学，而将理论轻视为纯粹的猜想。哈瑟伯格在瑞典很有权威，他一直坚持认为精确测量“是使我们能够深入了解物理定律的根本和主要条件，是走向新发现的唯一道路，是科学进步的不二法门”。这正是霍顿所说的“实验主义”哲学。这种哲学在1900年前后在物理学界十分流行，但是到了20世纪20年代前后，多数国家物理学界有

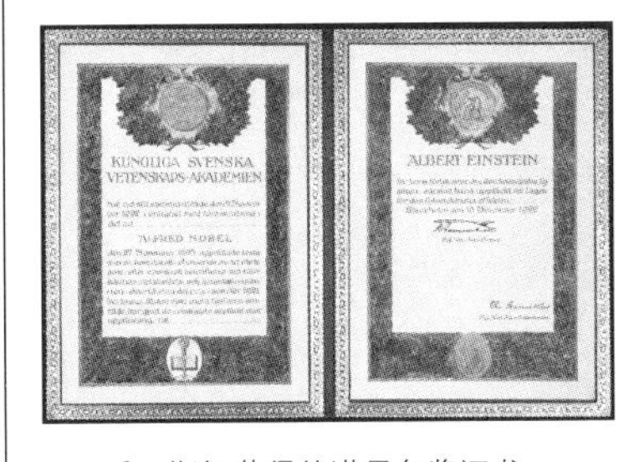

爱因斯坦获得的诺贝尔奖证书。

爱因斯坦获得的诺贝尔奖奖章。

《下楼梯的裸女第2号》（1912年，马塞尔·杜桑作，布油彩，美国费城美术馆藏）。

法国画家马塞尔·杜桑（1887—1968）毕业于巴黎朱利安美术学院，初期画风主要仿效新印象主义和野兽派。1911年，开始关注立体主义和未来主义，创作了《下楼梯的裸女第2号》，表现了他对如何在静止的画面上展示连续运动过程的兴趣。画面上呈现出许多尖锐的几何形状，人物的走动姿态被分解又加以复合。杜桑曾把这件作品送交第28届独立画展，但被评委拒绝，认为它是对未来主义和立体主义的讽刺。如今，这幅当年被拒展的作品，已经驰名国际艺术界，成为现代美术史上的经典名作。

了不同的看法，并且选择了不同的研究方式，但是瑞典物理学界（尤其是当权的乌普萨拉学派）的眼光仍然十分狭隘。哈瑟伯格和古尔斯特兰德他们甚至认为爱因斯坦的相对论是一种“病态”物理，侵蚀以前人们所持的正确的信念，与西方文明的古典希腊传统的真、善、美观念完全相反。他们认为爱因斯坦没有做过任何实验，他的理论不是由实验归纳出来的；他修改基本假设，将不同的物理领域归纳成为一个统一的理论。这对他们这些实验物理学家来说简直是形而上学的工作，不是科学的一部分，而是科学中的达达主义（dadaism）*的表现。

阿伦尼乌斯是斯德哥尔摩大学的教授，以前因为他的电离理论受过乌普萨拉大学的压制，因此并不满意哈瑟伯格和古尔斯特兰德那种过分偏爱实验的狭隘态度，但是他对于爱因斯坦获奖仍然持不支持的态度。他的歪

* 1915年第一次世界大战期间，以中立国瑞士的苏黎世为中心，云集了一批来自各国的先锋派青年艺术家。他们在一次聚会中要为其团体起一个名字，极其偶然地，他们找到了“达达”（dada）这个词。于是他们很兴奋地把这个词用作了他们团体的名字。“达达”这个词的原意是指儿童摇动了木马，在法语中还有嗜好、迷恋的意思，因此，“达达”表达的是一种玩世不恭的象征意义。达达主义作为一种艺术思潮，反对所有传统的艺术和20世纪以来的试验艺术。他们认为是理智和逻辑导致了世界大战的灾难，要拯救人类，必须摧毁导致这场战争的资本主义价值体系。达达主义又分苏黎世达达、巴黎达达、纽约达达、德国达达。艺术家杜桑是巴黎达达和纽约达达的代表。

道理是：1918年普朗克刚刚因为量子论获奖，再紧接着因量子论颁奖给爱因斯坦，不妥；如果真要因光电效应颁奖，就应该给予实验物理学家。他还建议，1921年干脆不颁发物理学奖。结果，1921年真的没颁奖给物理学，而其他4项奖照常颁发（当时还没有经济学奖）。这也是诺贝尔奖史上的一次非常奇特的行为。

1922年，推荐信又陆续寄到了委员会，推荐爱因斯坦的著名科学家越来越多。法国物理学家布里渊（L. Brillouin，1880—1948）甚至在信上写道："试想：如果诺贝尔获奖者的名单上没有爱因斯坦的名字，那50年代以后人们的意见将会是怎样？"这时，形势已经不再是爱因斯坦盼望得诺贝尔奖，而是诺贝尔委员会非得以某种授奖原因把诺贝尔奖授予爱因斯坦了。因为，爱因斯坦在科学界的名声如日中天。有些人认为，如果爱因斯坦不先得奖，再无法考虑其他候选人；有些人还说，爱因斯坦的威望已经比诺贝尔奖还要高。

普朗克建议，1921年的物理学奖补发给爱因斯坦，1922年的给玻尔。物理学评奖委员会委员奥席恩（C. W. Oseen，1879—1944）再一次提出，爱因斯坦可以因为光电效应中的爱因斯坦光电方程获得诺贝尔物理学奖。

物理学奖评委会又让古尔斯特兰德写关于相对论的报告，其结果可想而知；但幸亏委员会这次让理论物理学家奥席恩（而不是物理化学家阿伦尼乌斯！）来写光电效应的报告。

最后，评委会决定绕过相对论这个"争论太多"的障碍，直接以光电效应定律的贡献把1921年空缺下来的物理学奖授予爱因斯坦，而将1922年的授予玻尔。

在大势所趋的形势下，爱因斯坦终于在1922年得到了1921年的诺贝尔物理学奖，诺贝尔奖委员会虽然留下了种种遗憾和可供指责的地方，但是他们终于把诺贝尔奖授给了最应该得到它的人。也许让爱因斯坦感到好笑的是，授奖通知时上面特别指出：他在获奖演说时仅限于正式的授奖理由，而不得提到相对论。

这样，爱因斯坦获奖的事情总算解决了，但是物理

最近有研究者指出，作为同学和第一任妻子，米列娃对爱因斯坦的伟大发现所作出的贡献要比人们以前所认为的多得多。尽管在使爱因斯坦一举成名的五篇论文中都没有米列娃的名字，但是在其中三篇最初的手稿上都有米列娃的署名。这些手稿现保存在俄国博物馆。在这张2005年为纪念爱因斯坦发表狭义相对论100周年而发行的邮票中印上了米列娃与爱因斯坦的合影。这或许是越来越多的人开始意识到米列娃在相对论发现过程中曾经起到的作用。但这种看法也遭到不少学者的反对。

学审美判断仍然没有被放在桌面上来彻底讨论，说明评委会对此态度仍然十分暧昧。但是，随着科学革命的深入和成功，科学家们对科学理论中的审美判断有了根本性的转变，认识到在远离人们经验领域的宇观物理学和微观物理学里，少了审美判断几乎是寸步难行，审美判断和实验检验逐渐成为发现真理、探索真理途中不可或缺的两种相辅相成的科学方法。

老年爱因斯坦。

1923年7月，爱因斯坦去瑞典哥德堡做诺贝尔获奖演说时，* 阿伦尼乌斯暗示说：

人们肯定会因相对论演讲而感谢您。

7月11日，爱因斯坦在约2000名听众面前做了题为“相对论的基本思想和问题”的报告。瑞典国王古斯塔夫五世也在座聆听。

此后，一直被瑞典评委会认为在科学真理判断上的“叛逆”和“荒唐”的年轻科学家德布罗意（L. V. de Broglie，1892—1987）、海森伯、狄拉克、泡利……都先后获得了诺贝尔物理学奖。

可以说，在爱因斯坦获奖过程的这场大较量中，不仅相对论获得了最终的认可，而且理论物理学的重要研究方法——“美是探求理论物理学重要结果中的一个指导原则”，也由此获得了重大的胜利。所以爱因斯坦获得诺贝尔物理学奖这一事件是一个分水岭，在科学美学历史发展的进程中有着非同一般的意义。

* 1922年底，爱因斯坦因为去日本讲学，没有出席当年的诺贝尔奖颁奖典礼。

越过上帝的肩膀瞧了一眼

——海森伯发现矩阵力学

在以往的科学中，新的现象可以用旧的理论来解释，但现在研究到原子里面去了以后，我们没有办法很形象地说明原子里发生的事。这就像一个航海家漂流到一个荒岛，荒岛上有土著人，但由于语言不通，无法进行会话……一个人对于原子结构下论断我认为要非常严肃谨慎……我的模型……是通过推测，来自于实验而不是来自于理论计算。

——玻尔（N. H. D. Bohr，1885—1962）

海森伯（Werner Karl Heisenberg，1901—1976）

当爱因斯坦将“正常的”物理研究模式颠倒过来并取得重大的革命性成就时，在微观领域里却似乎出了大乱子，爱因斯坦努力得到的物理学美学指导原则，尤其是强调的“创造性的原则寓于数学之中”“理论科学家越来越不得不服从纯数学形式考虑的支配”这些原则，似乎都将毁于微观物理学研究之中。

我们知道，从1900年普朗克提出能量量子化理论，接着丹麦物理学家玻尔于1913年提出氢原子结构理论之后，物理学家惊讶而痛苦地发现，经典物理学似乎全面崩溃了，以前的金科玉律纷纷招架不住落下马来：微分方程、因果律、电子辐射理论……都黯然失色，失去了往日的神采和力量。英国物理学家洛奇（O. Lodge，1851—1940）在1889年讲的一段话，用来形容20世纪二三十年代的物理学情形也许非常合适：

当前的物理学正处于一个令人惊异的活跃时期，每月、每周，甚至每天都有进展。过去的发现犹如一长串彼此无关的涟漪，而今天它们似乎已经汇成一股巨浪，在巨浪的顶峰上，人们开始看到某种宏大的概括。日益炽烈的焦虑，有时简直令人痛苦。人们觉得自己像一个小孩，长时期在一个已成废物的风琴上胡乱弹奏着琴键。突然，琴箱里一种看不见的力量，奏出了有生命的曲子。现在，他惊奇地发现，手指的触摸竟能诱发出与思想相呼应的音节。他犹豫了，一半是因为高兴，一半是因为害怕，他害怕现在几乎立即可以弹出的和声会震聋自己的耳朵。

普朗克在书房里。

丹麦物理学家玻尔，他于1913年利用量子理论提出氢原子结构理论。1922年获得诺贝尔物理学奖。

慕尼黑大学。

海森伯在1973年发表的文章回忆说：

新的数学方案与老的完全不同，令人惊奇的是这样的方案确实存在。在这之前玻尔有这样的感觉，即我们知道牛顿力学不适用了，这也许意味着自然界是如此不合理，以至于我们永远找不到任何一致的数学结构来描述。

换言之，在1925年量子力学发现之前，物理学变得那样难以捉摸，那样奇怪，以至于连哥本哈根学派领袖人物玻尔都十分担心自然界也许是无理性的。例如，我们在学习中学物理学时，老师常常会说到电子绕核运动的"轨道"；在许许多多科普读物中或者科学书籍中，也会常常见到电子绕核旋转的轨道图。因此我们谈到电子运动，自然而然会涉及运动轨道问题。如果有一个人说："电子根本没有什么轨道！"恐怕会引起人们的嘲笑："这人怎么啦，脑子有毛病吧？"

但是且慢！海森伯在1925年写信给他的好友泡利说："我的所有微弱的努力，就是要消除……那些无法观察到的轨道。"

德国物理学家海森伯，1925年和玻恩、约尔丹一起提出矩阵力学，使量子力学得以建立。照片上是海森伯（右）在颁奖典礼时与瑞典国王合影。

这下该轮到你傻眼了吧？神秘的量子让人们感到经典物理学已经变得不再牢固，物理学家们感到一种从未有过的无助。两百多年前牛顿所建立的经典物理学曾经给了他们多少勇气和力量，他们曾经骄傲地说："只要给了我初始条件，我就可以算出任何物体任何时刻的运动！"他们的心灵在纷扰的尘世里由此获得了多少慰藉与安宁。然而，量子的出现似乎突然间使这座确定性的经典理论大厦坍塌了，留下的只是一些支离破碎的经典残片。但是，不愿服输的物理学家们却决心在这片经典废墟上建立起一座更加辉煌的量子理论大厦。

1925年6月，年仅24岁的海森伯对量子力学做出了关键性的突破，首先打开了通向重新理解微观世界的大门，为量子力学做出了决定性的贡献。正是由于这一成就，他获得1932年诺贝尔物理学奖，成为20世纪最伟大的理论物理学家之一。

"玻尔节"上遇玻尔

海森伯的父亲是慕尼黑大学教授，主要讲授希腊哲学。他觉得希腊科学著作比教科书更可信，因此常常向儿子介绍和讲解希腊哲学家和科学家的故事。海森伯受到父亲的影响，对希腊哲学有不同一般的喜爱和研究，而这些也深深影响到他的科学研究。

像玻耳兹曼、普朗克和爱因斯坦等人一样，海森伯年轻时也是“多才多艺的音乐家”，在上大学之前他本来想成为一个钢琴家，但是爱因斯坦的伟大理论更使他激情澎湃、思绪联翩。最后，他在19岁时选择了理论物理为毕生事业，成为慕尼黑大学物理系索末菲（A. J. W. Sommerfeld，1868—1951）教授的学生。

德国物理学家索末菲，他是海森伯和泡利的导师。

1922年6月12至14日、19至22日，玻尔在哥廷根一共作了7篇有关原子结构的演讲。演讲时，听众中不仅有哥廷根的科学家，还有从慕尼黑来的索末菲以及他的学生海森伯和泡利，总共约有100来人听了玻尔的演讲。由于玻尔的演讲大受欢迎，所以人们把玻尔的演讲说成是“玻尔的节日表演”。

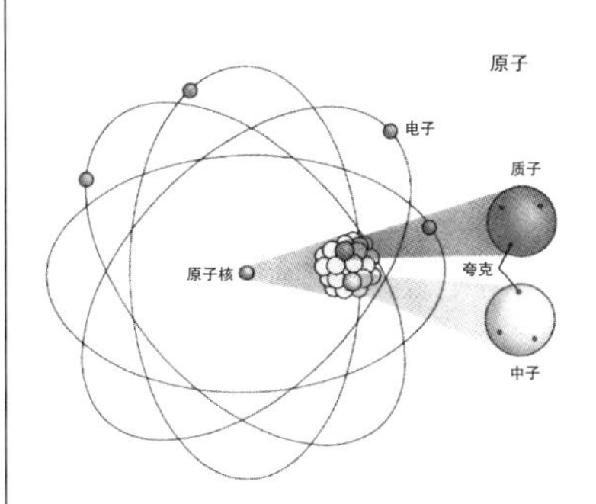

玻尔展示的带原子核和电子轨道的原子构造示意图。

玻尔的7篇演讲，虽然每一篇演讲都不长，但所论述的内容却相当全面。关键是玻尔那种直观领悟真理，而不必将它译成包括数学在内的人类语言的能力，也很少大量使用数学方法，在演讲中表现得十分明显。但是这种思考方式与哥廷根强调公理化思考的方式简直相差太远，开始很难被哥廷根学派的科学家接受。尤其是希尔伯特（D. Hilbert，1862—1943），他无法认真考虑玻尔的论断，所以他几乎没有从玻尔那儿学到什么东西。

但是，与会者都承认玻尔已经抓住了原子世界中最本质的奥秘，虽然玻尔那种非常慎重的措辞，常常弄得听众感到玻尔讲述的图像犹如在云雾缭绕之中，显得似隐似现、神秘兮兮、似是而非、模棱两可。然而，也正是这种模糊的神秘性大吊青年学者的胃口，显示出一种强大的诱惑力。由于前几排是留给教授们坐的，海森伯这些大学生们只能坐在后面。听了好久，他也没有听清玻尔在讲什么，海森伯不免奇怪，就低声问旁边的一位大学生：“玻尔教授怎么说话不清楚，低声嗡些什么呀？”那位大学生肩膀一耸，又把左手的食指竖到嘴边：“别作声！玻尔教授讲演总是这样，竖起耳朵听吧！”

布鲁塞尔的标志性建筑——原子博物馆，其结构创意源自玻尔的原子模型。

哥廷根大学著名标志之一：铜雕“牧鹅女喷泉”。

好吧，竖起耳朵仔细听。听呀听的，海森伯倒也听出了一个子丑寅卯，还品出了味道，觉得玻尔讲的物理思想太有意思，令人激动和神往。后来，他在回忆录《物理学及其他》（*Physics and Beyond*）中，把当时的感受活灵活现地写了下来。他写道：

1922年初夏，哥廷根这个位于海茵山脚下布满了别墅和花园的友好小城镇里，到处都是葱绿的灌木、争奇斗艳的玫瑰园和舒适的居处。这座美丽的小城似乎也赞成后来人们给这些奇妙的日子所取的名称——“玻尔节”。我永远忘不了玻尔的第一次演讲。大厅里挤满了人，那位伟大的丹麦物理学家站在讲台上，他的体魄表明他是一位典型的斯堪的纳维亚人。他轻轻地向大家点头，嘴角上带着友好和多少有点不好意思的微笑。初夏的阳光从敞开的窗户射进来。玻尔的语调相当轻，略带丹麦口音，温和而彬彬有礼地讲着。当他解释他的理论中的一些假设时，他非常慎重地斟词酌句，比索末菲要慎重得多。他用公式表示的每一个命题都显示出一系列潜在的哲学思想，但这些思想只是含蓄地暗示着，从不充分明晰地表达出来。我发现这种方式非常激动人心；他所讲的东西好像是新颖的，但又好像不完全是新颖的。我们从索末菲那儿学过玻尔理论，而且知道有关的一些内容，但是听玻尔本人亲自讲却又似乎全不同了。我们清楚地意识到，他所取得的研究成果主要不是通过计算和论证，而是通过直觉和灵感，而且他也发现，要在哥廷根著名的数学派面前论证自己的那些发现是很不容易的。

美丽的哥廷根。

在全部演讲结束时，玻尔说：

如果由量子论得到的这一详细图景竟然不对，那将会使我们大感意外……如果实验竟会给出和理论所要求的答案不同，我们将会十分惊讶。

讲完以后是听众提问题。海森伯原来已经学过并深入考虑过玻尔讲的一个问题，但他的结论与玻尔恰好不同，因此他大胆地站起来讲了自己的想法，并把自己的推算告诉了玻尔。

后来，海森伯在回忆中提到了这件事，他说：

我当时之所以想提出批评，只是想听听玻尔对我的批评有什么高见，这本身就极富趣味。而且，我还想看看玻尔的答复是不是遮遮掩掩，也想了解我的批评是否击中要害。

海森伯注意到玻尔对他的批评有些震惊，他的回答也有些含糊其辞。不过海森伯当时是第一次接触玻尔，不知道玻尔治学的风格。玻尔虽说在回答海森伯的问题时有点含糊，但却绝不会寻求什么托词。所以海森伯没有料到，讨论一结束，玻尔就邀请他下午一同去海茵山散步，说在散步中也许能比较深入地讨论一下整个问题。这次散步是海森伯第一次与玻尔深谈，玻尔在散步时对海森伯说：

在以往的科学中，新的现象可以用旧的理论来解释，但现在研究到原子里面去了以后，我们没有办法很形象地说明原子里发生的事。这就像一个航海家漂流到一个荒岛，荒岛上有土著人，但由于语言不通，无法进行会话……一个人对于原子结构下论断我认为要非常严肃谨慎……我的模型……是通过推测，来自于实验而不是来自于理论计算。我希望这些模型能同样用来描述原子的结构，而不是“只有”在传统物理的描述语言中才是可能的……也许我们必须研究一下“理解”这个词的真实含义究竟是什么……

所以，我们必须非常谨慎地向前摸索。今天上午你不同意我讲的，但我暂时没有办法讲得更清楚。

海森伯通过这次交谈才真正明白，量子理论奠基人之一的玻尔对理论的困惑是感到如此烦恼的。许多年之后，海森伯在一篇《量子论及其解释》一文中，生动地回忆了这次散步。海森伯写道：

讨论结束后他过来邀请我到哥廷根郊外的海茵山上去散步。我真是求之不得。我们在林木茂盛的山坡上边走边谈。那是我记忆中关于现代原子理论的基本物理及

我要说海森伯是经由一条不同的道路而获得了对理论物理学的美的鉴赏。他没有遵循由美的观念所指导的直觉去进行工作，他被自己的发现搞糊涂了，最后结果是他的数学完全预言了这些事实，从那以后他变成了数学美的皈依者。

——杨振宁

玻尔（右）与海森伯合影，摄于1925年左右。

1952年海森伯（左）和玻尔在日内瓦核科学家大会上。

希尔伯特。

哲学问题的第一次详尽讨论，自然对我以后的事业有着决定性的影响。我第一次了解到当时玻尔对他自己的理论比许多别的物理学家（如索末菲）更持怀疑态度；我还了解到，他对原子理论结构的透彻理解，并不是来自对基本假设的数学分析，而是来自对实际现象的深刻钻研，因此，他能直觉地意识到内在的关系，而不是在形式上把关系推导出来。于是我懂得了：自然知识主要是以这种方式获得的；仅仅作为第二步，才可能用数学公式把这种知识表示出来进行完全理性的分析。从根本上来说，玻尔是位哲学家而不是物理学家；但是他懂得，我们这个时代的自然哲学如果不是每个细节都经受得住实验的无情检验的话，便是无足轻重的。

玻尔邀请海森伯第二年春天到哥本哈根去访问几个星期，如果有可能的话，以后还可以申请奖学金在那儿工作一段时间。就这样，海森伯开始了与玻尔亲密合作的时期。对于海森伯来说，这真是运气，因为这段时期正好是量子论中的困难越来越令人困惑的时期；它的内在矛盾似乎越来越严重，把物理学家逼进了困境。然而也正是在这短短的几年时间内，一连串激动人心的惊人发现打开了解决问题的新局面。由于玻尔的邀请，海森伯得以身历其境，并做出了重要的贡献。

从海森伯的回忆中我们应该注意到玻尔对他的影响也有不利的一面，即“对原子结构的理解，并不是来自对基本假设的数学分析，而是来自对实际现象的深刻钻研”。在量子理论初创时期，微观世界处于混沌之中，玻尔担心自然界是无理性的，也许永远找不到任何一致的数学来描述，所以他主张遵循实验指导以建立唯象的理论，这种研究思路在量子论建立初期是必然的，就像开普勒研究天体运动时的情形一样。但是量子力学后来发展异常迅速，不像牛顿力学发展得那么缓慢。毕竟物理学家的基础水平，尤其是数学水平已经不可同日而语。这样，在量子力学飞速发展的过程中，海森伯由于年轻、数学水平和研究方法的制约，使他在理解量子力学的本质上，一度感到茫然。对此杨振宁曾经说：

四位诺贝尔奖得主（从左到右）：赫斯、海森伯、安德森、康普顿。他们正在谈论一台用来测量宇宙射线的仪器。（芝加哥，1939年）

海森伯所有的文章都有一共同特点：朦胧、不清楚、有渣滓，与狄拉克的文章的风格形成一个鲜明的对比。读了海森伯的文章，你会惊叹他的独创力（originality），然而会觉得问题还没有做完，没有做干净，还要发展下去；而读了狄拉克的文章，你也会惊叹他的独创力，同时却觉得他似乎已把一切都发展到了尽头，没有什么再可以做下去了。

哥本哈根之行，灵感突发

1923年7月，海森伯在慕尼黑大学获得博士学位之后来到哥廷根，被玻恩（M. Born，1882—1970）私人出资聘为助教。

1924年3月15日—17日，海森伯迫不及待地到哥本哈根去会见玻尔。此后，海森伯多次来往于哥廷根和哥本哈根之间。

1930年在哥本哈根的一次会议。前排左起：克莱因、玻尔、海森伯、泡利、伽莫夫、朗道和克拉默斯。

1924年5月1日，海森伯再次来到哥本哈根的玻尔身边。当时最让哥本哈根物理学家感到困惑的一个问题是，尽管玻尔的理论可以预言氢原子的光谱频率，并且与观察结果相一致，但是这些频率与玻尔所假设的电子绕核运动的轨道频率都不相同。人们开始意识到，经典轨道的应用也许根本就不适当？一些思想更激进的年轻人，包括海森伯和泡利，已经深信经典轨道模型必须在原子领域中被彻底抛弃。例如海森伯就说过：“我的所有微弱的努力，就是要消除……那些无法观察到的轨道。”

1924年，玻尔的助手克拉默斯（H. A. Kramers，1894—1952）沿着“消除轨道”之路取得了第一个重要进展，他成功地获得了第一个具有完全量子形式的色散关系式。这一结果“不再显示……轨道数学理论的更多回忆”。

如果轨道运动的观念是不正确的，那么原子中的电子到底是怎样运动的呢？我们又应当如何描述它呢？在克拉默斯成功的激励下，海森伯开始着手“制造量子力学”——一种没有轨道运动的新的力学。

1925年，当海森伯在哥廷根想用公式表示光谱中的

哥本哈根理论物理研究所外貌。

美丽的赫尔格兰岛适合疗养。海森伯希望远离花草并在令人心旷神怡的海滨空气中尽早恢复健康。可是，他当时的脸确实肿得惹人注目，女房东一口咬定他是一个不安分守己、好惹是非的小伙子，差一点把他拒之门外，后来总算遇上一位热心人帮忙说情，女房东才勉强答应接纳并照料他。

谱线强度时，陷入了困境。在困境中他再一次对于在量子理论中一直使用的电子的轨道这一直观概念产生了怀疑。这时他想到了爱因斯坦在建立狭义相对论时，曾经强调不允许使用绝对时间这类“不可观测量”。于是他决定去掉那些不可观测量，仅使用那些能观测的量，如辐射频率和强度这些光学量。

恰好这时海森伯因为对花草特别过敏，得上了严重的花粉热病，脸肿得像挨过揍一样，于是他只好向玻恩请两周病假。6月7日他离开哥廷根来到北海（Nordsee）边一座安静的岩岛，那是德国海边的赫尔格兰岛（Helgoland），海森伯所住的房间居高临下，能看到窗外远处的沙滩和大海那壮丽的景象。

除了每天散步和长时间游泳之外，赫尔格兰岛没有什么能使海森伯分心的。由于他一个人孤独地伴随着海边的沙石、大海的浪花，思考着电子的轨道问题，因此思考的进展要比在哥廷根时快而深。他感觉到，再只要几天就足以抛开所有各种数学障碍，得出他自己所考虑问题的简单的数学公式。

在赫尔格兰岛的一个深夜，海森伯忽然意识到总能量必须保持常数。对，能量守恒！这一领悟使他可以把一种新的乘法规则用到相应的经典表达式上，通过转译，导出量子定态的能量。这一点确实是关键。他匆忙做了一些计算，经过若干失败的尝试，终于与已知观察值非常符合。他成功了！海森伯终于等到了量子力学定律从他心底里涌现出来的伟大时刻。几年之后他在回忆录中回忆道：

资料链接

玻恩后来评论说：“这是从经典力学的光明世界走向尚未探索过的、依然黑暗的新的量子力学世界的第一步。”

在只与可观测量打交道的原子物理学中，我逐渐明白了，在原子物理学中，只有用可观测量才能准确取代玻尔—索末菲的量子条件。很显然，我的这个附加假设已经在这个理论中引进了一个严格限制。然后我注意到，能量守恒原理还没有得到保证……因此，我集中精力来证明能量守恒定律仍然适用。一天晚上，我就要确定能量表中的各项，也就是我们今天所说的能量矩阵，用的是现在人们可能会认为是很笨拙的计算方法。计算出来的第一项与能量守恒原理相当吻合，我很兴奋，而后我犯了很多的计算错误。终于，当最后一个计算结果出现在我面前时，已是凌晨3点了。所有各项均能满足能量守恒原理，于是，我不再怀疑我所计算的那种量子力学具有数学上的连贯性与一致性。刚开始，我很惊讶。我感到，透过原子现象的外表，我看到了异常美丽的内部结构，当想到大自然如此慷慨地将珍贵的数学结构展现在我眼前时，我几乎陶醉了。我太兴奋了，以致不能入睡。天刚蒙蒙亮，我就来到这个岛的南端，以前我一直向往着在这里爬上一块突出于大海之中的岩石。我现在没有任何困难就攀登上去了，并在等待着太阳的升起。

这时的海森伯恐怕真有“会当凌绝顶，一览众山小”和“海到尽头天作岸，山登绝顶我为峰”的豪迈感觉了！

1925年6月19日，海森伯回到哥廷根。经过反复考虑，他开始对在赫尔格兰岛所取得的突破进行提炼并总结成论文。这篇具有划时代重要性的论文《关于运动学与力学关系的量子论转译》（以下简称《转译》）完成于1925年7月9日。

杜甫诗云：“会当凌绝顶，一览众山小。”当科学家突破难题时往往也有这种体会。

> 美是部分与部分之间，部分与整体之间固有的和谐……我们可以肯定地说，丝毫也不亚于在艺术中的地位，它是启发和明晰的最重要的源泉。
>
> ——海森伯

在这篇论文中，海森伯开门见山地写道：

本文试图仅仅根据那些原则上可观测量之间的关系来建立量子力学理论基础。

矩阵力学横空出世

当海森伯将玻尔的对应原理加以拓展，并试图用来建立一种新力学的数学方案时，他惊奇地发现他建立的是一个连他自己也十分陌生的数学方案，其最大特征是两个量的乘积决定于它们相乘的顺序，即$pq \neq qp$（一般乘法是$pq=qp$，如$2\times3=3\times2$）。海森伯对这个新方案感到没有把握，因而在论文的结尾写道：

利用可观测量之间的关系……去确定量子论中论据的方法在原则上是否令人满意，或者说这种方法是否能开辟走向量子力学的道路，这是一个极复杂的物理学问题，它只能通过数学方法的更透彻的研究来解决，这里我们只是十分肤浅地运用了这个方法。

1970年前后的海森伯。他曾这样描绘在哥廷根的学生时代："我们整天谈论量子理论，满脑子都是量子理论的成功和它的内在矛盾"。

当别人还在对电子轨道恋恋不舍、犹豫不决时，准备彻底抛弃电子轨道的海森伯却发现了一套新的数学方案——"魔术"乘法表，原子辐射的频率和强度在表中按照一定的规则排列成一个数的方阵，方阵之间按照一种新的乘法规则进行运算。

后来海森伯把他的论文《转译》送给导师玻恩，请他指点。玻恩在认真研究海森伯的符号乘法时，发现它们"既面熟又陌生"。他立即意识到在这个新的乘法规则背后，一定有一些基本的东西，可能对开拓新的量子力学有重要作用。经过整整一周的冥思苦想，到第八天早晨玻恩忽然领悟：海森伯的符号乘法就是代数中的矩阵乘法。而这些计算，玻恩在大学时代就从布雷斯劳大学的罗桑斯（J. Rosanes，1842—1922）教授的线性代数课程中学过。难怪他有"面熟"的感觉！另一方面，由于海森伯的符号乘法在表达形式上与数学家的习惯方式有很大差别，而海森伯当时完全不知道"矩阵"为何物，难怪连玻恩这样的"矩阵"行家都要感到陌生了。

德国物理学家玻恩（前排坐者），他因为量子力学的概率诠释获得1954年诺贝尔物理学奖。后排站立者左起为：奥席恩、玻尔、弗兰克和克莱因。

当玻恩识破了海森伯的量子乘法，其实只不过是代数中两个矩阵相乘的规则后，也就立即断定它的重要价值了。7月底，海森伯还在英国访问期间，《转译》在德国《物理学杂志》发表了。这篇论文及其新乘法规则开创了量子力学的矩阵形式。

海森伯不是从美学观点——对称性原理来做他的指导，而有一些像玻尔那样只是出于物理学家的直觉，并迫于物理事实的需要，发现了一个类似下棋规则那样的新规则，因此他的量子乘法缺乏严格的数学证明。1963年他在对美国科学史家库恩谈到构思“量子乘法”的经过时说：

爬山的时候，你想爬某个山峰，但往往到处是雾……你有地图，或别的索引之类的东西，知道你的目的地，但是仍坠入雾中。然后……忽然你模糊地，只在数秒钟的工夫，自雾中看到一些形象，你说：“哦，这就是我要找的大石。”整个情形自此而发生了突变，因为虽然你仍不知道你能不能爬到那块大石，但是那一瞬间你说：“我现在知道我在什么地方了。我必须爬近那块大石，然后就知道该如何前进了。”

美国科学作家David C. Cassidy写的《不确定性：海森伯的生活和科学事业》（*Uncertainty: The Life and Science of Werner Heisenberg*）一书的英文版封面。

这段谈话生动地描述了海森伯在1925年夏天摸索前进的情境。海森伯的天才和灵感实在让人惊讶、赞叹，他终于仅靠直觉就摸索到方向了！可是他的文章只开创了一个摸索前进的方向。正如他对爱因斯坦表述自己当时心情时所说：

当大自然把我们引向一个前所未见的和异常美丽的数学形式时，我们将不得不相信它们是真的，它们揭示了大自然的奥秘。我这儿提到形式，是指由假说、公理等构成的统一体系……你一定会同意：大自然突然将各种关系之间几乎令人敬畏的简单性和完备性展示在我们面前时，我们都会感到毫无准备。

哈格劳赫的原子地窖博物馆原子反应堆的复制件。1944—1945年，海森伯参与了在哈格劳赫城堡教堂的岩石地窖里从事从核裂变中获取能量的研究试验。

现在需要像玻恩那样的“量子数学家”上阵参战了！

海森伯的乘法新规则经玻恩

柏林大学。普朗克在这儿提出了辐射计算公式，引发了物理学的一场革命。此后，爱因斯坦、玻尔、海森伯、薛定谔等沿着此方向最终创立了量子力学。

重新表述，成为矩阵力学的基本方程。原先在普通代数或经典力学中，$pq-qp=0$，现在原有的乘法交换律破坏了，但当用h/2πi代替0之后，又重建了一种量子力学新的对易关系：

$$\boldsymbol{pq}-\boldsymbol{qp}=\frac{h}{2\pi i}\boldsymbol{I}$$

（粗体字表示矩阵，$\boldsymbol{I}$代表单位矩阵）

新的规则由于包含普朗克常数h，因而打上了量子化的烙印。这个新的非对易关系完全是玻恩靠着他那精湛的数学功底发现的，与海森伯几乎没有任何关系，但是由于玻恩“是天底下最谦逊的人”［美国数学家维纳（N. Wiener，1894—1964）语］，后来这个等式竟然被称为“海森伯非对易关系”，实在是天下最可悲的误会！但是，海森伯也是有责任的，他本应该出来澄清，但是他却含含糊糊地听之任之，实在有些不地道。但是玻恩到底没有把这个他认为是最得意之作拱手让人，而是把这个公式刻在了他的墓碑上，让无言的墓碑去叙述这段历史。

后来玻恩的另一位助手德国物理学家约尔丹（Ernest Jordan，1902—1980），加入了合作，约尔丹因数学天才而闻名于哥廷根。玻恩十分兴奋，日夜盼望的“自洽的量子力学”已经呼之欲出了！两个月后，玻恩与约尔丹果真实现了这一目标。他们合作的论文《关于量子力学》完成于1925年9月下旬。这篇文章后来被称为“二人论文”，《转译》则被称为“一人论文”。

在《关于量子力学》一文中明确提出了矩阵力学的纲要。论文肯定，海森伯的《转译》是他们的基本出发点，海森伯所表明的物理思想透彻而深刻，因而毋须作补充，然而在数学形式上大有可改进之处，这正是玻恩与约尔丹所要做的工作。他们是这样来表白自己关于矩阵力学的研究纲领的：

……引导海森伯的思想发展的物理上的原因已被他描述得那样清楚，以致任何附加的评论都显得是多余的。但是在形式、数学方面，他的处理尚处在它的初级

玻恩的墓碑。墓碑上有 $pq-qp=\frac{h}{2\pi i}$ 的公式。

阶段：他的假设仅仅应用在简单的例子上，没有被充分地过渡到一般的理论……我们将表明，从海森伯所做的基本论证的基础出发，建立一个既与经典力学明显地密切相似，又同时维护量子现象特征的严密的量子力学数学理论，实际上是可能的。

后来，在1925年11月16日，玻恩、海森伯和约尔丹三人又合写了一篇《量子力学Ⅱ》（被称为“三人论文”），其中第一次提出了一种系统的量子理论。在这个理论中，经典的牛顿力学方程被矩阵形式的量子方程所代替。后来人们把这个理论叫作矩阵力学（matrix mechanics）。

1925年12月25日，爱因斯坦在给好友贝索的信中对这个新理论评价说：

近来最有趣的理论成就，就是海森伯-玻恩-约尔丹的量子态的理论。这是一份真正的魔术乘法表，表中用无限的行列式（矩阵）代替了笛卡儿坐标。它是极其巧妙的……

海森伯他们也自豪地宣称：这个新的量子力学已经达到了人们长期追求的目标。因为在新量子力学中，旧量子论该有的它仍然有（如定态能量与量子跃迁假说等核心假说，仍包含在新体系的基础之中），而旧量子论本不该有的（如逻辑上的不一致性）它就不再有了。毫无疑问，新量子力学是逻辑上完全自洽而在数学上更严密的形式体系。并且它在原则上允许计算任何周期或准周期体系（如原子），同时仍然与经典力学之间存在密切的相似性。

1926年3月16日，海森伯和约尔丹从哥廷根提交了一篇论文。哥廷根的“矩阵工厂”开始生产它的批量的“量子产品”了。海森伯的乐观主义与进取精神已经转入玻尔所希望的轨道。

1933年，海森伯一人获得了补发1932年的诺贝尔物理学奖，而玻恩却榜上无名。

海森伯的《转译》是20世纪最重要的几篇文章之一，有人还说它是300年来继牛顿的《自然哲学之数学原理》以后影响最深远的一篇文章。可是这篇文章写

海森伯在哥廷根大学时的照片。左边为房东和她的外甥女，右二为海森伯，右一为约尔丹。

维纳和玻恩在一起讨论着什么。

维纳。1935年8月15日，维纳携夫人和两个女儿到达清华大学，学校正式聘请维纳担任数学系教授和电机系教授，为两系高年级学生和教师开设傅里叶级数和傅里叶积分，以及数学专题讲座。

笛卡儿雕像。

得不清晰，朦朦胧胧，不干净利落，让人在惊叹他的独创性之余，又感到海森伯没有把问题看得很清楚。这说明他有天才的直觉，知道关键问题在什么地方，但是他的直觉不是用清晰的数学物理方法表示出来。所以，此后两年间还要玻恩、约尔丹、狄拉克、薛定谔［Erwin Schröding（1887—1961），1933年与狄拉克共同获得诺贝尔物理学奖］、玻尔以及他自己的努力，量子力学的整体框架才搭建完成。

这儿特别要提一下本书第7个专题将要介绍的狄拉克。狄拉克的灵感来自他对数学最高境界的“结构美”的直觉欣赏，而不是海森伯来自物理实验事实的直觉灵感。1925年，海森伯的“一人论文”还没有正式发表之前，狄拉克在这年8月底看到了海森伯这篇文章的副本。狄拉克立即一个人埋头研究海森伯的构想，并在“二人论文”和“三人论文”几乎同时，写了一些文章，得到与三人论文类似的结果。但是狄拉克的风格不仅与海森伯的大不相同，与玻恩和约尔丹的风格也不一样。狄拉克从量子力学整个理论结构出发，用简单明了的逻辑推理就自然而然地推出了几乎相同的结论。经他这样一推理，一切就清清楚楚，让人觉得一切了若指掌，通幽洞微，出神入化。

狄拉克那时23岁，还是个学生，欧洲的量子理论

位于哥廷根的普朗克研究所。

前辈几乎都不知道他。“我从没听说过狄拉克这个名字，”玻恩回忆说，“这位作者看来是个年轻人，他干得非常好，令人钦佩。”海森伯在收到狄拉克论文的几天后，就对泡利说：

狄拉克，一位跟着福勒一起工作的英国人，独立再现了我的工作的数学部分（基本上与玻恩和约尔丹的第Ⅰ部分一样）*。玻恩和约尔丹可能对此会有点沮丧，但是，无论怎样，他们是最先做出来的。我们现在可以确信这个理论是正确的。

英国物理学家狄拉克。

一次凄美的失败

大约从1950年开始，海森伯就开始集中精力研究统一场论了。在基本粒子不断被发现、每一个粒子又需要一个特定的场来加以描述的情形下，要想找到某个“基本场”来描述基本粒子的场，其难度可以说非常之大。但海森伯却不乏勇气，承担了这个令人生畏的难题。开始他打算用“自旋场”加上一些适当条件，希望以此得到各种基本粒子，如像量子力学中的量子条件可以给出原子的线光谱一样。1957年以后，由于杨振宁、李政道否定了弱相互作用中的宇称守恒的教条，物理学家对于对称原理产生了异乎寻常的兴趣。于是，海森伯也开始设想，是不是可以利用对称性来解决“统一场论”（The theory of unified field）的问题呢？

奥地利物理学家薛定谔。

所谓“统一场论”就是解决宇宙间所有各种场的理论，包括电磁场、引力场和各种基本粒子场。这是一个至今仍然没有解决的理论难题。在海森伯的回忆录《物理学及其他》一书的第19章“统一场论”中写道：

我不遗余力地探索一个决定物质场内部相互作用的场方程，如果可能的话，它应该可以描述自然界所有能够观察到的对称性。作为一种模型，我利用了β衰变相互作用的特性，因为它简单而且已被人们普遍接受，再加之有李政道、杨振宁的发现，使这个模型有可能容易确定。

杨振宁和李政道在1957年获得诺贝尔物理学奖。这张照片是他们两人获奖期间在斯德哥尔摩参观一处研究机构的实验室。

他还说过：

我们将不得不放弃德谟克利特的哲学和基本粒子的

* 即前文说的“两人论文”。——本书作者注

德谟克利特。

概念，而应当接受基本对称性的概念。

1957年下半年，研究似乎有较大的进展，海森伯发现了一个方程，似乎有希望对统一场论做出决定性贡献。下面是海森伯写下的颇为动情的回忆：

1957年秋，为了和泡利进行讨论，我在苏黎世短暂停留。泡利鼓励我努力干下去，这对我实在太需要了。在此以后几周内，我继续考察大量不同的物质内部相互作用形式，突然，我在这众多不同相互作用形式中，发现了一个具有高度对称的波动场方程，它并不比狄拉克电子运动方程更复杂……它不仅包含洛伦兹群，而且还包含同位旋群。换句话说，它好像可以说明自然界中发现的大量对称性。我把这些进展告诉泡利，他也同样非常兴奋……于是，我们决定探索这个方程能不能成为一个基本场方程，为统一场论做出贡献。

泡利对海森伯的进展十分兴奋，据海森伯说，“我从没有看到过他对物理学这么兴奋”。当然，泡利没有忘记以严格的挑剔和怀疑的态度对待新理论，而这也正是海森伯所需要的。在经过一番挑剔、怀疑之后，场方程似乎颇能经受考验，这使泡利对海森伯的场方程更加信任和更加有兴趣了。海森伯说，泡利“坚定地相信我们的场方程，其简单性和高度的对称性，使它成为独一无二的场方程，这对于基本粒子的统一场论来说必定是很好的出发点”。他们两人被这“独一无二的场方程”的魅力强烈地吸引着，相信它们有如《一千零一夜》中的阿里巴巴找到了打开宝库的咒语“芝麻，开门！”一样。

泡利兴奋时，会像小孩那样抑制不住狂喜的心情。1957年圣诞节他给海森伯的信反映了他的心情，他几乎是调皮地写道：

……对称性的分割和简化，是这个该死的问题的核心！前者是一个古代的魔鬼的属性……萧伯纳所写的一个剧本中一个主教说，“请公正地对待魔鬼”，以便让他参加我们的圣诞节。但愿这两个神圣的争论者（基督和魔鬼）能够注意到他们已经创造多少对称性了啊！……

您的非常非常诚挚的泡利

圣诞节过了不久，泡利兴奋的心情一直尚未平息，

泡利（右）和俄裔美国物理学家伽莫夫合影。泡利那种睥睨一切、高度自信的神气，和伽莫夫那种笑对人生的幽默表情，跃然于照片上。

他又在上封信发出一周后，写了一封颇具诗意的信，表达了他“希望新年将给我们带来对于基本粒子物理学更圆满的认识”。他在信中写道：

每一件事物都处于不断演变之中，因而我们对自然图景的认识也一直在变动。虽然目前尚没有什么进展，但前景肯定是无量的。没有人能准确预计会出现什么奇迹，我正在努力学习，但愿幸运伴随我。理智在指导我们，希望之花将再次为我们开放。我们必须寻找生命的小溪。啊！生命之源！我们精神之支柱！让我们在黎明之前去迎接1958年的曙光吧！……它是一条通向……未来的大道。

海森伯（左1）和他的双亲、哥哥（右1）合影于1919年第一次世界大战结束之时。

可惜，泡利在1958年初美好的祝愿和期望，就像暑热天气的雷阵雨，来得快而猛，去得也迅速而彻底。1958年初，泡利要按原先约定去美国讲学3个月。据海森伯自己说，他担心处于狂喜心情的泡利在美国遇到清醒的“美国实用主义”，会使他的热情衰退下去，影响他们开端不错的合作，因而劝泡利暂时不要去美国。但劝告没有成功。

在哥廷根时的海森伯。

海森伯的估计，不幸而言中。

泡利写信给他以前的学生，当时在哥伦比亚大学任教的吴健雄（1912—1997），请吴健雄邀请几个人，“我愿和大家讨论海森伯和我（关于统一场论）的这个理论”。原来泡利的意思是只请几个人在哥伦比亚做一场“秘密演讲”，但报告那天却来了四百多人！由此可见，美国科学家对这两位远隔重洋的德高望重的科学家是如何翘首以待。但遗憾的是等他讲完以后，不仅四百多听众大失所望，都认为他在台上胡说八道，连他自己也越讲越糊涂，几乎下不了台。当时有一位叫戴森（F. Dyson，1923—　）的物理学家说：

假如他们这两位像今天这样乱搞的话，也许我们应该回去研究研究，他们在1925年所做的工作是不是也是不对的。

20世纪60年代的海森伯。

从那次尴尬得令人脸红的演讲后，泡利几个月前几乎热到沸点的态度一下子降到了冰点。海森伯在回忆中写道：

美丽的哥伦比亚大学校园。

我们被分隔在大西洋两岸，而泡利总是隔很久才来一封信……后来，他十分突然地写给我一封使我十分惊诧的信，他说他决定从我们两人的合作中退出来，对准备发表的草案他也不算份……他给了我可以充分自由行事的权利。从此以后，我们之间的通信中断了，我一直不知道他为什么突然改变主意。

但海森伯并没有因泡利的中途退出而丧气，虽然这对他无疑是一次严重的打击。他一直对泡利的退出表示遗憾和不解。如果说因为缺乏清晰的思想，那20年代中期在比当前更混乱的情形下，不也艰难奋斗过来了吗？就海森伯自己感觉而言，这种困难的处境好像20多年前一样，给了他极大的激励。他认为他的职责应该促使他承担这一难以想象的重任。

灵感似乎不断使海森伯极为兴奋，他几乎有些无法自持。他的夫人伊丽莎白（Elisabeth Heisenberg，1914—1998）在回忆录中曾回忆道：

海森伯夫妇合影（1947年摄于哥廷根）。

在一个明月之夜，他完全为他所拥有的幻觉所激动。我们一起向海茵山走去，一路上他试图给我解释他的那些新认识。他谈到对称性的奇妙在于可以把它看作万物的原型，谈到和谐，谈到“单一”的美和它内在的真实性。这是一个历史时刻。

现在看来这并不是一个“历史时刻”，但当时海森伯非常相信自己的统一场论。这种由于确信自己“有这个运气，能在亲爱的上帝工作的时候越过他的肩膀望了一下”的兴奋心情，在1958年1月给埃迪特·库比（E. Kuby，海森伯夫人的姐姐）的信中看得十分清楚。信中他写道：

我在整整最近5年里，曾经以极大努力试图寻找一条以往从不知道的攀登原子理论中心巅峰的路。而今贴近这巅峰地方，原子理论中各种联系的整片田野忽然清楚地横贯在我眼帘下面。这些联系，在全部的数学抽象中显示出一种简单到完全不可信程度的地步，而这种简单就是柏拉图也不可能梦想得比它更美。

那时，海森伯就像猎人在接近他们的猎物时常有的那种聚精会神的紧张心情，但要想最终捕获到猎物，他当然还得像猎人那样耐心、静悄悄地接近目标……新闻记者迅速捕获了这个势必轰动世界的信息，德国很需要鼓舞人心的奇迹。于是1958年初，在海森伯的一次介绍自己最近研究进展的学术报告会后，一家报纸第二天就在一篇耸人听闻的文章中宣称：海森伯已经找到了一个可以解决所有尚未解决问题的“世界方程”。海森伯对此十分生气，但又无可奈何。他在给泡利的信中写道：

莱比锡大学。海森伯于1927—1941年在该校任教授。

1958年4月25日，海森伯（讲台旁）在普朗克100周年诞辰的庆典上讲解他那颇受争议的“宇宙公式”，银幕上是该公式的投影。

最近几天，这里的报纸引起了许多的麻烦。关于我们的工作我已经报告过几次，什么问题也没发生，前不久洪特（F. Hund，1896—1997）要求我在较正式的大学报告会上谈一谈。在报告时来了许多许多人，据后来情形看，里面肯定有记者，但我并不知道。后来这些记者发表了骇人听闻的什么"物理学的终结"之类的言论，简直是胡说八道。接着有几百个电话来询问这件事，于是我只好让我的女秘书宣布了我口授的话，我特别声称，我们的工作"给一个统一场论提出了一些新建议，它们正确与否要通过此后的研究才能决定"……我希望，你没有像我一样生这么多的气！

但泡利还是非常生气。他在看了美国报纸迅速转登的有关世界方程的消息以后，立即写了一封措辞尖锐刺人的信给海森伯，他说："我完全不同意你昨天的讲话。"

报上还报道说，海森伯认为他们的基本理论已经完成了，只是有些细节还得等此后填充进去。泡利对这一报道，更是怒不可遏，他肯定以为这是海森伯的想法，于是在信上画了一个方框框，框里空空如也，什么也没有。泡利讽刺地写道："我的画画得与著名画家琴德洛特的一样好，只不过有些细节还没有画上去。"

1958 年 7月，在日内瓦召开的国际高能物理大会

日内瓦的美丽景色。国际高能物理大会（ICHEP）1958年在日内瓦举行，现在每两年举办一次，在全世界各地流动举办。它是最高级别和最大规模的高能物理盛会。

上，海森伯正式提出了自己的理论。泡利也参加了这次会议。据参加这次会议的杨振宁回忆，海森伯一讲完，泡利立刻对他半年前还是亲密的合作者发动了毫不留情的攻击，其攻击之凶猛，令与会者惊诧万分。杨振宁写道：

这是我从来没有见到过的、两个重要的物理学家当众这样不留情地互相攻击。当时给我的印象非常深的就是海森伯对这个问题的处理方法。他非常安静。泡利越是不客气，讲话越是尖锐，海森伯就越安静。给人一种看法，似乎是泡利不太讲理。

泡利与妻子弗兰西斯卡在1945年斯德哥尔摩领诺贝尔物理学奖期间的合影。这时泡利没有以前那么胖了。

海森伯在《物理学及其他》一书中也回忆过这一件事，他写道：

在那个会议上，我被约定做一个关于有争论的场方程研究情况的报告。泡利对我的态度几乎可以说是敌对的……我认为有一些批评完全不合理，我好不容易才说服了他，使他能比较平静地和我讨论一些问题。

不久后，在1958年年底，泡利因病去世了。海森伯不仅失去了一个诤友，而且进一步的研究更表明，这一理论根本无法把所有的粒子和它们之间的四种相互作用都统一起来。于是在爱因斯坦之后一度中兴的统一场论又冷却了。在海森伯去世前18年，他孤独而艰难地探索那诱人而又无情的统一场论。

海森伯的神圣理想是了不起的，这种理想缘于海森伯从他自己的研究经历中逐渐明白，数学可以做物理学家想做而做不到的事情，许多极重要的物理理论只能从数学结构中得到。但是也许由于他没有狄拉克和杨振宁那种扎实的数学功底，对部分物理学中的数学结构的美虽然直觉地强烈感受到了，但是对物理学中的数学整体结构并不了然于心。因此，他的统一场论的梦想最终只能无果而终。杨振宁这样评价过海森伯研究方法的局限性：

> **我们将不得不放弃德谟克利特的哲学和基本粒子的概念，而应当接受基本对称性的概念。**
>
> **——海森伯**

许多人对他（海森伯）的评论是：他的最可贵之处是他知道问题在什么地方，而且对这些问题有他的直觉的见解，但是他的这种直觉的认识不是用最清晰的数学和物理的方法表示出来的。他的文章有时甚至是前后矛盾的。不过，在他的文章里确实含有一针见血的东西。

1965年夏天在一次物理学会议的合影中，海森伯（前排左4）与美国“氢弹之父”爱德华·特勒（前排左3）在讨论着什么。

为了对比，在还没有讲到狄拉克成就之前，这儿先引用杨振宁讲的关于狄拉克的“特殊风格”的一段话。杨振宁在《几位物理学家的故事》一文中写道：

狄拉克发展的方法不但不同于海森伯的方法，而且与玻恩和约尔丹的方法也不一样。狄拉克的物理学有他非常特殊的风格。他把量子力学整个的结构统统记在心中，而后用了简单、清楚的逻辑推理，经过他的讨论之后，你就觉得非这样不可。到1928年他写出了狄拉克方程式。对他的工作最好的描述是“神来之笔”。

杨振宁讲的“量子力学整个的结构”，我的理解应该是量子力学的数学结构，这从下一专题中的有关部分可以看得十分清楚。海森伯虽然也提到过“数学结构”，但是从他的研究过程来看，其实他的问题正是没有看清楚量子力学的数学结构，当然也没有看清楚这种“整个的”数学结构之美，所以在他看到狄拉克方程的文章以后，他才沮丧地说：

我一直被狄拉克的想法的不可理解的神奇所烦恼。为了避开这些烦恼，我现在不想这些问题了，转而去想一些磁铁的问题……

秋水文章不染尘
——“有魔力”的狄拉克方程

在我年轻时，狄拉克是我心目中的英雄。他突破性地开创了一种研究物理的新途径。他敢于直接猜想一个方程的形式，随后再试图对它进行解释。这个方程我们今天就称之为狄拉克方程。麦克斯韦当年却只是靠了大量的“齿轮系统”才获得了以他的名字命名的方程的……狄拉克以其电子的相对论性方程，用他的话来说，成为将量子力学与相对论嫁接到一起的第一人。

——费曼（R. Feynman，1918—1988）

狄拉克（Paul Dirac，1902—1984）

在奥地利物理学家薛定谔于1926年提出非相对论性电子运动的波动方程——薛定谔方程后不久，英国物理学家狄拉克又提出了一个相对论性的电子运动的波动方程——狄拉克方程。对于这个方程美国物理学家维尔切克（F. Wilczek，1951—　，2004年获诺贝尔物理学奖）在他的《一套魔法：狄拉克方程》一文中写道：

在物理学的所有方程中，狄拉克方程也许是最“具有魔力”的了。它是在最不受约束的情况下发现的，即受到实验的制约最少，且具有最奇特、最令人吃惊的种种结果。

2001年杨振宁在中央电视台《百家讲坛》节目中做了题为“新知识的发现”的演讲，他也特别提到狄拉克及其方程：

狄拉克一来，把费米的工作、玻尔的工作、海森伯的工作，都一下子网罗在里头。所以我曾经说，看了狄

英国物理学家狄拉克。

布里斯托尔，狄拉克出生于此地。

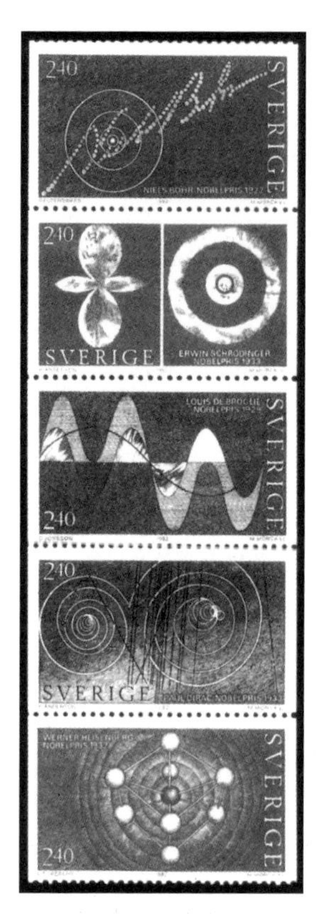

1982年瑞典发行了一套5张的“诺贝尔奖得主—原子物理学”纪念邮票。这套邮票很好地总结了量子力学兴起和发展的历史，从上到下依次纪念的是玻尔、薛定谔、德布罗意、狄拉克和海森伯。

拉克的文章以后，你就有这么一个印象，觉得凡是对的东西，他都已经讲光了，你到里头再去研究，已经研究不出来东西了。

由维尔切克和杨振宁的话，可以看出狄拉克非同一般的贡献和才能了。但这样一位伟大的天才却有着非常不幸的童年。

狄拉克青少年时期

一切都起因于他的父亲查尔斯·狄拉克（Charles Dirac）的特殊性格和教育方式，它们影响了狄拉克一生。他的父亲是一个身体壮实、固执己见、专横跋扈的家长，在布里斯托尔商业技术学院教法语。父亲厌恶社交，因此把整个家庭管制得像一座牢狱一般，不准家庭任何成员与外界“过多的”接触。狄拉克后来多次抱怨他父亲，不该把他控制在一个冷酷、沉寂和孤立的环境里。他曾对《量子物理学史》的作者梅拉（J. Mehra）说：“命中注定我只能是一个性格内向的人。”1962年他对科学哲学家库恩说：“在那些日子里，我从不与任何人讲话，除非别人对我说话。我是一个性格十分内向的人，因此，我把我的时间都用在对大自然问题的思考上。”

1962年他在接受访谈中还说：

> 实际上在我童年、少年时期一点社交活动也没有……我父亲立下了这样一个家规：只允许用法语讲话……由于我不能用英语讲话，因此，那时我就得十分沉默寡言。

英国皇家学会。

狄拉克很少和男孩一起游戏、玩耍，更不用说与女孩交往了。他无法抗拒父亲的专制作风，幸亏他对数学和物理学的领悟能力很强，这使他能以宗教般的热忱沉醉于数学和物理学的大美之中，使孤寂冷清的日子有了一些令人神往的色彩。随着年龄的增长，狄拉克潜意识中对他的父亲感到憎恶，不希望与父亲有任何接触。

1936年他父亲去世时，他没有感到伤心，在给妻子的信中甚至写道："我现在感到自由多了。"

1918年，16岁的狄拉克进入布里斯托尔大学（University of Bristol）工学院。这时他的人生道路已经开始，但他还没有想好应该怎么走。他并不是因为想成为一名工程师而进工学院，实际上他喜欢的是数学，这是他唯一喜爱的学科。在枯燥的工科学习期间，发生了一件当时震惊世界的科学事件，改变了狄拉克的一生。

布里斯托尔大学。

1919年11月6日，英国皇家学会和皇家天文学会召开联合会议，公布爱丁顿和戴森在当年5月底的日食考察中，证实了爱因斯坦广义相对论所做的预言，使诞生了14年之久的相对论，从默默无闻一下子变成了媒体头版头条的新闻，炒得几乎家喻户晓。原来不知道相对论的狄拉克，迅即迷上了相对论。他在1977写的《激动人心的年代》一文中回忆说：

要看出产生这个巨大影响的原因是很容易的。我们刚刚经历过一场可怕的、十分残酷的战争……每个人都想忘记它。那时，相对论作为一种通向新的思想境界的奇妙的想法出现了。这是对过去发生的战争的一种忘却……那时，我是布里斯托尔大学的一名学生，当然，我也被卷进由相对论激起的浪潮当中。

自从1919年底开始，狄拉克就一直痴迷于相对论，并很快深入学习下去。他最先自学的是爱丁顿1920年出版的《空间、时间与引力》（*Space, Time and Gravitation*），从此他对理论物理学的热情就再也不曾衰减过。

1921年狄拉克毕业以后，正好遇上战后英国经济萧条，失业率居高不下，他找不到合适的工作，只好又回到布里斯托尔大学专攻了两年数学。这时，狄拉克杰出的数学才能被数学教授费雷舍（P. Fraser）发现。1923年，在一份奖学金的资助和费雷舍的推荐下，狄拉克来到了他仰慕已久的剑桥大学。

剑桥大学的圣约翰学院。狄拉克曾经在这所学院当研究生。

剑桥大学的研究生

剑桥大学是狄拉克生命历程中最重要的地方。正是在这儿，他才被造就成为一位著名的物理学家，成为继牛顿、麦克斯韦之后的又一代宗师。

在剑桥大学，福勒（R. H. Fowler，1889—1944）被指定为狄拉克的导师。开始，狄拉克对福勒成为他导师感到失望。原因有二：一是福勒是著名学者，经常去国外开会，研究生要想找到他至少得碰上五六次壁；二是福勒是剑桥大学唯一一个紧跟量子理论最新发展的物理学家。而1923年夏天，狄拉克对量子理论知道得很少，而且开始的时候他还觉得这个领域的研究远不及他知道得较多的电动力学和相对论有趣。

但是，既然已经成为福勒的研究生，他也不得不硬着头皮学习原子理论和正在兴起的量子理论。幸好不久他就发现，量子理论很有吸引力。在回忆中他说：

福勒向我介绍了一个十分有趣的领域，这就是卢瑟福、玻尔和索末菲的原子理论。我先前从来没有听说过玻尔的理论，它使我大开眼界。令我十分惊讶的是，在原子理论里居然也可以应用经典电动力学方程。在这之前，我认为原子是一个完全假想的事物，而今天已经有人开始研究原子结构的方程式了。

1923年在英国利物浦的一次会议。后排左三为C. G. 达尔文，右三为福勒，右二为克拉默斯；前排左一为洛奇，右三为玻尔。

在剑桥大学，狄拉克很快发现自己在布里斯托尔大学获得的知识存在很大的缺陷，他立即奋起直追，开始阅读和研究当时刊登量子理论最多和最重要文章的德国《物理学杂志》，以及索末菲的权威性著作《原子结构和光谱线》。

在一年时间里，狄拉克迅速掌握了当时所有的量子理论。特别应该注意到的是，狄拉克除了努力掌握量子

美丽而宁静的剑桥，是学者沉思遐想的好去处，也是狄拉克周末最喜欢流连的地方。这里曾培养了牛顿、培根、麦克斯韦等一大批伟大的科学家。

力学的知识以外，并没有放松对经典力学和相对论的学习。通过学习惠特克（E. Whittaker，1935—2007）的《粒子和刚体的分析动力学》，他掌握了哈密顿（W. R. Hamilton，1805—1865）动力学和一般变换理论。对这两个理论的精通，使他以后在量子力学的研究中迅速成为领军人物。他还研究了爱丁顿的新著《相对论的数学原理》（*The Mathematical Theory of Relativity*），进一步掌握了相对论的精髓，这对其日后发展量子力学也起了关键作用。

这时，他像一艘待发的军舰，时刻准备冲向科学发现的海洋！

英国物理学家莫脱（N. F. Mott，1905—1996，1977年获得诺贝尔物理学奖）在自传《为科学的一生》（*A Life in Science*，1986）中曾说："在剑桥大学读物理专业的学生是一件孤独得可怕的事情。"但对于从小习惯孤独的狄拉克来说，他一点也不觉得孤独，他甚至有如鱼得水之乐。他在回忆中写道：

那时，我还只是名研究生，除了搞研究以外没有别的什么职责，我集中全部精力于更好地理解物理学当时所面临的问题。和当前的大学生一样，我对政治一点儿兴趣也没有，我完全投身于科学工作之中，日复

资料链接

卡皮查（P. L. Kapitza,1894—1984）在剑桥组织"卡皮查俱乐部"，与会者介绍自己的研究工作，从1922年10月17日开始第一次会议，对推动剑桥物理学的发展起了不小的作用。像玻尔、埃伦菲斯特、普朗克、海森伯、狄拉克等人，都是其中做报告的主角。

一日，从不中辍，只有星期天我才放松一下。如果天气好的话，我就独自一人到乡间走一走。散步的目的是在一周的紧张学习之后休息一下，也许还想为下星期一的研究考虑一个新的看法。但是这些散步的主要目的是休息，就是有问题我也会把它们置诸脑后，有意识地不去思考。

1924年3月，在狄拉克到剑桥大学半年之后，他开始发表论文，他的第一篇论文发表在《剑桥哲学学会学报》上，从此就一发不可收拾，到1925年底已发表了7篇文章，内容有相对论、量子论和统计力学的，这充分说明他已经具有了很强的研究能力。事实上他在1925年就开始引起剑桥内外物理学家们的关注。福勒曾经不无骄傲地对C. G. 达尔文（C. G. Darwin，1887—1962）说："狄拉克是我的一名天才学生。"

到了1925年夏天，狄拉克在剑桥已经被普遍认为是一位有前途的理论物理学家，但在英国之外，他还不为人知。机会很快就来了，在接下来的一年里，他迅速成为广为世人所知的大师级物理学家了。

年轻时的狄拉克在课堂上。

初显身手，气象不凡

1925年7月28日，海森伯到剑桥大学"卡皮查俱乐部"作了一次演讲，题目是"光谱项动物学和塞曼植物学"（Term-zoology and Zeeman-botany）。在演讲中海森伯介绍了他刚发现不久的推导光谱规则的新方法。这种方法上一节已经介绍过，即后来被玻恩、约尔丹弄清楚的矩阵力学和不对易规则。

狄拉克那天有事没有听到海森伯的演讲，幸亏福勒去听了，而且8月底福勒还收到海森伯论文的副本，他看了以后立即寄给了狄拉克，并叮嘱他仔细研究这篇令人惊讶的文章。那时狄拉克正在布里斯托尔与父母一起度暑假。

狄拉克立即认真阅读和研究了海森伯的论文。他迅即明白，海森伯创建了研究原子的一个革命性方法。接着，他进一步深研论文中蕴含的物理思想，发现海森伯的思想不清晰，表述也因此复杂而难于让人理解，而且海森伯还没有考虑到相对论。狄拉克深入研习过分析力学和相对论，他觉得如果在哈密顿的变换理论中表述海森伯思想，不仅可以使思想脉络一清二楚，而且还可以与相对论相符。他在回忆中曾经写道：

两个物理量当它们以一种顺序相乘时，与另一种顺序相乘的结果居然不同，这令人无法想象。这使海森伯感到十分困扰。他担心这是他的理论中的一个根本瑕疵，可能使整个美丽的思想被迫放弃。

海森伯的第一篇文章发表前不久，我收到副本，我对它作了一些研究，在一周或两周之间我明白了，非对易是海森伯新理论中最关键的特性。这一点确实非常重要，比海森伯用那些与实验结果紧密相关的数据来建立理论的思想还要重要。所以我集中精力思考非对易思想，并试图弄清楚人们一直习用的普通动力学应该如何修正，以便容纳非对易关系。

在这儿你可以看出，我比海森伯有优势，我没有他的那种恐惧。*

蓝天白云，绿草黄花，清新的空气，远方起伏的山坡……种种自然的美景，都是灵感的源泉。狄拉克也许在变幻莫测的白云中看到了泊松括号？

暑假结束后，狄拉克回到剑桥，继续思考海森伯论文中出现的奇怪的非对易动力学变量（时间、位置、能量等等）。他作过一次尝试，但没有成功。在10月的一次散步中，他灵感突现，打开了不可对易量奥秘的钥匙。在1977年的《激动人心的年代》一文中他写道：

就是在1925年10月的一个星期天的散步中，尽管我想要休息一下，但我还是老想着这个$xy-yx$，我想到泊松括号（Poisson brackets）。我记起了以前我在高等力学书籍中研读过的这些奇怪的量，即泊松括号，根据我能回忆起的内容，两个量x、y的泊松括号与对易子$xy-yx$看起来十分相似。我想，这个想法先是闪现了一下，它无疑带来了一些激动，然后自然又出现了反应："不对，这可能错了。"我不大记得泊松括号的精确公式，只有一些模糊的记忆。但这里可能会有一些激动人心的

---

*引文中着重号是笔者加上去的，其目的是为了引起读者重视狄拉克一贯重视数学结构美的思想，他从不重视实验数据。——作者注

东西，我认为，我也许领悟了某一重大的新观念。这实在是令人焦躁不安。我迫切需要复习一下泊松括号的知识，特别是要找出泊松括号的确切定义。但是那时我正在乡下，没有书可查，所以我必须马上赶回家去查看我能找到的关于泊松括号的资料。我仔细查阅了我听各种讲演时所做的笔记，但其中竟没有一处提到泊松括号。我家里有的教科书都太粗浅了，不可能提到它。我真是什么也不能干，因为那是星期日的傍晚，图书馆全都闭馆了。我只好迫不及待地熬过那一夜，不知道这一想法是否真好。但我仍然认为我的信心在那一夜间逐渐增长了。第二天清晨，一家图书馆刚开门，我就赶紧进去了。在惠特克的《粒子和刚体的分析动力学》中，我查到了泊松括号，发现它们正是我所需要的。

20世纪30年代，狄拉克与海森伯在剑桥。

狄拉克很快推出泊松括号与海森伯的乘积有如下关系：

$$(xy-yx)=\frac{\mathrm{ih}}{2\pi}[x, y]$$

上式左端是海森伯乘积（$xy-yx\neq 0$），右端 $[x, y]$ 即泊松括号。有了这一重要发现，狄拉克立即写出论文《量子力学的基本方程》（*The Fundamental Equation of Quantum Mechanics*）。《皇家学会会报》在11月7日的一期迅速发表了他的文章，从收到到发表只用了三周时间，可见编辑部和福勒深知这篇文章的重要性。事实上，狄拉克的这篇文章不仅使他一下子名声大振，而且它也成为现代物理学经典文献之一。

有了狄拉克推导出的方程，他可以用它推导出一个令人满意的、符合玻尔氢原子理论的定态定义，还能推导出1913年玻尔给出的频率公式

$$E_m-E_n=\mathrm{h}\nu$$

我们还记得，玻尔在他的理论中，定义和公式都是作为假设人为地提出的，而在狄拉克的新方程中，却可以由方程自然推导出来。这确实是了不起的成就，所以狄拉克也十分满意。他把论文的副本寄了一份给海森伯。海森伯回信称赞了狄拉克的文章“非常漂亮”，但也告诉了一个让狄拉克非常失望的消息，原来他得到的公式已被海森伯、约尔丹和玻恩先发现了。海森伯在1925年11月20日写给狄拉克的信中安慰道：

我现在希望您不要为此事而感到不安，因为您的部分结论在前些时候已经在这儿发现了，并且在两篇论文中独立地发表了:一篇是玻恩和约尔丹写的，另一篇是玻恩、约尔丹和我合写的。然而，您的结果绝不是不重要的。一方面，您的结果，特别是关于微分的一般定义及量子条件与泊松括号的联系，考虑得比我们深远；另一方面，您的文章也的确比我们给出的表述更好、更精练。

虽然这件事让狄拉克感到有一些失望，但令他感到满意的是，事实证明量子力学可以按照他强调的数学美思路独立地发展，而且他相信他的方法更适合量子力学进一步的发展。荷兰物理学家克拉默斯意识到：狄拉克的结论是更有成效的。

就因为这一篇文章，狄拉克在物理学界的名声很快就大幅提升，被认为是奠定新量子力学的专家。他经常到“卡皮查俱乐部”发表学术演讲。在随后的一年里，他已成为物理学界的明星。如果我们还记得，1925年狄拉克才23岁，还是一位在读研究生，欧洲大陆的量子理论前辈几乎都不知道他。

1926年5月，狄拉克获得博士学位并留在剑桥大学任教。

英文版《薛定谔传》封面。

第一个意想不到的礼物——自旋

正是在此期间，量子力学研究领域发生了一件大事，奥地利维也纳大学的薛定谔按照德布罗意电子是一种波的思想，提出了自由电子的波动方程，即薛定谔方程。

狄拉克可能是1926年3月中旬第一次听说薛定谔方程的，那时德国物理学家索末菲在剑桥大学访问。4月9日，海森伯写了一封信给狄拉克，想知道狄拉克对薛定谔方程有什么看法：

几周以前，薛定谔发表了一篇

维也纳大学。

文章……您认为薛定谔对氢原子的处理方法究竟与量子力学有多大关系？我对这些数学问题很有兴趣，因为我相信这个理论将有巨大的物理意义。

海森伯信中说的“量子力学”还只是指他发现的“矩阵力学”，还不知道薛定谔方程后来成了量子力学基本方程。狄拉克早在1925年夏天就赞成德布罗意的物质波理论，并且证明这个理论与爱因斯坦光量子理论等价，但是当时狄拉克太专注于海森伯的矩阵理论，没有想到把物质波理论发展成量子力学的理论；薛定谔的理论发表后，他也没有认为它值得深究。狄拉克在回忆中曾写道：

起初我对它（薛定谔的理论）有点敌意……为什么还要倒退到没有量子力学的海森伯以前的时期，并重建量子力学呢？我对于这种必须走回头路，或许还得放弃新力学最近取得的所有进步而重新开始的想法，深感不满。一开始我对薛定谔的思想肯定怀有敌意，这种敌意持续了相当一段时间。

形象有趣的“薛定谔猫”。

后来，泡利和薛定谔先后证明薛定谔的波动力学和海森伯的量子力学（矩阵力学）在数学上是等价的。之后，狄拉克对薛定谔理论的“敌意”立即消失了，并意识到在计算方面波动力学在许多情况下更为优越。他还发现波动力学正合他的需要，可以和他熟悉的分析力学、相对论力学一起使用。因此，他立即开始紧张地研究薛定谔的理论，并很快就掌握了它。

资料链接

1935年薛定谔写下了《量子力学的现状》一文，在这篇文章中出现了著名的薛定谔猫的悖论，这是科学史上的一个著名的思想实验。如何解释和理解量子力学的成果是学界，尤其是科学哲学上的热门话题。爱因斯坦和玻尔为之争论了一辈子，“薛定谔猫”则被爱因斯坦认为是最好的揭示了量子力学的通用解释的悖谬性。

我们知道，狄拉克一直钟情于相对论，深知相对论方程里时空融合在一起，在洛伦兹变换下应该是协变的。但薛定谔方程中时间和空间扮演截然不同的角色，所以它的非相对论性是固有的、明显的。

薛定谔并不是不知道这一点，他明白相对论的考虑至关紧要。最初他导出的就是一个相对论性的方程，但他没有发表，因为这个方程所导出的精确氢原子光谱与实验测定值不符。为此他沮丧了几个月，后来他放弃了相对论性波动方程，得到了一个与实验值相符的非相对论性波动方程（即薛定谔方程），他将其公布于世，并因此声名大噪，还在1933年为此获得了诺贝尔奖。薛定谔后来向狄拉克谈到了他的这一经历，狄拉克在《激动人心的年代》一文中记录下来：

薛定谔深感失望。（他的第一个相对论性方程）这么漂亮，这么成功，就是不能运用于实践中。薛定谔该怎么面对这种情况？他告诉我，他很不开心，把这事放下了几个月……对于放弃第一个相对论性方程，他一下子还下不了决心。

在另一篇回忆文章中，狄拉克还写道：

德布罗意的思想原来只用于自由电子，薛定谔面对的情形是要修正德布罗意的方程，使它可以用到在场中运动的电子，尤其是原子中的电子。为此，他研究了一段时间并得到一个非常简洁、美丽的方程。从一般观点看来它应该是正确的。

当然，这需要应用这个方程，看它在实践中能否实用。他把这个方程用于氢原子电子，解出了氢光谱。但他得到的结果与实验不符，他十分失望……他对我说，他在几个月时间中停止了这项研究工作。过了一些时，他从失望中振作起来，又回到这一研究，发现如果把原来的想法不要求那么精确，即不考虑电子的相对性运动，他的理论居然与观测一致。

华裔美国物理学家黄克孙教授在他写的《规范场的故事》（*The Story of Gauge Field*）一书中，也谈到了这件事情，他写道：

薛定谔原来的与实验数值不相符合的“美丽的”方程，是基于相对论的协变性。而其简化后的版本，即我们熟知的薛定谔方程成功了，是因为它与非相对论性近似。量子论和相对论的结合，引出了不容易解决的深层问题。

现在已经弄清楚，薛定谔原来的方程［现在被称为克莱因-戈登方程（Klein-Gordon equation）］，是自旋为零的粒子场理论。

狄拉克认为，薛定谔本应该坚持他那漂亮的相对论性理论，不用太多地考虑它和实验的不一致。狄拉克的这一思想成为他“数学美原理”的基石。

1926年底，电子自旋和相对论有着密切联系得到了

陈列在维也纳大学主楼里的薛定谔雕像。

薛定谔的墓碑。

量子力学中著名的薛定谔方程，它揭示了微观世界中物质运动的基本规律。

1927年索尔维会议休会期间，克拉默斯（前左）和爱因斯坦在一起。

普遍的承认，但自旋、相对论和量子力学三者间如何自洽地统一到一个理论之中，人们观点很不一致。在薛定谔方程里，自旋只能作为一个假设置入其中，方程本身没有这个解。这显然不能令人满意。

狄拉克有强烈的信心，认为自旋问题不足虑，用不了多久就会被弄清楚。十分有趣的是，1926年12月，当狄拉克在哥本哈根访问时，他与海森伯就什么时候能正确解释自旋还打了一个赌。1927年2月海森伯在给泡利的信中写道：

我和狄拉克打了一个赌，我认为自旋现象就像原子结构一样，至少还要3年时间才能被弄清楚。但狄拉克却认为将在3个月里（从12月初算起）肯定可以了解自旋。

更有趣的是，一直不相信电子有自旋的泡利本人，差不多在同时与克拉默斯打赌："不可能构造一个相对论性自旋量子理论。"

狄拉克在与海森伯打赌了以后，开始研究电子自旋问题，与此同时，他也在潜心寻找一个相对论性波动方程。但应该指出，他也并没有把这个方程与自旋联系在一起。

海森伯与狄拉克的打赌，各对一半。狄拉克在3个月里没有弄清楚自旋，但在两年后（而不是三年）就意外地弄清楚了，而且是在他提出相对论波动方程以后由方程自动提供的！泡利的打赌则完全以失败告终。

1927年10月的索尔维会议，狄拉克受到邀请，这说明他已经成为世界顶级物理学家之一。在会议期间，狄拉克向玻尔提到了他对相对论性波动方程的看法。哪知玻尔回答说，这个问题已经被克莱因（O. Klein，1894—1977）和戈登（W. Gordon，1893—1939）解决了。狄拉克本想向玻尔解释，他对克莱因-戈登的方程并不满意，但会议开始，他们的谈话中止。此后，他也没有再和玻尔进一步深谈。狄拉克是一位腼腆少言的人，而且厌恶争论。他只是认为：

这件事使我看清了这样的事实：一个根本背离量子力学某些基本定律的理论，很多物理学家却对它十分满

瑞典理论物理学家克莱因。

意……这和我的看法完全不同。

从布鲁塞尔的索尔维会议回到剑桥以后，狄拉克撇开其他问题，专注于研究相对性电子理论。令所有人惊讶的是，两个月内整个问题全都解决了。1927年圣诞节前几天，C. G. 达尔文到剑桥时得知狄拉克的新方程，在12月26日写信告诉玻尔：

前几天我去剑桥见到了狄拉克，他现在得到了一个全新的电子方程，它们很自然地包含了自旋，好像就那样自然而然地得到了。

狄拉克就像发现X射线的伦琴一样，通常独自一人工作，所以他如何工作几乎是一个秘密而不为人知。英国物理学家莫特在《回忆保罗·狄拉克》一文中写道：

狄拉克的所有发现对我来说，都来得很突然，它们仿佛在那儿等着他去发现。我从来没有听见他谈到它们，它们简直就是从天而降！

狄拉克的划时代的论文《电子的量子理论》（*The quantum theory of electron*）于1928年分两部分发表于《皇家学会会报》的1月和2月号上。文中的电子相对性波动方程就是鼎鼎大名的狄拉克方程：

$$\left(\mathrm{i}\gamma_\mu\partial_\mu-\frac{mc}{\hbar}\right)\psi=0$$

式中ψ为波函数。狄拉克方程是建立在一般原理之上的方程，而不是建立在任何特殊电子模型之上。当泡利、薛定谔等人热衷于复杂的电子模型时，狄拉克却对这些模型嗤之以鼻，一点兴趣也没有。结果他的方程带来了丰富的成果，其中有一些是完全没有意料到的。首先，这个方程自然而然地得到自旋，而他事先根本没有考虑自旋；其次，他的新方程得到了氢谱线精细结构的修正值，而这正是德布罗意和薛定谔无法做到的；最后，也是更令人惊讶的是，狄拉克由新方程预言了一个新的基本粒子（正电子）的存在，而且1932年居然被安德森（C. D. Anderson，1905—1991）在实验中找到了这个新粒子。

没有事先引进自旋，就能够得到正确的自旋解，这是一个伟大而又没有意料到的胜利，连狄拉克自己都颇为震惊。

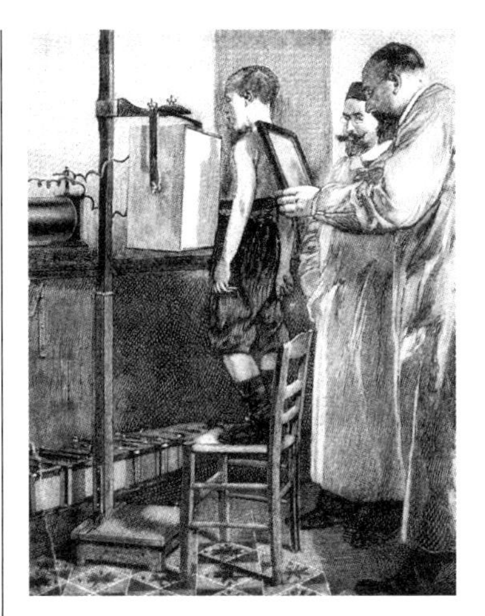

伦琴射线使肺结核的早期诊断成为可能。（着色木版画，1900年前后）

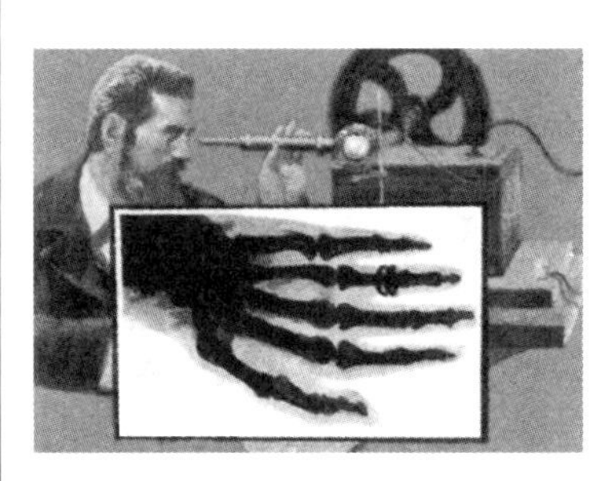

这张邮票展示了伦琴用X光拍摄的夫人的手。

资料链接

我对于把电子的自旋引进波动方程不感兴趣，我根本没有考虑这个问题……其原因是，我主要的兴趣是要得到与一般物理解释以及变换理论相一致的一个相对论性的理论……稍后，我发现最简单的解就包含有自旋，这使我大为震惊。

——狄拉克

玻尔（左）、海森伯（中）和狄拉克在诺贝尔获奖者聚会上（摄于1962年6月）。

狄拉克的文章《电子的量子理论》是他对物理学做出的最大贡献。

约尔丹说：

要是我得到了那个方程该多好啊！不过，它的推导是那么漂亮，方程是那么简明，有了它我们当然高兴。

曾与玻恩一起工作的罗森菲尔德说：

（自旋的推演）被认为是一个奇迹。普遍的感觉是狄拉克已经得到的比他应该得到的还要多！要是像他那样搞物理，就无事可做了！狄拉克方程真的可以看作是一个绝对的奇迹。

被称为"非同一般的天才"的费曼（R. Feynman，1918—1988）也曾经心悦诚服地说：

在我年轻时，狄拉克是我心目中的英雄。他突破性地开创了一种研究物理的新途径。他敢于直接猜想一个方程的形式，随后再试图对它进行解释。这个方程我们今天就称之为狄拉克方程。麦克斯韦当年却只是靠了大量的"齿轮系统"才获得了以他的名字命名的方程的……狄拉克以其电子的相对论性方程，用他的话来说，成为将量子力学与相对论嫁接到一起的第一人。

连一向年轻气盛的海森伯也曾对他的学生外扎克（C. F. von Weiszäcker）说："那个叫狄拉克的年轻英国人是那样的聪明，根本无法与他竞争。"

到了20世纪30年代，狄拉克方程已经成为现代物理学的基石之一，标志着量子理论的一个新纪元的到来。它无可争议的地位并不在于在实验上它一再被证实，而是在于它在理论上巨大的美学价值、威力和涵盖范围。

资料链接

杨振宁曾经在《美与物理学》一文中惊叹地说：

"这个简单的方程式是惊天动地的成就，是划时代的里程碑：它对原子结构及分子结构都给予了新的层面和新的极准确的了解。没有这个方程，就没有今天的原子、分子物理学与化学。没有狄拉克引进的观念，就不会有今天医院里通用的核磁共振成像（MRI）技术，不过此项技术实在只是狄拉克方程的一项极小的应用。"

狄拉克方程"无中生有、石破天惊"地指出为什么电子有"自旋"（spin），而且为什么"自旋角动量"是1/2而不是整数。初次了解此中奥妙的人都无法不惊叹其为"神来之笔"，是别人无法想到的妙算。当时最负盛名的海森伯看了狄拉克的文章，无法了解狄拉克怎么会想出此神来之笔，于1928年5月3日给泡利写了一封信描述了他的烦恼："为了不持续地被狄拉克所烦扰，我换了一个题目做，得到了一些成果。"

第二个意想不到的礼物——反粒子

在科学史上常常出现这种奇迹，即科学家发现的方程总是比其发现者本人还要聪明和神奇一些。例如，薛定谔方程比薛定谔还要聪明，薛定谔从他的"薛定谔方程"得到一个波函数ψ，但是他却怎么也不懂得这个波函数是什么；直到玻恩才看出端倪，指出这个神秘的波函数原来是表示一种概率。现在，狄拉克方程比起薛定谔方程更加神奇和惊人，狄拉克方程不仅自动出现电子自旋，解决了电子自旋的奥秘，让狄拉克自己都“大为震惊”，而且还石破天惊地预言了反粒子（anti-particle）的存在。这后者就不只是让狄拉克“大为震惊”，而是让全世界科学家都惊讶得目瞪口呆了！

原来，狄拉克为了让他的方程适合能量和动量的相对论关系时，他发现方程中的γ_μ应该有一个4×4的矩阵，这样波函数ψ就必须具有4个分量，也就是说它包含4个分离的波函数ψ_1、ψ_2、ψ_3、ψ_4来描述电子。其中两个分量ψ_1、ψ_2成功地解释了电子的自旋，另外两个分量该怎么办呢？开始狄拉克觉得事情有一些不大好办。因为要想解决另外两个分量，似乎电子的能量除了可以取正值以外，还应该可以取负值。

电子能量取负值？这未免也太荒谬了吧！负能量是什么意思？当时的人们从来没有听过和想过什么负能量。

那么，也许可以抛弃狄拉克方程中这个“极其荒谬”的解？现在的中学生都知道，当解方程得出一个不合理的负值时，比如求多少人参加什么活动，结果得出负值，便会毫不犹豫地把这个负值作为“增根”舍去。同理，求能量E时得出下面的解：

$$E=\pm\sqrt{p^2c^2+m^2c^4}\text{。}$$

一般人会因为能量不能为负值，而毫不犹豫地将负值作为“增根”舍去。

现在狄拉克也算到这儿来了，他也想将这负值舍去，但他立即发觉不能去掉这个负值，因为他的方程满足相对论性的协变性，负值对于全面描述电子的行为有重要的作用。狄拉克当然知道，承认了有负能量的粒子，将会给物理学带来多么巨大的困难！电子的能量是负的，因而根据爱因斯坦的质能相互联系的公式，它的质量也应该为负。质量为负的粒子，在力的作用下就会向与力相反的方向加速运动。例如，如果用负能量的子弹射击，子弹不但不会像通常那样射向前方，反而向后射向发射者，这岂不要了射击者的命！

不仅这种负能态的电子无人观察到过，更为严重的

狄拉克（左）和费曼在1963年在波兰华沙召开的引力理论国际会议上进行深入讨论。狄拉克总是沉静地听，而费曼永远手舞足蹈地说。

No Ordinary Genius: Richard Feynman 一书的封面。

一般来说，科学家都慎用天才一词，但是大多数人会把它用在20世纪两位物理学家身上，那就是爱因斯坦和费曼。

奥本海默，他曾领导美国研制原子弹的“曼哈顿计划”。

是，它将导致原子的不稳定，从而使一切物质都变得不稳定了。这个负能的困难给了狄拉克极大的困扰，使他在一段时间里对此未置一言。

难道也像薛定谔那样，抛弃这个如此美丽的方程去迁就已有的经验事实？狄拉克不愿意，他相信他的方程既然满足相对论性的协变性，一定既美丽又真实。他毅然选择“美即真”的导向原则，没有回避负能量存在带来的困难，而是迎难而上，研究如何解释负能量的物理意义。

经过一年多的艰难思索，1929年12月6日，狄拉克第一篇关于负能粒子的论文《电子和质子的一个理论》（*A theory of electrons and protons*）在《剑桥哲学年刊》上发表。在这篇文章里，他认为方程中所需要的新粒子就是带正电的质子。这期间有许多思想上的斗争，多年后狄拉克在《量子场论的起源》（*The origin of quantum field theory*）一文中比较详细地回顾了当年的思想，文虽然比较长，我仍然觉得很有必要引用如下：

狄拉克（中）和奥本海默（左）、派斯。

（新粒子）与普通的电子之间似乎应该是对称的，但是当时所知道的带正电荷的粒子就只有质子，所以认为这种空穴似乎就是质子。我缺乏提出一个新粒子的勇气。应该说，那个时候有充足的理由认为只有两种粒子，两种基本的带电的粒子——电子和质子。电量也正好有两种，正电与负电，对每一种电荷人们需要有一种相应粒子。那时舆论是非常反对提出新粒子的思想的，我真不敢这样做；因此把我的想法以电子与质子的一种理论予以发表，而且我认为电子与质子质量上的差异可能是由于电子间的相互作用以某种方式产生的。不过我认识到这样解释困难很大，因为两者间的质量相差实在是太大了。我很快就受到了别的物理学家的抨击，理由是这种新粒子的质量与普通电子的质量不可能有这么大的差别。最明确出来反对的人是赫尔曼·外尔（H. Weyl, 1885—1955），他实质上是数学家，不会受到物理现实

美国物理学家安德森正在做实验。由于他在宇宙射线中发现了正电子，1936年获得诺贝尔物理学奖。

的太大干扰，但却会深受数学对称的主导。他直截了当地说，由这些新粒子必然与电子有相同的质量，而我也改变了原来的看法，同意这个观点。我们都知道后来的结果。新粒子被称为反电子，随后在实验中发现了。最早做出发现的是卡尔·安德森（C. Andesson），这是我们为此要感谢的主要物理学家。这个负能问题就这样解决了。

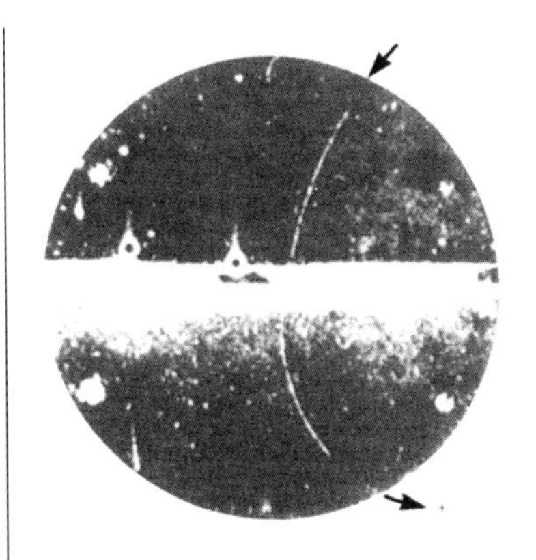

安德森首次拍摄到的正电子轨迹的照片。从粒子飞行的径迹可以判断这个粒子是一个带正电的电子。

狄拉克把这个“新的基本粒子”开始时称为“反电子”（anti-electron），它的质量、电量、自旋等一切属性都与电子完全一样，但却带有同量的正电荷。现在人们都称这个反电子为“正电子”（positron），我们此后一般也称之为正电子，虽然这个名称并不十分合适，因为按照字面应该译为“正子”，但也只能约定俗成随大流了。

正电子是人们发现的反粒子世界中的第一个反粒子。有了正电子的存在，就可以合理地解释狄拉克方程中出现的4个分量。也可以这样说，量子力学与相对论结合起来所必需的关键思想是存在反粒子。

狄拉克方程给我们带来的东西实在太多了，预言了新的真空图像，预言了一个新粒子的存在，还预言了两个新的基本过程：电子-正电子对的产生和湮灭的过程。后来人们（包括狄拉克自己）都说：“这个方程比他本人更聪明”。

著名的物理学家韦斯科夫（V. Weisskopf，1908—2002）在回顾这一段历史时曾经这样写道：

对早年从狄拉克方程得出的所有这些新的认识在人们心中产生的激动、猜疑和热情，今天的人是很难体会到的。狄拉克方程中蕴藏有大量的东西，这比作者在1928年写下这个方程时所设想的要多。狄拉克自己在一次谈话中就指出，他的方程比这个方程的作者要更有智慧。不过，我们应补充一句，找出这些新认识的正是狄拉克本人。

资料链接

然而，狄拉克方程被负能量态的困难所困扰。基于对美的形式的特有的信仰，狄拉克大胆地进一步提出了无穷大电子海的思想，这个概念改变了物理学家对于真空的真实结构的理解。如果你以为狄拉克曾很容易地使其他科学家信服他的大胆思想，那就错了。他没能这样，他遭到了许多杰出的科学家的反对，其中包括玻尔、泡利、朗道（Landau）和佩尔斯（Pierls）。

慢慢地，这些反对消散了。实验中正电子的发现，电子对的产生和湮灭的发现……所有这些发现导致狄拉克理论被普遍接受，随着电荷共轭不变的公式化、兰姆移动和电子反常磁矩及重整化理论的发现，狄拉克理论成为物理学永恒的一部分。

杨振宁. 曙光集. p.59—60.

外尔（左二）与爱因斯坦等人合影。

云室里在强磁场作用下，正负电子对的运动轨迹呈螺旋形。开端处呈V字形。

奥地利裔美国物理学家韦斯科夫。

荣获诺贝尔物理学奖

1933年，薛定谔和狄拉克因为“创立有效的、新形式的原子理论”获得该年度诺贝尔奖。海森伯在1933年也获得1932年诺贝尔物理学奖，结果三个人同时到达斯德哥尔摩火车站，留下了珍贵的照片。那时狄拉克还没有结婚，由他妈妈陪同到斯德哥尔摩领奖。本来诺贝尔奖委员会允许他邀请他的父母参加，但他不希望父亲一起去。他没有忘记他童年所受的伤害，尽可能少和父亲联系。

瑞典皇家科学院普雷叶教授在颁奖词中说：

狄拉克从最普通的条件出发，建立了波动力学，从一开始就提出满足相对论要求的条件。从问题的这一普遍阐述看，以前由于考虑到实验事实而作为假设被引入理论的电子自旋，现在成为狄拉克普遍理论的一个结果。*

接着普雷叶教授谈到狄拉克方程预言正电子的存在和其重大意义。

薛定谔在诺贝尔奖演讲中作了《波动力学的基本思想》的报告。这样，狄拉克在演讲中就没有多谈一般的波动力学思想，而是侧重谈到由于狄拉克方程引起的反物质粒子（正电子和负质子）这件惊天大事。狄拉克的题目是《电子和正电子理论》。在演讲结束时他作了两个预言。

---

*引自《诺贝尔奖讲演全集·物理学卷I》，福建人民出版社，2003，p.741。

（左图）1933年，薛定谔（右1）、海森伯（右2）和狄拉克（右3）在斯德哥尔摩火车站。从左到右：海森伯母亲，薛定谔夫人，狄拉克母亲。

（右图）赛格雷（左1）和钱伯伦（右2）。他们因发现反质子和反中子而获得1959年诺贝尔物理学奖。

第一个预言是存在一种反质子（antiproton，除了电荷为$-e$以外，其他性质均与质子相同），他还指出“在实验上产生负质子更加困难，因为需要更大的能量与较大的质量相对应。”这一预言被证实了：很难找到的反质子（以及反中子），在预言后的22年（1955年）被意大利裔美国物理学家赛格雷（E. Segrè，1905—1993）和钱伯伦（O. Chamberlain，1920—2006）找到。此后，物理学家们认识到，所有粒子都有反粒子。

狄拉克的第二个预言是说宇宙里正反物质是对称的。从宇宙的尺度来看，应当有一半的正物质，一半的反物质（反物质由反粒子组成），二者在数量上是相等的。但这一预言无法证实，从目前各种迹象来看，粒子的含量远远大于反粒子含量，二者是不对称的。

为什么从自然界的基本规律来看，具有非常对称性质的正反粒子，在自然界的存在却如此的不对称？这是现代宇宙学里一个基本问题。英国科学家费雷泽（G. Fraser，1958— ）在他写于2000年的《反物质：世界的终极镜像》（*Antimatter, The Ultimate Mirror*）一书中猜测说：“宇宙的反物质可能已被禁闭在黑洞里了。”

资料链接

我认为可能存在负质子，因为迄今的理论已确认正、负电荷之间有完全的对称性。如果这种对称性在自然界中是根本的，那就应该存在任何一种粒子的电荷反转，当然，在实验上产生负质子更加困难，因为需要有更大的能量与较大的质量相对应。

如果我们承认正、负电荷之间的完全对称性是宇宙的根本规律，那么，地球上（很可能是整个太阳系）负电子和正质子在数量上占优势应当看作是一种偶然现象。对于某些星球来说，情况可能完全是另一个样子，这些星球可能主要是由正电子和负质子构成的。事实上，有可能是每种星球各占一半，这两种星球的光谱完全相同，以至于目前的天文学方法无法区分它们。

——狄拉克（引自《诺贝尔奖讲演全集物理学卷Ⅰ》，福建人民出版社，2003.）

狄拉克的数学美原理

狄拉克方程所取得的惊人的、意料之外的巨大成就，以及后来为构思反粒子所经历的思想波折，使狄拉克潜心思索其中的经验和教训。由于狄拉克在构建电子波动方程的过程中，在本质上是使用数学方法导出了惊

这是赛格雷和钱伯伦发现反质子和反中子使用的大型仪器的主要部分。

资料链接

从1935年起，狄拉克就着手建立数学美学观，坚信一些基础的自然规律必定具有高度的数学美感。数学美感这个概念并非狄拉克最先提出，但他却是独立得出的，也正是这个概念，使其在量子物理学中使用的语言更为理性化。早在狄拉克之前就有人提出物理数学存在某种协调关系，但只有他强调追求数学中的美才是寻找基本自然规律的唯一途径。这也是狄拉克1939年在爱丁堡做詹姆斯·斯科特演讲（James Scott lecture）的主题，而且也是此后一直吸引他的一个问题。遗憾的是，他始终没有对数学中的美给出个满意的定义，也从没认为有这个必要。他写道："数学中的美是一种无法付诸定义的特性，比艺术中的美具有更多的内涵，却难于为数学学习者领会。"

老年时的狄拉克（摄于1967年）。

人的物理结论，这被称之为"数学美原理"，他对之特别钟爱是很合情理的。

建立电子波动方程之后的两年，即1930年，狄拉克在他的划时代的著作《量子力学原理》一书中首次明确地提及物理学中的美。在该书的第一页他写道：

（经典电动力学）形成了一个自洽而又优美的理论，使人们不禁会认为，该理论不可能作重大的修改，否则会引起本质上的改变和美的破坏……（量子力学）现在已经达到了这样一种程度，即它的形式体系可以建立在一般规律之上，尽管它还不十分完备，但就它所处理的那些问题而言，它比经典理论更为优美，也更令人满意。

1936年狄拉克在《相对论波动方程》（*Relativistic wave equations*）一文中，他首次使用诸如美、美丽的、漂亮的，或者丑陋的等字眼。

1939年是狄拉克大力发展他的数学美原理的一年，这年他在《数学和物理学的关系》（*The relation between mathematics and physics*）一文中详细地阐述了物理学中数学美的关系。他认为在科学研究中如果将数学推理方法和经验归纳法做一个比较，那么前者更加重要，因为"数学推理方法能够使人们推导出尚未做过的实验结果"。如果有人问数学推理方法何以有如此惊人的功能呢？这是一个至今任何人也回答不了的问题，狄拉克也只能够回答说：

这必需归因于自然界的某种数学性质，这是观察自然界因果关系的人不会怀疑的一种性质，然而它在自然界的图示中起着重要的作用。

在这篇文章中他还写道：

这种状况可以描述为:在数学家的游戏中，数学家自己发明规则；而在物理学家的游戏中，规则却是自然界提供的。但随着时间的流逝，这种情况就变得更明显了：数学家感到有趣的规则正好就是自然界所选择的规则。

他还给理论物理学家以如下建议：

研究工作者在他致力于用数学形式表示自然界时，

应该主要追求数学美。他还应该把简单性附属于美而加以考虑……通常的情况是，简单性的要求和美的要求是一致的，但在它们发生冲突的地方，后者更为重要。

狄拉克1956年访问莫斯科大学时，他遵照这所大学的传统，在黑板上题词并永久地保存下来。他在黑板上写的是："一个物理学定律必须具有数学美"（A physical law must possess mathematical beauty）。

1963年在都柏林发表的拉莫尔演讲中，狄拉克对爱尔兰数学家哈密顿大加赞颂：

我们应当沿着哈密顿的足迹前进，把数学美作为我们的指引灯塔，去建立一些有意义的理论——首先它们得具备数学美。

这已经又前进了一步，要求物理学家"把数学美作为我们的指引灯塔"。

1982年在庆祝自己80寿辰的时候，狄拉克在《国际理论物理杂志》上发表了一篇题为"美妙的数学"（*Pretty mathematics*）的文章。

那么，狄拉克的"数学美原理"到底具体指的是什么？它们能够作为物理学家在研究中的"指引灯塔"吗？

前面的一个问题不太好回答。因为科学中的美像艺术中的美一样，是很难或者说是无法定义的。艺术中的美争论了几千年，至今也没有一个一致的意见；物理学中的美，也同样不可能决断地做出定义。根据狄拉克的著作可以看出，他强调的数学美原理具体主要指的是洛伦兹变换的协变性、哈密顿形式体系、对称性和简单性原理，等等。在不同的性质的研究中，侧重点有所不同。

谈到美学判断作为"指引灯塔"，没有错，历史上几乎所有的学者都在不同程度上利用美学判断来指引自己的研究，也各有所获，这在本书前六个专题里都有阐述。但是，物理学发展的历史也明确告诉我们，美学判断是随着时间发生变化的，也常有两个都被视为美学的判断却发生了冲突，这时物理学家往往要根据自己的爱好和实际情况选择其中的一个，而牺牲另外一个。狄拉克本人就多次遇到这种情形。

资料链接

克劳（Helge Kragh）在他的《狄拉克科学传记》一书中对狄拉克《美妙的数学》这篇文章这样写道："这在理论物理学杂志中是一个非常罕见的题目，但它反映了狄拉克典型的个人倾向。显然他不仅仅为数学美而数学美。狄拉克毕竟是一位物理学家，而且他坚信，数学美的方法将导致真正的物理学，导致最终能被证实的结果。他认为，实际情况一定会是这样的，因为自然恰好是按照数学美原理来构造的。他在1939年的阐述和他在26年后的阐述完全一致：'人们也许可以说，上帝是一个非常高明的数学家，他在创造宇宙时用了非常高级的数学。'"

莫斯科大学主楼。楼前站立的雕像为俄罗斯科学家罗蒙诺索卡。

1969年狄拉克在美国纽约州立大学石溪分校。

英国物理学家查德威克，1935年因为发现中子获得诺贝尔物理学奖。

例如，前面讲到他发现反粒子时，开始他为了保持粒子世界的简单性原理——一个带负电的电子和一个带正电的质子这一简单而又美丽的图像，他只得认为他的反粒子是质量与电子极不对称的质子。只是后来由于外尔和奥本海默等人的反对，他才决定牺牲“简单性原理”而提出一个极大胆的设想——正电子。当然，这个结果也让狄拉克由此坚信数学美原理——他的方程比他本人还要聪明！

又如，前文讲过，英国物理学家查德威克在做放射性实验时，β 衰变中的“能量失窃案”。这时玻尔和他的两名助手共同提出一种意见，认为在基本粒子层面上，可能能量就是不守恒的。但是泡利却极力反对玻尔的意见。泡利坚持认为自然定律的对称性和守恒性这种美学判据，是物理学探索中无论如何也不能抛弃的。为了坚持这一强烈的信念，他在1930年提出一个大胆的假说：在 β 衰变过程中能量仍然守恒，失窃的能量被一种人们尚不知道的粒子中微子带走了。

美国物理学家莱因斯，他因为发现中微子于1995年获得诺贝尔物理学奖。柯万因为1974年去世，未能获奖。

当时狄拉克竟异乎寻常地写了一篇题为《在原子过程中能量守恒吗？》的文章，反对泡利的中微子假说和费米的 β 衰变理论。他在文中还不无嘲笑地写道：

中微子这个观察不到的新粒子是某些研究者专门造出来的，他们试图用这个观察不到的粒子使能量平衡，以便从形式上保住能量守恒定律。

但是，中微子后来终于历经艰辛在1956年被美国物理学家莱因斯（F. Reines，1918—1998）和柯万（C. L. Cowan，1919—1974）在实验中找到。

这样因为美学判据而失误的案例，在狄拉克的经历中还不止一次。

在结束本专题之前，把杨振宁教授写的一篇文章推荐给读者，文中他详细探讨了海森伯和狄拉克风格之所以相差甚远的原因。

这是日本物理学家用来捕捉中微子的地下探测水池。

附录：杨振宁论“物理学与数学”和“美与物理学”*

物理学与数学

海森伯和狄拉克的风格为什么如此不同？主要原因是他们所专注的物理学内涵不同。为了解释此点，请看图4所表示的物理学的三个部门和其中的关系：唯象理论（phenomenological theory）（2）是介乎实验（1）和理论架构（3）之间的研究。（1）和（2）合起来是实验物理；（2）和（3）合起来是理论物理，而理论物理的语言是数学。

物理学的发展通常自实验（1）开始，即自研究现象开始。关于这一发展过程，我们可以举很多大大小小的例子。先举牛顿力学的历史为例。布拉赫是实验天文物理学家，活动领域是（1）。他做了关于行星轨道的精密观测。后来开普勒仔细分析布拉赫的数据，发现了有名的开普勒三大定律，这是唯象理论（2）。最后牛顿创建了牛顿力学与万有引力理论，其基础就是开普勒的三大定律，这是理论架构（3）。

再举一个例子：通过18世纪末、19世纪初的许多电学和磁学的实验（1），安培和法拉第等人发展出了一些唯象理论（2）。最后由麦克斯韦归纳为有名的麦克斯韦方程（即电磁学方程），才步入理论架构（3）的范畴。

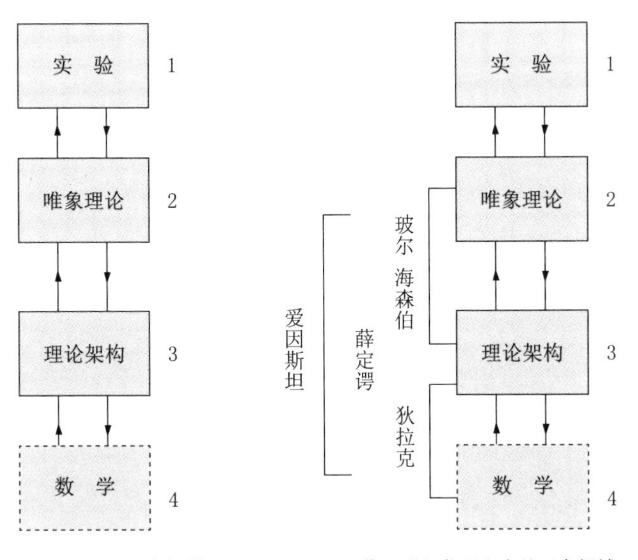

图4 物理学的三个领域　　图5 几位20世纪物理学家的研究领域

* 摘自《美与物理学》一文（1997年1月17日在香港中华科学与社会协会与中文大学主办的演讲会上的讲词）。

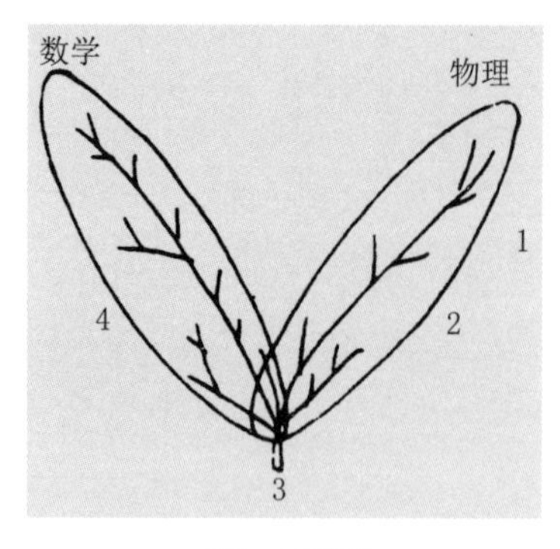

图6 二叶图

另一个例子：19世纪后半叶许多实验工作（1）引导出普朗克1900年的唯象理论（2）。然后经过爱因斯坦的文章和上面提到过的玻尔的工作等，又有一些重要发展，但这些都还是唯象理论（2）。最后通过量子力学之产生，才步入理论架构（3）的范畴。

海森伯和狄拉克的工作集中在图4所显示的哪一些领域呢？狄拉克最重要的贡献是前面所提到的狄拉克方程（D）。海森伯最重要的贡献是海森伯方程，是量子力学的基础：

$$pq-qp=-\mathrm{i}\hbar \text{。} \qquad \text{(H)}$$

这两个方程都是理论架构（3）中之尖端贡献。二者都达到物理学的最高境界。可是写出这两个方程的途径却截然不同：海森伯的灵感来自他对实验结果（1）与唯象理论（2）的认识，进而在摸索中达到了方程式（H）；狄拉克的灵感来自他对数学（4）的美的直觉欣赏，进而天才地写出他的方程（D）。他们二人喜好的、注意的方向不同，所以他们的工作的领域也不一样，如图4所示。（此图也标明玻尔、薛定谔和爱因斯坦的研究领域。）爱因斯坦兴趣广泛，在许多领域中，自（2）至（3）至（4），都曾做出划时代的贡献。

海森伯从实验（1）与唯象理论（2）出发：实验与唯象理论是五光十色，错综复杂的，所以他要摸索，要犹豫，要尝试了再尝试，因此他的文章也就给读者不清楚，有渣滓的感觉。狄拉克则从他对数学的灵感出发：数学的最高境界是结构美，是简洁的逻辑美，因此他的文章也就给读者“秋水文章不染尘”的感受。

1950年爱因斯坦与数学家哥德尔（K. Godel，1906—1978）。

让我补充一点关于数学和物理的关系。我曾经把二者的关系表示为两片在茎处重叠的叶片（图6）。重叠的地方同时是二者之根，二者之源。譬如微分方程、偏微分方程、希尔伯特空间、黎曼几何和纤维丛等，今天都是二者共用的基本观念。这是惊人的事实，因为首先达到这些观念的物理学家与数学家曾遵循完全不同的路径，完全不同的传统。为什么会殊途同归呢？大家今天没有很好的答案，恐怕永远不会有，因为答案必须牵扯到宇宙观、知识论和宗教信仰等难题。

必须注意的是，在重叠的地方共用的基本观念虽然如此惊人的相同，但是重叠的地方并不多，只占二者各自的极少部分。譬如实验（1）与唯象理论（2）都不在重叠区，而绝大部分的数学工作也在重叠区之外。另外值得注意的是，即使在重叠区，虽然基本观念物理与数学共用，但是二者的价值观与传统截然不同，而二者发展的生命力也各自遵循不同的茎脉流通，如图3所示。

常常有年轻朋友问我，他是应该研习物理，还是研习数学。我的回答是，这要看你对哪一个领域里的美和妙有更高的判断能力和更大的喜爱。爱因斯坦在晚年时（1949年）曾经讨论过为什么他选择了物理。他说：

> 在数学领域里，我的直觉不够，不能辨认哪些是真正重要的研究，哪些只是不重要的题目。而在物理领域里，我很快学到怎样找到基本问题来下功夫。

沉思的哲学家。

年轻人面对选择前途方向时，要对自己的喜好与判断能力有正确的自我估价。

美与物理学

物理学自（1）到（2）到（3）是自表面向深层的发展。表面有表面的结构，有表面的美。譬如虹和霓是极美的表面现象，人人都可以看到。实验工作者作了测量以后发现，虹是42° 的弧，红在外，紫在内；霓是50° 的弧，红在内，紫在外。这种准确规律增加了实验工作者对自然现象的美的认识。这是第一步（1）。进一步的唯象理论研究（2）使物理学家了解到这42° 与50° 可以从阳光在水珠中的折射与反射推算出来，此种了解显示出了深一层的美。再进一步的研究更深入了解折射与反射现象本身可从一个包容万象的麦克斯韦方程推算出来，这就显示出了极深层的理论架构（3）的美。

牛顿的运动方程、麦克斯韦方程、爱因斯坦的狭义与广义相对论方程、狄拉克方程、海森伯方程和其他五六个方程是物理学理论架构的骨干。它们提炼了几个世纪的实验工作（1）与唯象理论（2）的精髓，达到了科学研究的最高境界。它们以极度浓缩的数学语言写出了物理世界的基本结构，可以说它们是造物者的诗篇。

这些方程还有一方面与诗有共同点，即它们的内涵往往随着物理学的发展而产生新的、当初所完全没有想到的意义。举两个例子：上面提到过的19世纪中叶写下来的麦克斯韦方程是在20世纪

狄拉克的墓碑。后来被放到威斯敏斯特教堂，距牛顿墓不远处。碑上第五行是狄拉克方程。

初通过爱因斯坦的工作才显示出高度的对称性，而这种对称性以后逐渐发展为20世纪物理学的一个最重要的中心思想。另一个例子是狄拉克方程：它最初完全没有被数学家所注意，而今天狄拉克流型（Dirac manifold）已变成数学家热门研究的一个新课题。

学物理的人了解了这些像诗一样的方程的意义以后，对它们的美的感受是既直接而又十分复杂的。

它们的极度浓缩性和它们的包罗万象的特点也许可以用布莱克（W. Blake，1757—1827）的不朽名句来描述：

To see a world in a grain of sand
And a Heaven in a wild flower
Hold infinity in the palm of your hand
And Eternity in an hour*

威斯敏斯特教堂（油画，1749年）。

它们的巨大影响也许可以用波普（A. Pope，1688—1744）的名句来描述：

Nature and nature's law lay hid in night:
God said，let Newton be! And all was light**

可是这些都不够，都不能全面地道出学物理的人面对这些方程的美的感受。缺少的似乎是一种庄严感，一种神圣感，一种初窥宇宙奥秘的畏惧感。我想缺少的恐怕正是筹建哥特式（Gothic）教堂的建筑师们所要歌颂的崇高美、灵魂美、宗教美、最终极的美。

* 陈之藩教授的译文（见他所写的《时空之海·看云听雨》，黄山书社，2009，p.33—34）如下：
一粒沙里有一个世界
一朵花里有一个天堂
把无穷无尽握于手掌
永恒宁非是刹那时光

**杨振宁的翻译如下：
自然与自然规律为黑暗隐蔽：
上帝说，让牛顿来！一切即臻光明。

θ-τ之谜

——宇称守恒坍塌记

一般说来，一个对称原理（或者，一个相应的不变性原理）产生一个守恒定律……随着狭义相对论和广义相对论的出现，对称定律获得了新的重要性……然而，直到量子力学发展起来以后，物理的语汇中才开始大量使用对称观念……对称原理在量子力学中所起的作用如此之大，是无法过分强调的……当人们仔细考虑这过程中的优雅而完美的数学推理，并把它同复杂而意义深远的物理结论加以对照时，一种对于对称定律的威力的敬佩之情便会油然而生。

——杨振宁

1957年杨振宁（左一）和李政道（左二）在诺贝尔奖的颁奖典礼上。

英国小说家、科学家斯诺（C. P. Snow，1905—1980）曾经在1959年写的《两种文化与科学革命》一书中说过这样一段话：

大约两年前，整个科学史上最令人惊奇的发现之一诞生了……我指的是由杨振宁和李政道在哥伦比亚大学做出的发现。这是一项最美妙、最独具匠心的工作，而且结果是如此的惊奇，以致人们会忘记思维是多么美妙。它使我们再次想起物理世界的某些基础。直觉、常识——它们简直倒立起来了。这一结果通常被称为宇称的不守恒性。

泡利

一部物理学史，充满了离奇惊人的事件，如果撇开那些令人生畏的数学公式和一些读起来令人别扭的专业术语，其离奇曲折的程度，绝不亚于一部福尔摩斯探案集。如果就“破案”的难度和技巧而言，那比后者还不知道要强多少倍。

20世纪30年代，在β衰变中（原子核辐射出电子后引起核的一种衰变）出现了“能量失窃”案，即衰变以后能量少了一点。这一“失窃”案引起物理学家的极大震动，物理学一时陷入了危机。有些著名科学家，如玻尔，大胆地提出：在基本粒子作用过程中能量也许根本就不守恒。这时，泡利这位始终以自然定律的对称性和守恒性这一强烈的美学信念指引自己研究的物理学家，为了拯救这一危机，提出能量守恒定律肯

慕尼黑大学主楼一角。泡利在该校获得博士学位。

伦敦真有一条福尔摩斯住处的贝克街。图为现在伦敦贝克街的地铁站。墙上的人影显然是福尔摩斯的头像：帽子、烟斗、大麾。

定没有问题，少许能量被“窃”是因为有一种人们尚不知道的“蟊贼”——中微子，是它“窃”走了能量。能量守恒定律由此得救，对称性原理获得拯救，泡利立了一大功。

到了1956年，又出现了所谓的“θ–τ之谜”威胁着另一个守恒定律——宇称守恒定律。物理学家又一次陷入黑暗，不知所措。泡利，这位在20世纪30年代为拯救能量守恒定律立下卓越功绩的“福尔摩斯”，又要重抖当年雄风，拯救宇称守恒定律，解开“θ–τ之谜”。哪知沧海桑田、时异事殊，这次他居然败在了三位年轻的物理学家杨振宁、李政道和吴健雄手下。自然界真是比柯南道尔爵士（Sir A. Cornan Doyle，1859—1930，《福尔摩斯探案》的作者）更富有想象力啊！

诺特的伟大发现：对称性与守恒定律

在高中物理课中，学生要学到好几个守恒定律，如能量守恒定律、动量守恒定律、角动量守恒定律、电荷守恒定律，等等。物理学中的守恒定律远不只这些，还有许多许多。物理学家对守恒定律有一种特殊的偏爱，因为守恒给了我们一种秩序，一种和谐，一种美感。在一个系统中，不论发生了多么复杂的变化，如果有一个量（如能量、动量……）在变化中始终保持不变，那么这种变化就在表面的杂乱无章中呈现出一种简单、和谐的关系。这不仅有美学的价值，而且具有重要的方法论的意义。例如一个力学问题，高中学生都能体会到，如果用牛顿三定律来解决，有时得经过非常繁杂的分析和计算才能解出；但如果可以用守恒定律，那就可以避免中间繁复的计算，直截了当地取初态和终态的守恒量，迅速而简洁地得出所需的答案。每当这时，解题者就会感到十分惬意和一种美感的欣慰。这就是守恒定律的微妙之处。在物理研究中，守恒定律的运用，也往往给物理学家带来意料不到的巨大成功和美的享受。

德国女数学家诺特（A. E. Noether，1882—1935）。她首先将不变性原理（或对称性原理）和守恒定律联系在一起，即每一个守恒定律都对应着一种对称性。这种联系现在称为诺特定律，是物理学中最重要的基本定律之一。

守恒的普遍性和重要性，引起了物理学家的深思：在守恒定律的背后，有没有更深刻的物理本质？到19

世纪末，数学家和物理学家才终于认识到，某一物理量的守恒必然与某一种对称性相联系。1957年12月11日杨振宁在做诺贝尔获奖讲演时，曾经详细谈到了这一关系。他指出：

年轻时代的杨振宁和李政道。

一般说来，一个对称原理（或者，一个相应的不变性原理）产生一个守恒定律……随着狭义相对论和广义相对论的出现，对称定律获得了新的重要性……然而，直到量子力学发展起来以后，物理的语汇中才开始大量使用对称观念……对称原理在量子力学中所起的作用如此之大，是无法过分强调的……当人们仔细考虑这过程中的优雅而完美的数学推理，并把它同复杂而意义深远的物理结论加以对照时，一种对于对称定律的威力的敬佩之情便会油然而生。

杨振宁的这段话言简意赅，但对于没有学习较多物理学知识的人来说，似乎有点抽象，不大容易懂。其实，在中学物理中，有很多有关对称性方面的定律，只不过没有用“对称性”（symmetry）来描述罢了。例如，能量守恒定律与“时间平移对称性”相联系，即物理规律在t时刻成立，那么在另一时刻t'它也还是成立；与动量守恒相关的是“空间平移对称性”，即若某一规律在中国武汉市成立，那么它在美国的普林斯顿照样成立；角动量守恒则与“空间转动对称性”相联系，即物理规定不会因为空间转动而改变，在空间站绕地球转动时，空间站里的物理规律不会发生改变。每一个守恒定律都对应着一种对称性。在20世纪30

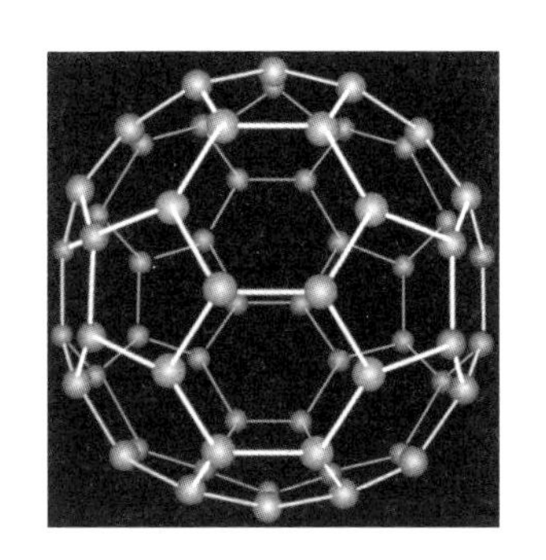

一个由60个碳原子组成的完美对称的足球状分子C_{60}，名叫巴克明斯特富勒烯，简称富勒烯。

> 随着1957年发现左和右有根本上的不同以后，粒子物理的后现代时代开始了。这是一件振奋人心的事，表明一个新奇世界的出现。
>
> ——黄克孙

年代以后，对物理学家来说，这已经是一种常识，一种极其有价值的理论和工具。人们可以利用已知的守恒定律，去寻求更深层次的对称性，发现宇宙间更深刻、更精致的美和奥秘。

这种守恒定律与相应的对称性的关系，是德国女数学家诺特在20世纪20年代发现的。由于这一发现，诺特成为20世纪最伟大的数学家之一。她的研究成果是奠定广义相对论的一块基石，为爱因斯坦的理论提供了坚实的数学基础，还成为量子场论和粒子物理学的基本工具。

美国物理学家维格纳。由于他对原子核和基本粒子理论的贡献，特别是由于他运用了基本对称性原理，1963年被授予诺贝尔物理学奖。

什么是宇称守恒定律

20世纪40年代末，物理学界出现了一个“θ–τ之谜”，一时让物理学家们惊慌失措、智尽能索。那么什么是“θ–τ之谜”呢，这还得从“宇称守恒定律”（law of parity conservation）说起。高中物理学的几个守恒定律，如能量守恒定律、动量守恒定律等，是比较简单的守恒定律，它们可以在时空中连续变换，比如时间可以一点接一点地变，空间位置可以一处接一处地变。而“宇称”是指物理定律在左右之间完全对称。这种对称是一种分立的而不是连续的对称。如果打一个浅显的比喻就是，一个基本粒子遵循的运动规律，它的“镜像”粒子（即这个粒子在镜中的像）所遵循的运动规律完全一样。例如：一个粒子在做速率、半径一定的圆周运动，镜子中的那个“镜像”粒子也会做同样速率、同样半径的圆周运动，只不过如果一个左旋，另一个则右旋。这种对称在经典力学中却找不到相应的守恒量，因而不产生守恒定律。这样，左右对称在经典力学中就不具有十分重要的意义。但在量子力学中，分立变换下的对称性，找到了一个守恒量——宇称（parity），因此也可以形成一个守恒定律——宇称守恒定律。

意大利裔美国物理学家赛格雷正在讲课。他因为发现反质子获得1955年的诺贝尔物理学奖。

人们根据以前处理守恒定律的经验和若干实验事实，想当然地认为任何基本定律必须满足宇称守恒定律。于是在维格纳（E. P. Wigner，1902—1995）把宇称守恒定律引进量子力学以后，物理学家常常把它作为一种审美判断来检验物理学理论是否正确和被人接受的标准。例如，当外尔在1929年为一个粒子提出一个波动方程时，泡利坚决拒绝接受这个方程，认为它“对于物理实在是不适用的”。泡利否认这个方程，其重要原因是外尔的方程不满足宇称守恒定律。在泡利和大多数其他物理学家看来，外尔的方程在美学上是不能令人满意的。

宇称守恒定律中的守恒量“宇称”，就像质量、电荷等物理量一样，成为描述基本粒子物理性质的一个物理量。宇称的特点是，它像自然数分奇数、偶数一样，有奇宇称、偶宇称两种。宇称守恒定律是说：粒子（系统）的宇称在相互作用前后不会改变，作用前粒子系统的宇称为偶，则作用后也必须是偶；作用前后宇称的偶、奇发生了改变，则宇称就不守恒了。与宇称守恒相关联的对称性就是左右对称，或空间反射不变。

在科学史上，科学家们经常扩大已发现规律的适用范围，向未知领域进行探索。1959年获诺贝尔物理学奖的赛格雷说过：

> 一旦某一规则在许多情况下都成立时，人们就喜欢把它扩大到一些未经证明的情况中去，甚至把它当作一项“原理”。如果可能的话，人们往往还要使它蒙上一层哲学色彩，就像在爱因斯坦之前，人们对待时空概念那样。

物理学史上由于夸大了对称性的绝对性，过分夸大对称性的适用范围，认为对称性可以包打天下，“放之四海而皆准”，绝无例外。在物理史上，由于这种偏向而导致研究困难的例子很多，其中最有戏剧性的是宇称守恒定律在1957年的遭遇。物理学家在实验中发现，强相互作用中宇称是守恒的。于是人们自然而然地认为，在弱相互作用中宇称也一定是守恒的。在1956年以前，宇称守恒定律与能量守恒定律一样，已被认为是物理学中的“原理”，是金科玉律、不易之典，谁也没有想到（或有胆量）去怀疑它。后来，由于出现了“θ-τ之谜”，杨振宁和李政道两

左起：李政道、杨振宁和朱光亚（1947年夏摄于密歇根大学校园）。

李政道（左）和杨振宁。他们的气质、专长、爱好各有千秋，这给他们之间的合作带来了巨大的生机和成果。

> 违背宇称守恒，这也许是第二次世界大战后最伟大的理论发现，它消除了一种偏见，这种偏见未经足够的实验验证，就曾被当成一条原理。
>
> ——赛格雷

李政道和杨振宁在普林斯顿密切合作。他们之间的合作曾经被认为是普林斯顿高级研究院一道美丽的风景线。

人为了解决这一让整个物理学界为之迷惘的谜，最终开始怀疑宇称守恒的普适性。

下面先简单介绍一下“θ-τ之谜”。在1947年，实验物理学家们发现，宇宙射线中有一种“θ粒子”在衰变时，变成了两个π介子，即：

$$\theta \to \pi + \pi$$

1949年他们又发现一种“τ粒子”，它可以衰变为3个π介子，即：

$$\tau \to \pi + \pi + \pi$$

这当然不是什么令人瞩目的大事，不同的粒子有不同的衰变方式，正如不同的人有不同的死法一样，没什么可以让人担忧的。但后来就是这两种粒子引出了大问题。

随着实验的进展，人们发现θ粒子和τ粒子除了衰变的方式、结果不一样以外，其他方面的性质几乎完完全全一样。但从衰变的方式和结果来看，θ粒子与τ粒子的宇称不同，θ的宇称为偶，而τ则具有奇宇称。如果θ粒子和τ粒子真是同一个粒子，那就违背了宇称守恒定律，因为宇称守恒定律告诉我们：同一粒子只有同样的宇称；如果坚持宇称守恒定律是不能动摇、不能怀疑的，那就必须承认θ和τ是两种不同的粒子。于是，只能在两个选择中决定取舍：要么认为θ和τ粒子只能是不同的粒子，以拯救宇称守恒定律；要么承认θ和τ是同一个粒子，而宇称守恒定律在这种弱相互作用支配下的衰变中不守恒。

冬季的芝加哥大学。

在开始一段时期里，人们囿于传统的信念，根本不愿意相信宇称会真的在弱相互作用中不守恒，因此都尽力改进实验设备

和方法，寻找θ粒子和τ粒子之间的其他不同点，以证明它们是不同的两种粒子。但是，一切努力均劳而无功，除了宇称不同，它们实在无法区分。物理学家又一次陷入了迷惘和思索之中。这种情形正如杨振宁所说：

那时候，物理学家发现他们所处的情况，就好像一个人在一间黑屋子里摸索出路一样，他知道在某个方向上必定有一个能使他脱离困境的门。然而这扇门究竟在哪个方向上呢？

1948年，费米和李政道为计算主序星内部温度分布制做了专用的计算尺。图为李政道拿着计算尺的照片。

李政道和杨振宁的合作

在解决“θ-τ之谜”的过程中，杨振宁与比他年轻4岁的李政道开始了辉煌的合作。

1946年秋天，李政道从西南联大到美国后决定进入芝加哥大学攻读物理系研究生。他选芝加哥大学的原因之一是因为这里有闻名世界的物理学大师费米教授。

在芝加哥大学，李政道成了他敬仰的费米教授的研究生。

那时杨振宁正好也在芝加哥大学，在他的介绍下费米教授成了李政道的导师。1948年，李政道和杨振宁合作写了一篇文章《介子和核子》。杨振宁后来回忆说：“李政道1946年秋到芝加哥大学当研究生。我俩早些时候在中国或许见过面，然而，只是到了芝加哥才真正彼此相识。我发现，他才华出众，刻苦用功。我们相处得颇投机，很快就成了好朋友。”

1950年，在费米指导下，李政道在芝加哥大学获得了博士学位，他的博士论文题目是《白矮星的含氢量》。这篇论文被誉为“有特殊见解和成就”，列为第一名，获得奖金1000美元。芝加哥大学校长哈钦斯在授予他博士学位证书时特别指出：“这位青年学者的成就，证明人类高度智慧的阶层中，东方人和西方人具有完全相同的创造能力。”

1951年，李政道来到普林斯顿高等研究院，而杨振宁在三年前就来到这儿。于是杨振宁和李政道在研究中开始合作。1953年，李政道到哥伦比亚大学任教（1956年晋升为教授），为了继续两人已经开始的合作，他们

李政道和杨振宁的合作，一时成为合作出成果的最佳典范。

资料链接

1956年4月，第六届罗彻斯特会议在罗彻斯特大学召开，这是国际高能物理会议。这次会议最受关注的就是$\theta-\tau$之谜。加州理工学院的物理学家费曼在会议上提出来："宇称守恒定律有时会遭到破坏吗？"费曼是一位不寻常的天才，也是一位非常风趣的天才。在发言的头一天晚上，与费曼同住在一个旅馆房间的实验物理学家马丁·布洛克（Martin Bruck）就向他提出：$\theta-\tau$之谜的答案可能非常简单，也许可爱的宇称守恒定律并不总是成立的。费曼回答说："要真是这样，那我们就有一个区分左右的方法，这可会让人们大吃一惊。"但是，费曼看不出这个概念与已知的实验结果有任何矛盾。不过，他答应在第二天的会上把这个问题提出来，看有没有人能在这一设想中找出什么错误。第二天的会议上，费曼果然提出了这个问题。

在开始发言时他说："我替马丁·布洛克提出一个问题……"

然后他说，他本人认为布洛克的这个想法十分有趣，如果今后证明它是对的话，荣誉应归于布洛克。

杨振宁和李政道都出席了这次会议，李政道是第一次参加这个会议。对于费曼提出的问题，杨振宁给了一个很长的回答。

杨振宁的讲话，布洛克大约没有听懂，在会下他问费曼："他讲了些什么？"

费曼回答说："我也不知道，我不懂他讲些什么。"

费曼后来在回忆中写道："人们后来嘲笑我，说我之所以在开场白中提到布洛克，是因为我害怕与这个鲁莽的想法联系一起。我想，这个想法未见能成为事实，但是也有可能成为事实，而且如果一旦成为事实，那将是十分激动人心的。"

两人订立了相互访问的制度。杨振宁每周抽一天时间去哥伦比亚大学，李政道则每周抽一天到普林斯顿或布鲁克海文。这种例行互访继续了6年。杨振宁曾回忆说：

> 这是一种非常富有成果的合作，比我同其他人的合作更深入广泛。这些年里，我们彼此相互了解得如此之深，以致看来甚至能知道对方在想些什么。但是，在气质、感受和趣味等诸方面，我们又很不相同，这些差异对我们的合作有所裨益。

在$\theta-\tau$之谜引起物理学界极大关注之时，杨振宁和李政道当然也非常关注这一件大事的动向。事实上杨振宁说过，他们两人当时"最关注的自然是$\theta-\tau$之谜"。

物理学家费曼。

这时，普林斯顿高级研究院春季学期已经结束，杨振宁和家人到布鲁克海文度假。在度假期间，他和李政道之间的每周两次互访，仍然继续保持。

大约是4月底或5月初的某一天，杨振宁驱车前往哥伦比亚例行拜访。他把李政道从办公室接出来，把车停在纽约市百老汇大街和125街转角处，因为附近的饭馆还没有开门营业，他们就到附近的一家"白玫瑰咖啡馆"继续讨论"$\theta-\tau$之谜"。之后他们又到"上海餐馆"吃午饭，边吃边讨论$\theta-\tau$之谜。杨振宁后来回忆说：

我们的讨论集中在$\theta-\tau$之谜上面。在一个节骨眼上，我想到了，应该把产生过程的对称性同衰变过程分离开来。于是，如果人们假设宇称只在强作用中守恒，在弱作用中则不守恒，那么，θ和τ是同一粒子……的结论就不会遇到困难。

θ和τ粒子衰变是一种弱相互作用，为了要弄清上述想法是否正确，杨振宁想最好利用β衰变。因为研究得最多的弱相互作用是β衰变。做过的β衰变实验有上千种，它们能否证实在弱相互作用中宇称不守恒呢？为此，要对所有这些做过的β衰变实验，统统“重新研究”。

在随后的两个星期中，杨振宁和李政道的时间都花在对这些β衰变过程的计算上。结果发现：在所有这些过程中，原先的实验并不能决定弱相互作用宇称是否守恒，“换句话说，原先所有的β衰变实验同β衰变中宇称是否守恒的问题毫无关系。”

后来，杨振宁曾这样描述他们两人当时对这个结果的心理反应：

长久以来，在毫无实验证据的情况下，人们都相信，弱相互作用中宇称守恒，这是十分令人惊愕的。但更令人吃惊的是，物理学如此熟知的一条时-空对称定律面临破产。我们并不喜欢这种前景，只是由于试图理解$\theta-\tau$之谜的各种其他努力都归于失败，我们才不得不去考虑这样一种情景。

6月，杨振宁和李政道合作的论文完成，论文的题目是《在弱相互作用，宇称是守恒的吗？》。10月份在《物理评论》上发表时，题目改成了《弱相互作中宇称守恒的问题》，这是因为杂志编辑部规定，文章的标题不应该有问号。

他们的结论被物理学界知道以后，大部分物理学家认为违反宇称守恒几乎是不可能的事情，像著名的物理学家维格纳、朗道

普林斯顿高等研究院的主楼。

纽约百老汇街。杨振宁和李政道曾在此附近的咖啡馆讨论“$\theta-\tau$之谜”。

布鲁克海文实验室是杨振宁的“福地”，他在这儿做出了重要的发现，使他不仅获得了诺贝尔物理学奖，还写出了有关规范场的重要论文。1980年，他带着母亲再一次来到这个“福地”。他们的身后，就是杨振宁1954—1956年在这儿工作时的办公室。

（L. D. Landau，1908—1968）、泡利，开始都持坚决反对的态度。当时被人们认为最伟大的理论物理学家泡利在给韦斯科夫（V. F. Weisskopf，1908—2002）的一封信中说：“我不相信上帝是一个没用的左撇子，我愿意打一个大赌，实验一定会给出一个守恒的结果。”

后来，美国物理学家戴森（F. Dyson，1923—　）在《科学美国人》（*Scientific American*）1958年第9期上写了一篇文章，对他和他的同事多数“缺乏想象力”写了一段老实话：

> 我看了（李政道和杨振宁论文的）副本。我看了两次。我说了“非常有趣”以及类似的一些话。但我缺乏想象力，所以我说不出“上帝！如果这是真的，那物理学将开辟出一个崭新的分支”。我现在还认为，除了少数例外，其他物理学家那时和我一样缺乏想象力。

但杨振宁和李政道知道，他们的假说到底是对是错，只有用实验来检验。

吴健雄接受挑战

想请一位实验物理学家来做验证假说的实验并不那么容易。他们关注的往往是：究竟值不值得做一个实验来检验弱相互作用中宇称是否守恒；而且，杨振宁和李政道设计的几个实验都非常困难。所以，只有少数几个小组的物理学家愿意接受挑战。杨振宁曾经怂恿一位实验物理学家做一个他们设计的实验，那位实验物理学家开玩笑地说，一旦他找到一位绝顶聪明的研究生供他当奴隶使用，他就会去做这个实验。

幸亏这时，李政道想起了向哥伦比亚大学的同事吴健雄求援。

当1956年李政道找到吴健雄时，吴健雄已经是在β衰变物理实验研究领域最具权威的学者。当时吴健雄原本计划和丈夫袁家骝先到日内瓦出席一个高能物理会议，然后去东南亚去做一趟演讲旅行。这是她1936年离开中国以后，20年来第一次回东亚，他们还准备到台湾访问。

美国物理学家戴森。

但在和李政道的讨论中，吴健雄认识到对于研究β衰变的原子核物理学家来说，这是做一个重要实验的黄金机会，不可以随意错过。杨振宁说，当时只有吴健雄看出这一实验的重要性，这表明吴健雄是一位杰出的科学家，具有极好的洞察力。

吴健雄画像。

杨振宁还说：

在那个时候，我并没有把宝都押在宇称不守恒上，李政道也没有，我也不知道有任何人押宝押在宇称不守恒上……吴健雄的想法是，纵然结果宇称并不是不守恒的，这依然是一个好实验，应该要做，原因是过去β衰变中从来没有任何关于左右对称的资料。

1956年6月初，吴健雄决定同美国国家标准局的4位物理学家安布勒、海沃德、霍普斯和赫德逊一起合作，做β衰变中宇称是否守恒的实验。

随着吴健雄实验的进展，物理学界开始有更多的人关心和讨论这件事，气氛比半年前热闹多了，有趣的故事也纷纷出笼。1989年以74岁高龄因为“发展了原子精确光谱学”而获诺贝尔物理学奖的拉姆齐（N. F. Ramsey，1915—2011），那时想利用橡树岭国家实验室的设备做实验，检验弱相互作用中宇称是否守恒。有一天，费曼遇见拉姆齐，问道：“你在干些什么？”

对于解释自然现象来讲，对称性有些过分了。

——杨振宁

拉姆齐回答说：“我正准备检验弱相互作用中宇称守恒的实验。”

吴健雄在实验室中。

吴健雄（右）在伯克利时，与奥本海默（中）、她的指导老师赛格（左）等人合影。

费曼这位在美国科学界才高八斗、满腹珠玑的卓伟之才，立即说：“那是一个疯狂的实验，不需要浪费时间在那上面。”他还建议以10000∶1来赌这个实验绝不会成功。

拉姆齐回答说：“如果实验成功，我和我的学生会得到诺贝尔奖；如果不成功，我的学生也有了博士论文的题目。”

后来，他们将赌注改为50∶1；再后来，由于橡树岭国家实验室不支持，拉姆齐的实验没做成。吴健雄的实验成功之后，有人说费曼倒是谦谦君子，很守信用，签了一张50元的支票给拉姆齐，安慰他万分遗憾和失望的心情。但费曼自己回忆却说，因为拉姆齐没有做这个实验，所以他“保住了50元的支票”。

1952年获得诺贝尔物理学奖的美国物理学家布洛赫（F. Bloch，1905—1983）更有意思，他打赌说：“如果宇称被证明不守恒了，我吃掉自己的帽子！”

“伟大的泡利”曾经和吴健雄一起工作过，他对她十分敬重，曾经说：

> 吴健雄这位中国移民，对核物理这门科学的兴趣简直浓厚到了令人难以想象的程度。和她讨论核物理方面的问题，她会滔滔不绝，忘记了窗外早已是皓月当空。

与吴健雄合作做宇称守恒实验的美国国家标准局的三位物理学家：安布勒（右一）、海沃德和赫德逊（左一）。

由于泡利对宇称可能不守恒一直是极度怀疑的，所以当他从他以前的学生韦斯科夫那儿得知，吴健雄正准备用实验检验宇称守恒的时候，他立即回信给韦斯科夫说，由他的想法观之，做这个实验是浪费时间，他愿意下任何数目的赌注，来赌宇称一定是守恒的。

他还对一位叫坦默尔的物理学家说：“像吴健雄这么好的实验物理学家，应该找一些重要的事去做，不应该在这种显而易见的事情上浪费时间。谁都知道，宇称一定是守恒的。”过了几个月以后，泡利又在另一个地方遇见坦默尔，再次谈到吴健雄的实验，泡利十分武断地说：“我上次说的话没错，这件事该结束了！”

但是泡利和费曼都没有料到，到了1956年圣诞节时，吴健雄小组的实验已经差不多可以说是成功地证明了：宇称的确在弱相互作用中并不守恒。但吴健雄却仍然难于相信自然界竟有如此奇怪的事情，她唯恐实验中有什么没注意到的错误，认为还需要对实验再次进行检查。但在1957年1月4日哥伦比亚大学物理系例行的“星期五午餐”聚会上，李政道还是迫不及待地把实验的结果告诉了与会的人。当时与会的有一个叫莱德曼（L. M. Lederman，1922— ，1988年获得诺贝尔物理学奖）的实验物理学家听到这个消息后，立即用另一个实验来检验宇称是否守恒，结果4天就有了结果。1月8日早上6点，莱德曼用电话告诉李政道说：“宇称定律死了。”

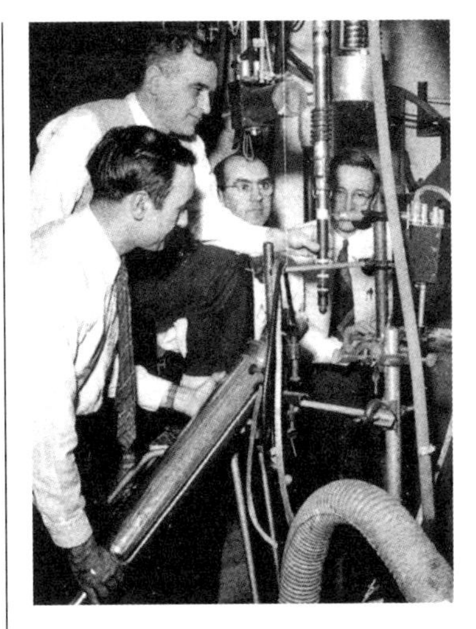

吴健雄实验小组的成员在安装实验设备。左起：赫德逊、安布勒、霍普斯和海沃德。

1月5日，杨振宁给正在加勒比海度假的奥本海默（J. R. Oppenheimer，1904—1967）发了一封电报，把吴健雄的实验结果告诉了他。奥本海默回电只有几个字：“走出了房门。”*

1月9日清晨2点，吴健雄的查证实验结束，小组的五个人用上好的法国葡萄酒为他们推翻了宇称守恒定律而干杯。1月15日，吴健雄等人的实验报告论文完成，寄给了《物理评论》。这一天，哥伦比亚大学还举行了新闻发布会，宣布了这一实验结果。2月15日，论文正式刊出。1957年1月16日，《纽约时报》在头版登出了一篇文章，标题是“哥伦比亚和普林斯顿高等研究院的科学家们正在准备推翻物理学的基本概念，对核理论中的宇称守恒提出挑战”。

杨振宁、李政道与他们的好友派斯（左1）和戴森（左二），摄于普林斯顿。

θ-τ之谜最终被解开了，这是一个无可比拟的、重大的革命性进展。剑桥大学的奥托·弗里什（O. Frisch，1904—1979）在当时的一次演讲中说：“‘宇称是不守恒的’这样一句令人难解的话语，像新的福音一样传遍了全世界。”

派斯（A. Pais，1918—2000）说：

李政道和杨振宁的建议，导致了我们对物理学理论根本结构的认识的一次伟大解放。原理再次被判明是一种偏见……T. D. 和弗兰克，**这是熟人对他们的称呼，他们风雅而又机智，对物理学有超凡的洞察力和有条不紊的本领。

* 此句可以结合p205第二段杨振宁的话来理解。——作者注

** T. D. 指李政道，弗兰克是杨振宁的英文名字 Franklin 的昵称。

> 1956年以后，事情发生了变化。早期人们相信对称性对所有的相互作用都适用，但后来却证明弱相互作用可以违背。这是50年代所有物理学进展中最令人惊讶的成果。
>
> ——派斯

他们的意见被理论家和实验家们所敬重。在这方面，他们颇有一点已故的费米的风格。

吴健雄在完成实验以后，有两个星期几乎无法入眠。她一再自问："为什么老天爷要我来揭示这个奥秘？"她还深有体会地说："这件事给我们一个教训，就是永远不要把所谓'不验自明'的定律视为是必然的。"人们对于对称性的了解，或者说对于物理学之美的了解，由此更加深刻了。

最让人们关心的也许是泡利，他在此之前是那样肯定宇称绝不会不守恒，现在会怎么说呢？幸好留下了1957年1月27日他给韦斯科夫的信。他在信中写道：

现在第一次震惊已经过去了，我开始重新思考……现在我应当怎么办呢？幸亏我只在口头上和信上和别人打赌，没有认真其事，更没有形成文字，否则我哪能输得起那么多钱呢！不过，别人现在是有权来笑我了。使我感到惊讶的是，与其说上帝是个左撇子，还不如说他

Question of Parity Conservation in Weak Interactions*

T. D. LEE, *Columbia University, New York, New York*

AND

C. N. YANG,† *Brookhaven National Laboratory, Upton, New York*

(Received June 22, 1956)

The question of parity conservation in β decays and in hyperon and meson decays is examined. Possible experiments are suggested which might test parity conservation in these interactions.

RECENT experimental data indicate closely identical masses[1] and lifetimes[2] of the $\theta^+(\equiv K_{\pi 2}^+)$ and the $\tau^+(\equiv K_{\pi 3}^+)$ mesons. On the other hand, analyses[3] of the decay products of τ^+ strongly suggest on the grounds of angular momentum and parity conservation that the τ^+ and θ^+ are not the same particle. This poses a rather puzzling situation that has been extensively discussed.[4]

One way out of the difficulty is to assume that parity is not strictly conserved, so that θ^+ and τ^+ are two different decay modes of the same particle, which necessarily has a single mass value and a single lifetime. We wish to analyze this possibility in the present paper against the background of the existing experimental evidence of parity conservation. It will become clear that existing experiments do indicate parity conservation in strong and electromagnetic interactions to a high degree of accuracy, but that for the weak interactions (i.e., decay interactions for the mesons and hyperons, and various Fermi interactions) parity conservation is so far only an extrapolated hypothesis unsupported by experimental evidence. (One might even say that the present $\theta-\tau$ puzzle may be taken as an indication that parity conservation is violated in weak interactions. This argument is, however, not to be taken seriously because of the paucity of our present knowledge concerning the nature of the strange particles. It supplies rather an incentive for an examination of the question of parity conservation.) To decide unequivocally whether parity is conserved in weak interactions, one must perform an experiment to determine whether weak interactions differentiate the right from the left. Some such possible experiments will be discussed.

PRESENT EXPERIMENTAL LIMIT ON PARITY NONCONSERVATION

If parity is not strictly conserved, all atomic and nuclear states become mixtures consisting mainly of the state they are usually assigned, together with small percentages of states possessing the opposite parity. The fractional weight of the latter will be called $\mathfrak{F}^2$. It is a quantity that characterizes the degree of violation of parity conservation.

The existence of parity selection rules which work well in atomic and nuclear physics is a clear indication that the degree of mixing, $\mathfrak{F}^2$, cannot be large. From such considerations one can impose the limit $\mathfrak{F}^2 \lesssim (r/\lambda)^2$, which for atomic spectroscopy is, in most cases, $\sim 10^{-6}$. In general a less accurate limit obtains for nuclear spectroscopy.

Parity nonconservation implies the existence of interactions which mix parities. The strength of such interactions compared to the usual interactions will in general be characterized by $\mathfrak{F}$, so that the mixing will be of the order $\mathfrak{F}^2$. The presence of such interactions would affect angular distributions in nuclear reactions. As we shall see, however, the accuracy of these experiments is not good. The limit on $\mathfrak{F}^2$ obtained is not better than $\mathfrak{F}^2 < 10^{-4}$.

To give an illustration, let us examine the polarization experiments, since they are closely analogous to some experiments to be discussed later. A proton beam polarized in a direction z perpendicular to its momentum was scattered by nuclei. The scattered intensities were compared[5] in two directions A and B related to each other by a reflection in the $x-y$ plane, and were found to be identical to within $\sim 1\%$. If the scattering originates from an ordinary parity-conserving interaction plus a parity-nonconserving interaction (e.g., $\boldsymbol{\sigma}\cdot\mathbf{r}$), then the scattering amplitudes in the directions A and B are in the proportion $(1+\mathfrak{F})/(1-\mathfrak{F})$, where $\mathfrak{F}$ represents the ratio of the strengths of the two kinds of interactions in the scattering. The experimental result therefore requires $\mathfrak{F} < 10^{-2}$, or $\mathfrak{F}^2 < 10^{-4}$.

The violation of parity conservation would lead to an electric dipole moment for all systems. The magnitude of the moment is

$$\text{moment} \sim e\mathfrak{F} \times (\text{dimension of system}). \qquad (1)$$

* Work supported in part by the U. S. Atomic Energy Commission.

† Permanent address: Institute for Advanced Study, Princeton, New Jersey.

[1] Whitehead, Stork, Perkins, Peterson, and Birge, Bull. Am. Phys. Soc. Ser. II, 1, 184 (1956); Barkas, Heckman, and Smith, Bull. Am. Phys. Soc. Ser. II, 1, 184 (1956).

[2] Harris, Orear, and Taylor, Phys. Rev. **100**, 932 (1955); V. Fitch and K. Motley, Phys. Rev. **101**, 496 (1956); Alvarez, Crawford, Good, and Stevenson, Phys. Rev. **101**, 503 (1956).

[3] R. Dalitz, Phil. Mag. 44, 1068 (1953); E. Fabri, Nuovo cimento 11, 479 (1954). See Orear, Harris, and Taylor [Phys. Rev. **102**, 1676 (1956)] for recent experimental results.

[4] See, e.g., *Report of the Sixth Annual Rochester Conference on High Energy Physics* (Interscience Publishers, Inc., New York, to be published).

[5] See, e.g., Chamberlain, Segrè, Tripp, and Ypsilantis, Phys. Rev. 93, 1430 (1954).

□Reprinted from *The Physical Review* 104, 1 (October 1, 1956), 254–258.

李政道和杨振宁合作的论文《弱相互作用中宇称守恒的问题》发表在美国《物理评论》上。

用力时，他的双手是对称的。总之，现在面临的是这样一个问题：为什么在强相互作用中左右是对称的？

在写信给韦斯科夫之前的1月19日，泡利还写了一封信恭贺吴健雄的成功。信上泡利说，自然界为什么只让宇称守恒在弱相互作用中不成立，而在强相互作用却仍然成立，感到十分迷惑。泡利的迷惑，直到现在仍然没有找到答案。

荣获诺贝尔物理学奖

1957年1月30日，美国物理学会在纽约的一家名为“纽约人”的旅馆召开年会，这次年会最热门的话题显然是刚宣布不久的宇称不守恒的实验。2月2日下午，大会举行了关于宇称不守恒的专题讨论会。虽然这天是周末，但由于讨论的内容十分惊人，结果会场爆满。许多参加会议的人后来都说，参加这个会议真有一种亲眼目睹科学历史转折点的感觉。

震惊之后，人们开始想，为什么在这个重大历史转折点上，恰恰是三位华裔物理学家引导物理学界迈过历史的门槛，解决了一个“物理学理论根本结构”的问题，使人们的根本认识发生“一次伟大解放”呢？美国一位杂志编辑小坎佩尔（John Campbell，Jr.）推测，也许在西方和东方世界文化背景中的某些差异，如美学观念的不同，促使中国科学家去研究自然法则的不对称性。《科学美国人》的编辑、著名科普作家伽德纳（M. Gardner）更认为，中国文化素来强调和重视对称中含有的不对称性。他以中国的“阴阳图”符号为例说明他的思考：阴阳符号是一个非对称分割的圆，并涂成黑白（或黑红）两色，分别代表阴和阳。阴阳表示了自然界、社会以及人的一切对偶关系，如善恶、美丑、雌雄、左右、正负、天地、奇偶、生死，等等，无穷无尽。而且最妙的是一种颜色中有另一种颜色的小圆点，这意思是指出阴中有阳、阳中有阴；丑中有美、美中有丑；奇中有偶、偶中有奇；生中有死、死中有生；对称中有不对称、不对称中有对称……这种对称—不对称

1947年，丹麦政府决定授予玻尔一枚很高级的勋章——“宝象勋章”（Order of Elephant）。按照通例，这种勋章只授予丹麦的王族成员和外国元首。为了表示高贵的身份，要求受奖人有一个“族徽”。玻尔自己设计了他的族徽。族徽的中心图案，采用了中国民间流传的“太极图”，用“一阴一阳”来形象地表示互补关系；族徽上的拉丁文“箴言”（motto）是Contraria sunt complementa，意即“互斥即互补”。

中国的阴阳图。

性的美学思想传统也许早就潜移默化的影响着杨振宁和李政道，使他们比更重视对称性的西方科学家更容易打破西方科学美学传统中保守的一面。伽德纳还以西方宗教的符号为例，说明西方宗教的十字架和犹太教的大卫星（正六角形），比起中国的阴阳符号具有更大的对称性。伽德纳的见解很有意思，也许有深层的启示意义。1977年获诺贝尔化学奖的普里戈金也说过，“中国文化是欧洲科学的灵感源泉”，这句话显然值得深思。

中国作家汪曾祺先生在《文化的异国》一文中曾经说道：“中国和西方的审美观念是有很大的不同的。”他举了几个例子：

美国也有荷花，但美国人对荷花似乎并不很欣赏。他们没有读过周敦颐的《爱莲说》，不懂得什么“香远益清”“出淤泥而不染”。

美国似乎没有梅花。有一个诗人翻译中国诗时，把梅花译成了杏花。美国人不了解中国人为什么那样喜爱梅花。他们不懂得“疏影横斜水清浅，暗香浮动月黄昏”。不懂得这样的意境，不懂得中国人欣赏花，是欣赏花的高洁，欣赏在花之中所寄寓的人格的美。

比利时化学家普里戈金。

汪曾祺先生说的“意境”很有意思。他的意见可以作为伽德纳见解的一个注释。

由于杨振宁和李政道的发现，深刻影响了科学理论的结构，给科学认识带来一次伟大的解放，再加上吴健雄迅速用实验证实了他们的理论，所以，1957年的诺贝尔物理学奖迅即授给了杨振宁和李政道这两位年轻的物理学家。一个影响如此重大的理论从提出到获奖只有不到两年的时间，在诺贝尔奖50多年授奖史上，是十分罕见的，费曼曾经说：“这是获诺贝尔奖最快的一次”。这显然与吴健雄的实验证实有密切的、决定性的关系。

可惜，吴健雄竟没有因此获诺贝尔奖，这不能不说是诺贝尔奖授奖史上的一个极大的遗憾。

“大自然有一种异乎寻常的美”

——规范场的故事

爱因斯坦做出的一个特别重要的结论，对称性在其中起了非常重要的作用，在1905年以前，方程是从实验中得到的，而对称性是从方程中得到的。

爱因斯坦决定将正常的模式颠倒过来。首先从一个大的对称性出发，然后再问为了保持这样的对称性可以导出什么样的方程来。20世纪物理学的第二次革命就是这样发生的。

——杨振宁

年轻时的杨振宁（1922—　）在普林斯顿。

俄罗斯文豪托尔斯泰在他的长篇巨著《战争与和平》中有一段文字很有趣：

皮埃尔被请到新客厅里，在这里不论坐到哪里，都会破坏对称、情绪和秩序……皮埃尔拉过一把椅子，对称被破坏了……于是，晚会开始。

俄罗斯大文豪托尔斯泰正在写作。

托尔斯泰当然不是在谈论现代物理学，但他的生动描述却无意中触及一个伟大的大自然奥秘——对称破缺。对称破缺就是对称被破坏了的意思。原来客厅里坐椅、沙发等，摆设得非常对称，但客人一入席，对称就一定会被破坏。这时，物理学家就会说："对称破缺了！""晚会想开始，对称必破缺！"

"客人入席，对称破缺。"这八个字可以说道出了对称性的部分本质。下面我们就来介绍对称破缺。

弱相互作用中宇称不守恒被实验证实以后，人们对于对称性的多样性有了进一步的认识，认识到有的对称是完全的，有的对称是不完全的。盲目夸大绝对的对称性受到了一次震撼性的冲击。但是大部分物理学家还没有从本质上认识到非对称性的重要性。还有一些物理学家则暗中希望杨振宁、李政道的发现只是一种特例，在其他弱相互作用中宇称仍然守恒。

但是，1964年以后，这个梦彻底破灭了。到1965年，由于物理学家发现了"自发对称破缺"（spontaneous

《规范场的故事》一书原版封面。

symmetry breaking），人们对于对称性有了更深刻的认识。

什么是"自发对称破缺"呢？简单说，物理学家的理论中似乎应该有许多对称性，但实际上，自然界却又没有这么多的对称性，这种表示不出预言中精确的对称性的现象，就被称为自发性对称破缺。这有点像托尔斯泰描述的晚会开始情景："客人入席，对称破缺"。虽然客厅摆设可以非常对称，但要想达到目的（开晚会），就自然而然地要破坏这种对称，于是，对称便自发地破缺了！

自发对称破缺的发现，是20世纪科学史上一桩大事。由于这一发现，使杨振宁在1954年提出的一种理论——规范场理论立刻有了重大价值。在此之前，由于规范场理论只看到了对称性，所以只能被看成是一只漂亮的花瓶，没有任何实用价值。一旦把自发对称破缺的机制用到规范场理论上，规范理论就显示出巨大的实用价值了。黄克孙教授在《规范场的故事》一书里曾经写道：

1954年，杨振宁和罗伯特·米尔斯（Robert L. Mills，1927—1999）在创造性地概括麦克斯韦理论以后，创建了现在人们都知道的杨-米尔斯规范场理论。然而在此后几乎20年里，这个理论被看成是一个美丽但是没有用的数学作业而束之高阁，没有人理睬。20世纪70年代，当基本粒子在实验和理论上有了令人惊讶的发现，这种被人忽视的情况才发生了变化：规范场理论使得电磁和弱相互作用统一起来。现在，规范场理论已经是基本粒子标准模型（standard model）的基础。

美国物理学家米尔斯。

一般人都知道，杨振宁与李政道一起于1957年获得诺贝尔物理学奖，这次获奖是因为他们"对宇称定律的深入研究，它导致了有关亚原子粒子的重大发现"。但杨振宁更重要的研究，不是宇称定律，而是1954年前后的有关"规范场"的研究。正是这一研究，人们给予他极高的评价，而且也使杨振宁成为20世纪伟大的物理学家之一。

1993年，声誉卓著的"美利坚哲学学会"将富兰克林奖章（Franklin Medal）授予杨振宁，授奖原因是因为“杨振宁教授是自爱因斯坦和狄拉克之后20世纪物理学出类拔萃的设计师”，表彰杨振宁和米尔斯合作所取得的成就；并指出这些成就是“物理学中最重要的事件”，是“对物理学影响深远和奠基性的贡献”。

1994年，美国富兰克林学会（Franklin Institute）将鲍尔奖（Bower Prize）颁发给杨振宁，文告中明确指出，这项奖授予杨振宁，是因为：

提出了一个广义的场论（a general field-theory），这个理论综合了自然界的物理定律，为我们对宇宙中基本的力提供了一种理解。作为20世纪理性的杰作之一，这个理论解释了亚原子粒子的相互作用，深远地重新规划了最近40年物理学和现代几何学的发展。这个理论模型，已经排列在牛顿、麦克斯韦和爱因斯坦的工作之列，并肯定会对未来几代人产生相类似的影响。

上面提到的“一个广义的场论”和“这个理论模型”，指的就是杨振宁和米尔斯合作提出来的“规范场理论”，或者称为“杨–米尔斯理论”。由鲍尔奖的文告中我们可以清楚地看出，科学界在该理论提出近半个世纪后，终于认识到了它的终极价值。在科学界的共识中，已经把杨振宁的贡献和物理学历史上最伟大的几位科学家牛顿、麦克斯韦、狄拉克和爱因斯坦的贡献，相提并论，等量齐观。杨振宁在物理学史上的地位由此可知。在鲍尔奖的文告中还特别提到，杨振宁能取得如此伟大的成就，是因为他了解中国和西方世界的智慧，受过东方和西方两种教育。这种认识和评价，值得我们重视。

杨振宁这个划时代的研究，完成于1954年2月。这年，他和米尔斯在美国《物理评论》上发表了此后闻名于世的文章《同位旋守恒和同位旋规范不变性》，这篇文章和同年4月发表的另一篇文章《同位旋守恒和一种推广的规范不变性》，一同为他们提出的理论模型奠定了基础。

下面我们对杨振宁的生平和他在1954年完成的重要发现，作一简单的回顾。

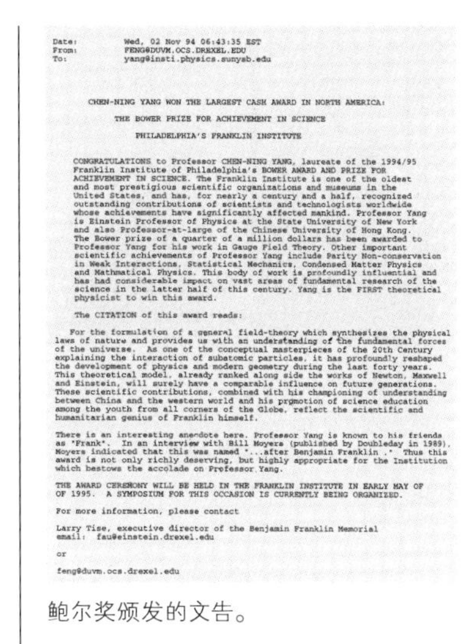

Date: Wed, 02 Nov 94 06:43:35 EST
From: FENG@DUVM.OCS.DREXEL.EDU
To: yang@insti.physics.sunysb.edu

CHEN-NING YANG WON THE LARGEST CASH AWARD IN NORTH AMERICA:

THE BOWER PRIZE FOR ACHIEVEMENT IN SCIENCE

PHILADELPHIA'S FRANKLIN INSTITUTE

CONGRATULATIONS to Professor CHEN-NING YANG, laureate of the 1994/95 Franklin Institute of Philadelphia's BOWER AWARD AND PRIZE FOR ACHIEVEMENT IN SCIENCE. The Franklin Institute is one of the oldest and most prestigious scientific organizations and museums in the United States, and has, for nearly a century and a half, recognized outstanding contributions of scientists and technologists worldwide whose achievements have significantly affected mankind. Professor Yang is Einstein Professor of Physics at the State University of New York and also Professor-at-large of the Chinese University of Hong Kong. The Bower prize of a quarter of a million dollars has been awarded to Professor Yang for his work in Gauge Field Theory. Other important scientific achievements of Professor Yang include Parity Non-conservation in Weak Interactions, Statistical Mechanics, Condensed Matter Physics and Mathmatical Physics. This body of work is profoundly influential and has had considerable impact on vast areas of fundamental research of the science in the latter half of this century. Yang is the FIRST theoretical physicist to win this award.

The CITATION of this award reads:

For the formulation of a general field-theory which synthesizes the physical laws of nature and provides us with an understanding of the fundamental forces of the universe. As one of the conceptual masterpieces of the 20th Century explaining the interaction of subatomic particles, it has profoundly reshaped the development of physics and modern geometry during the last forty years. This theoretical model, already ranked along side the works of Newton, Maxwell and Einstein, will surely have a comparable influence on future generations. These scientific contributions, combined with his championing of understanding between China and the western world and his prgmotion of science education among the youth from all corners of the Globe, reflect the scientific and humanitarian genius of Franklin himself.

There is an interesting anecdote here. Professor Yang is known to his friends as "Frank". In an interview with Bill Moyers (published by Doubleday in 1989), Moyers indicated that this was named "...after Benjamin Franklin ." Thus this award is not only richly deserving, but highly appropriate for the Institution which bestows the accolade on Professor Yang.

THE AWARD CEREMONY WILL BE HELD IN THE FRANKLIN INSTITUTE IN EARLY MAY OF OF 1995. A SYMPOSIUM FOR THIS OCCASION IS CURRENTLY BEING ORGANIZED.

For more information, please contact

Larry Tise, executive director of the Benjamin Franklin Memorial
email: fau@einstein.drexel.edu

or

feng@duvm.ocs.drexel.edu

鲍尔奖颁发的文告。

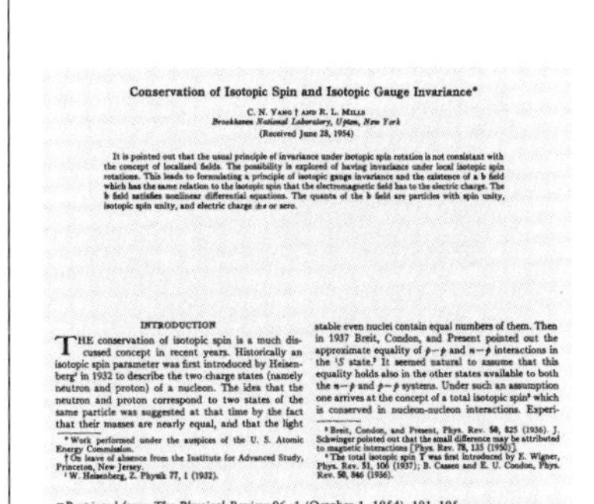

Conservation of Isotopic Spin and Isotopic Gauge Invariance*

C. N. Yang† and R. L. Mills
Brookhaven National Laboratory, Upton, New York
(Received June 28, 1954)

It is pointed out that the usual principle of invariance under isotopic spin rotation is not consistant with the concept of localized fields. The possibility is explored of having invariance under local isotopic spin rotations. This leads to formulating a principle of isotopic gauge invariance and the existence of a b field which has the same relation to the isotopic spin that the electromagnetic field has to the electric charge. The b field satisfies nonlinear differential equations. The quanta of the b field are particles with spin unity, isotopic spin unity, and electric charge ±e or zero.

INTRODUCTION

THE conservation of isotopic spin is a much discussed concept in recent years. Historically an isotopic spin parameter was first introduced by Heisenberg[1] in 1932 to describe the two charge states (namely neutron and proton) of a nucleon. The idea that the neutron and proton correspond to two states of the same particle was suggested at that time by the fact that their masses are nearly equal, and that the light stable even nuclei contain equal numbers of them. Then in 1937 Breit, Condon, and Present pointed out the approximate equality of $p-p$ and $n-p$ interactions in the ^1S state.[2] It seemed natural to assume that this equality holds also in the other states available to both the $n-p$ and $p-p$ systems. Under such an assumption one arrives at the concept of a total isotopic spin[3] which is conserved in nucleon-nucleon interactions. Experi-

* Work performed under the auspices of the U. S. Atomic Energy Commission.
† On leave of absence from the Institute for Advanced Study, Princeton, New Jersey.
[1] W. Heisenberg, Z. Physik 77, 1 (1932).
[2] Breit, Condon, and Present, Phys. Rev. 50, 825 (1936). J. Schwinger pointed out that the small difference may be attributed to magnetic interactions [Phys. Rev. 78, 135 (1950)].
[3] The total isotopic spin T was first introduced by E. Wigner, Phys. Rev. 51, 106 (1937); B. Cassen and E. U. Condon, Phys. Rev. 50, 846 (1936).

□Reprinted from *The Physical Review* 96, 1 (October 1, 1954), 191–195.

发表于美国《物理评论》上的文章《同位旋守恒和同位旋规范不变性》。

杨振宁的父亲杨武之曾是清华大学数学系教授。1949年以后，在复旦大学任教。

左起分别是杨振宁、黄昆和吴大猷。杨振宁和黄昆是西南联合大学时的同学。吴大猷是杨振宁的本科老师，是黄昆的研究生导师。

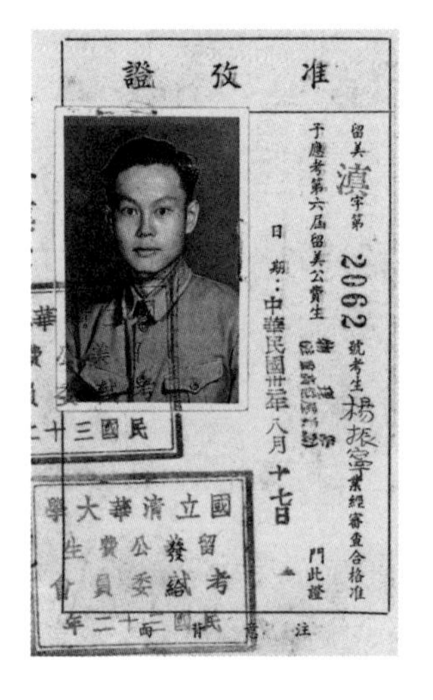

杨振宁报考清华大学第六届留美公费生的准考证（1943年）。

杨振宁和第一任夫人杜致礼的结婚照。

Where there is a pang，there is Yang

1945年8月28日，这是杨振宁终身难忘的一天。已取得清华大学物理系硕士学位的杨振宁离开祖国赴美深造。1946年1月，杨振宁在芝加哥大学正式注册，攻读该校的博士研究生。

但是杨振宁想跟随费米做实验的计划落空了。因为第二次世界大战以后，芝加哥大学核研究所还没有破土动工。正是由于这一原因，费米只能在阿贡实验室（Argonne Laborator）做实验，而阿贡实验室是对外国人保密的国家实验室，杨振宁初来乍到美国，根本不准许进这个实验室工作。

费米也没有办法，于是建议杨振宁跟特勒（Edward Teller，1908—2003）教授做理论方面的研究。

特勒后来被称为“美国氢弹之父”，在杨振宁请他做自己博士论文的导师的时候，他在美国已经是一位举足轻重的科学家了。

此后，杨振宁就开始在特勒的指导下做研究。

1946年的秋天，杨振宁想通过物理实验来完成博士论文，费米就把他推荐给阿里森（S. Allison，1900—1965）。阿里森是费米的老搭档，他主持一个实验室。

杨振宁到阿里森实验室后的20个月中，逐渐发觉自己似乎在实验方面缺乏一种敏感性之类的东西，也许就是缺乏一种所谓“灵气”吧。杨振宁后来说：

我初到美国，本来想写有关实验物理的论文，倒不是我擅长或特别爱好实验，正因为我自己没有接触到实验物理，在这方面是一片空白，实验物理又是物理的精神所在。后来到了实验室之后，发现这并不是我的特长。在实验室里，看到了一些同学，理论物理念得不太好，但是实验本领特别大。当时我产生了一些自卑感！有一位叫阿诺德（W. Arnold）的同学，他对实验室内发生的问题有一种直觉，而且知道自己用什么办法去解决。我记得很清楚，我们实验室内常常会漏气，需要找到漏气点在什么地方，由他去找，往往两分钟就能找到，而我往往要花上两个钟头还不得要领。他找到了之后，我问他为什么能找到漏气的地方，他也解释不出来。第二天仪器又漏气，我到了昨天漏气的地方，可惜，位置又不同了，而他却又能很快找到了。通过这些，我的印象是有一些人对实验有直觉的了解，而我是没有的。

由于杨振宁不擅长实验，在实验里显得笨手笨脚，阿里森特别喜欢说一笑话："哪儿有了杨，哪儿就会噼啪响！"（Where there is a pang ，there is Yang）。

尽管不尽如人意，但是在阿里森实验室工作的日子，对杨振宁今后的科学研究工作仍然是十分有价值的，他曾经说过：

在阿里森的实验室的18至20个月的经验，对于我后来的工作有很好的影响。因为通过这些经历，我知道做实验的人在做些什么事情。我知道了他们的困难，他们着急一些什么事情，他们考虑一些什么事情。换言之，我领略了他们的价值观。另外，对我有重要作用的是我发现我的动手能力是不行的。

这最后一句话对杨振宁确实是"有重要作用的"，因为这最终导致杨振宁改变了他的博士论文方向。他原来计划写一篇有关物理实验的博士论文，但后来他察觉到自己的实验能力很差劲，往这个方向使劲的话，效果堪忧，因此不免有一些苦恼。

正好这时特勒察觉到了杨振宁的苦恼和不安，从几年的接触中，他知道杨振宁的理论物理功底很不一般，因此十分直率地建议说："我认为，你不必坚持一定要写一篇实验论文，你已写了一篇理论论文，因此我建议你就把它充实一下，作为博士论文吧！我可以做你的导师。"杨振宁听了特勒十分直率的建议之后，也知道特勒的建议十分中肯，但心中仍然感到很失望。从接到留美录取通知书的那一天起，他就希望自己在美国实现做一个实验物理学家的愿望；虽然在阿里森实验室一年多来已经意识到自己动手能力比较差，但性格坚强的他，还不愿轻言放弃。所以，特勒的建议对杨振宁来说，虽说是意料之中的，但仍然是一个不小的打击。他对特勒说，请容许他考虑几天再做决定。

意大利裔美国物理学家费米，1938年获得诺贝尔物理学奖。

特勒教授。

1982年，杨振宁与他以前的老师特勒相会，交谈甚欢。

1947年的杨振宁，摄于美国怀俄明州的“魔塔保护区”。

在接下来两天的思考中，他终于明白自己必须面对现实，应该扬长避短。这正是：“量力而言则不竭，量智而谋则不困。”

杨振宁接受了特勒的建议之后，就开始专心致志地写《论核反应分布与测量问题》这篇文章，作为他的博士论文。1948年6月，杨振宁终于顺利通过了博士论文答辩，获得了芝加哥大学的博士学位。

1949年春，普林斯顿高等研究院院长奥本海默应邀到芝加哥大学作学术演讲，演讲的内容正好是杨振宁以前思考过的，因此他对奥本海默的研究很有兴趣，不禁动了心，想到普林斯顿去工作一段时间。于是，他请费米和特勒为他写一封推荐信给奥本海默。很快，杨振宁就收到了邀请函。1949年秋天，杨振宁来到了普林斯顿高级研究院。

奥本海默，1962年摄于日内瓦。

杨振宁和米尔斯合作

1952年底，据杨振宁自己说：“1952年对我来说一事无成。”其原因是他同时对几个研究对象有兴趣，在它们之间“摇来摆去”，结果“我的努力并没有得到任何有用的成果”。“幸而，我仍然感到心安理得而信心十足，并未因一事无成而过分烦恼”。

1953年夏天，杨振宁接受邀请到布鲁克海文实验室工作。对此，杨振宁有很详细的回忆，这些回忆对了解他此后的研究极为重要。他写道：

1953年夏，我搬到长岛上的布鲁克海文。这里有当时世界上最大的加速器（Cosmotron），其能量高达3GeV。它产生π介子和“奇异粒子”，在那里工作的各个实验小组不断获得非常有趣的结果。为了熟悉实验，我习惯于每隔几周便到各实验组去拜访一次。与在普林斯顿研究的物理学相比，感受是十分不同的。我认为，两种感受各有长处。

……

1953—1954年，在布鲁克海文做了一系列关于多重介子产生的实验。克里斯汀（R. Christian）和我计算了

普林斯顿高等研究院。爱因斯坦在这儿度过一生最后的22个春秋。

各种多重态的相空间体积，我们很快就明白，必须使用计算机才行……

正是在布鲁克海文实验室那种“十分不同的”感受，唤起了潜伏在杨振宁心中多年的思考，激荡着他追寻一个暂时还不清晰的需求。杨振宁回忆说：

随着越来越多介子被发现，以及对各种相互作用进行更深入的研究，我感到迫切需要一种在写出各类相互作用时大家都应遵循的原则。因此，在布鲁克海文，我再一次产生了要把规范不变性推广出去的念头。

美丽的长岛，风景宜人，让人流连忘返。

杨振宁这儿提到了“规范不变性”，或称规范对称性，是一种局域的（local）变换不变性（或局域对称性），它与整体（global）对称性相对应。

不同的自然规律（如电磁场中诸规律）在局域变换下保持不变，也就是说具有某种“规范不变性”，往往要求引进一种基本力场。如果反过来，从规范对称出发，构造出一种基本力场的理论，这种理论就称为规范场理论。杨振宁就是沿这一思路、这一方法建造起一个更一般的场理论。这方面的开创性工作是外尔做的。

1982年，杨振宁清楚地写道：

在昆明和芝加哥当研究生时，我详细地研读过泡利关于场论的评论性文章。我对电荷守恒与一个理论在相位改变时的不变性有关这一观念有深刻的印象。后来我才发觉，这种观念最先是由外尔提出来的。规范不变性决定了全部电磁相互作用这个事实本身，给我的印象更深。在芝加哥时，我曾试图把这种观念推广到同位旋相互作用上去……走入了困境，不得不罢手。然而，基本的动机仍然吸引着我，在随后几年里我不时回到这个问题上来，可每次都在同一个地方卡壳。当然，对每一个研究学问的人来说，都会有这种共同的经验：想法是好的，可是老是不成功。多数情况下，这种想法要么被放弃，要么被束诸高阁。但是，也有人坚持不懈，甚至走火入魔。有时，这种走火入魔会取得好的结果。

杨振宁被外尔美妙的理论吸引之后，就产生了一个

纽约的夏天闷热潮湿……1953年……两个年轻人因共用长岛的布鲁克海文实验室的一间办公室而相遇了。就像罕见的行星列阵那样，他们短暂地通过了时空的同一区域。这一时空上的巧合诞生了一个方程，这个方程可构成物理学圣杯——“万物之理”（theory of every thing）——的基础。

——格雷厄姆·法米罗

资料链接

举个例子，有一个理想的球体（如一个充满了气的气球），当这个球体绕通过中心的一根轴转动时，球面上任何一点，无论是靠近轴的点，还是在球面赤道上的点，转动的角度都完全相同。那么这种转动叫整体变换，球面上各点对于这种变换，就具有一种整体的对称性。整体对称性是一种简单的对称性，在这种变换下，不产生新的物理效应。而与整体对称相对应的局域对称性就复杂得多，它是一种更高级的、较为深刻的对称性。还是以刚才提到的球面为例，它要求球面上每一点都完全独立移动，而球面形状依然保持不变（见图中c）。现以气球作为例子，如果发生了局域变换，球面上有的地方会收缩，有的地方则会拉长，这也就是说，球面上各点之间会发生作用力（在这一特例中是弹性力）。

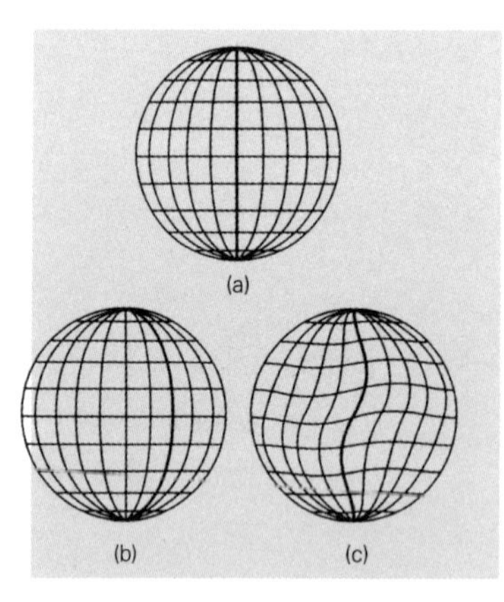

理想球体与整体对称性及局域对称性。(a)最初的球面；(b)整体对称变换；(c)局域对称变换。

以上文字和图取自张瑞明《极微世界探极微》一书126页。特表示感谢。——作者注

诱人的、大胆的想法，即把外尔主要从电荷守恒定律中发现和提出的规范不变性，推广到其他守恒定律中去。当时守恒定律很多，推广到哪一个守恒定律中去呢？杨振宁经过认真思考，认为同位旋（isospin）守恒与电荷守恒有相似之处，因为它们都反映了系统内部的对称性。因此，杨振宁首先试图将规范不变性推广到同位旋守恒定律中去，即将同位旋定域化，并研究由此而产生的一切结果。

这一次没有再在"同一个地方卡壳"，杨振宁和与他合用一个办公室的米尔斯合作，终于写出了《同位旋守恒和一个推广的规范不变性》及《同位旋守恒和同位旋规范不变》两篇文章，并分别发表在《物理评论》1954年第95和96卷上。在这两篇文章中，他们继麦克斯韦和爱因斯坦之后，提出了一种新的场论——非阿贝尔规范场理论（nonabelian gauge field theory），或称杨-米尔斯场论。从此，规范场的研究进入了一个崭新阶段。

我们前面提到过，局域对称性对理论有更严格的条件。保持物理规律在整体变换时并不要求引入新的场，但那些对整体变换能保持不变的规律进行局域变换时，要保持不变就必须引入一个新的矢量场，这个场就称为非阿贝尔规范场，或称杨-米尔斯场。规范场的量子——规范粒子是一种新的粒子，场通过交换这种粒子便引起新的相互作用。所以杨振宁常说：对称性支配相互作用（symmetry dictates interaction）。

杨-米尔斯场论的重要价值，我们前面引用过富兰克林学会的评价，它"深远地重新规划了最近40年物理学和现代几何学的发展"，但前进的路上还存在着巨大的困难。

这是一个美丽动人的数学结构，但并没有物理学的价值

在布鲁克海文，杨振宁与米尔斯的合作，有一段物理学史上值得人们反复回味的佳话。我们先看米尔斯的回忆：

在1953—1954年那一学年中，杨振宁在纽约市东面

约80千米的长岛上的布鲁克海文实验室任访问学者。在那里，当时世界上最大的粒子加速器——2~3吉电子伏特的科斯莫加速器正开始产生大量人们所不熟悉的新粒子，它们在随后的岁月中改变了物理学的面貌。我当时接受了一个博士后工作，也在布鲁克海文，并与杨振宁在同一个办公室工作。杨振宁当时已在许多场合中表现出了他对那些刚开始物理学家生涯的青年人的慷慨。他告诉我关于推广规范不变性的思想，而且我们较详细地作了讨论。我当时已具备了有关量子电动力学的一些基础，所以在讨论中能有所贡献，而且在计算它的表达形式方面也有小小的贡献，但是一些关键性的思想都是属于杨振宁的……

布鲁克海文实验室里2.5千米长的管道，加速粒子在这管道里加速，然后使它们发生碰撞。碰撞时发生的事情，就是实验者们要观察的对象。

1984年12月，在庆祝杨-米尔斯场发表30周年纪念会上，米尔斯又一次动情地讲道：

30年前，杨振宁已是一位教师，而我还是一名研究生，那时我和他同在一个办公室，我们经常讨论问题。杨振宁是一位才华横溢、又是一位非常慷慨引导别人的学者。我们不仅共用了一个办公室，杨振宁还让我共用了他的思想……

德国著名数学家外尔。

杨振宁和米尔斯的合作文章发表后，由于他们的理

> 自然界里虽有对称性，但并没有看到严格的对称性。尽管对称性重要，但如何找到非对称性成了1964年以后努力的目标。于是需要一个叫做“对称破缺”的基本思想。
>
> ——杨振宁

论模型是从一个非常深刻的物理观点出发，加上又有一个非常严格、完美的数学形式，因而引起了一些物理学家的兴趣。但是，这一理论在规范场粒子的质量和理论计算的重整化方面碰到了巨大困难，因而科学界普遍的反应是：这是一个美丽动人的数学结构，但并没有物理学的价值。

罗伯特·米尔斯。

其实，在杨-米尔斯理论提出的前一年，即1953年，奥地利著名物理学家泡利也做过与杨振宁几乎相同的尝试，但半途而废。在1935年7月21到25日，泡利写了一篇题为《介子核子相互作用与微分几何》的手稿。在这份手稿里，泡利指出，局域同位旋规范不变性要求引进一套新东西。泡利有了重要的新思想，但他没有得出与之相关的动力学场方程。到这年的年底，泡利的热情开始减退，因为他遇到了与杨振宁相似的困难。12月6日，他给派斯的信中写道：“如果谁要尝试构造场方程……谁就总会得出零静止质量的矢量介子”。*

与此同时，杨振宁和米尔斯独立地研究了同样的问

布鲁克海文实验室里的加速器。

题，虽然他们遇到了与泡利同样的困难，但他们写出了泡利没有写出的场方程。1954年2月，杨振宁在普林斯顿高等研究院的一个讨论班上报告了他们的成果。泡利也坐在听众席上，他当然深知其中的困难，因此当场向杨振宁提出了让杨振宁几乎下不了台的严厉和否定性的批评。这个场面十分有趣，28年之后的1982年，杨振宁曾

* 着重号为泡利自己所加。——作者注

在回忆中作了清楚地描述，他写道：

（左起）玻尔、海森伯和泡利三人正沉浸在讨论之中。

我们的工作没有多久就在1954年2月份完成了。但是我们发现，我们不能对规范粒子的质量下结论。我们用量纲分析做了一些简单的论证，对于一个纯规范场，理论中没有一个量带有质量量纲。因此规范粒子必须是无质量的，但是我们拒绝了这种推理方式。

在2月下旬，奥本海默请我回普林斯顿几天，去做一个关于我们工作的报告。泡利那一年恰好在普林斯顿访问，他对对称和相互作用问题很感兴趣（他曾用德文粗略地写下了某种想法的概要，寄给派斯）……第一天讲学，我刚在黑板上写下：

$$(\partial_\mu - i\epsilon B_\mu)\Psi$$

泡利就问道：“这个场B_μ的质量是什么？”我回答说，我们不知道，然后我接着讲下去。但很快泡利又问同样的问题。我大概说了“这个问题很复杂，我们研究过，但是没有得到确定的结论”之类的话。我还记得他很快就接过话题说：“这不是一个充分的托词。”我吃了一惊，几分钟的犹豫之后，我决定坐下来。大家都觉得很尴尬。后来，还是奥本海默打破窘境，说：“好了，让弗兰克接着讲下去吧。”这样，我才又接着讲下去。此后，泡利不再提任何问题了。

我不记得报告结束后发生过什么，但在第二天我收到了下面这张便条：“亲爱的杨：很抱歉，听了你的报告之后，我几乎无法再跟你谈些什么。祝好。诚挚的泡利2月24日。”

这时面临一个问题：一个不成熟，还有一些重要问题没有解决的理论模型，到底应不应该发表呢？像泡利那样放到以后有转机再说？对此，杨振宁认为：“我们的想法是漂亮的，应该发表出来。”虽然规范粒子的质量如何，还拿不准。但在论文的最后一节表明了他们倾向的观点。

美国物理学家奥本海默，他被誉为“美国原子弹之父”，曾任普林斯顿高等研究院院长。

杨振宁之所以能够大胆地将他们的论文公布于世，显然不只是认为这个理论的数学结构很美这一单方面的原因，更多还是一种深刻的科学思想在支撑着他，那就是"对称性支配相互作用"。这种思想在爱因斯坦的理论中有更清晰的表现，杨振宁可以说是深刻领悟了这一思想的人。1979年，杨振宁在《几何与物理》一文中指出：

爱因斯坦做出的一个特别重要的结论，对称性在其中起了非常重要的作用，在1905年以前，方程是从实验中得到的，而对称性是从方程中得到的，于是——爱因斯坦说——闵可夫斯基（H. Minkowski, 1864—1909）做了一个重要的贡献。他把事情翻转过来，首先是对称性，然后寻找与此对称性一致的方程。

这种思想在爱因斯坦的头脑中起着深刻的作用，从1908年起，他就想通过扩大对称性的范围来发展这一思想。他想引进广义坐标对称性，而这一点是他创造广义相对论的推动力之一。

1949年杨振宁在普林斯顿高等研究院。

在《美和理论物理学》一文中，杨振宁再次指出：

这是一个如此令人难忘的发展，爱因斯坦决定将正常的模式颠倒过来。首先从一个大的对称性出发，然后再问为了保持这样的对称性可以导出什么样的方程来。20世纪物理学的第二次革命就是这样发生的。

正是在这种深刻的科学思想引导下，杨振宁才勇敢地把他的规范对称理论公布于世，并在日后把这种科学思想提升为更简洁的表述"对称性支配相互作用"。

两个重大的突破和弱电统一

但在1954年前后，杨-米尔斯场论还很不完善，还缺少其他一些机制来约束它，因而呈现出令人困惑的难题。例如，如果为了使规范场理论满足规范不变性的要求，规范粒子的质量一定要是零，但是相互作用的距离与传递量子的质量成反比，零质量显然意味着杨-米尔斯场的相互作用应该像电磁场和引力场那样，是长程相互作用。但是，既是长程相互作用，又为什么没有在任何实验中显示出来？而且更加严峻的是，这个质量如果真有，它还会破坏规范对称。因此，杨-米尔斯场在提出来以后十多年时间里，一直被人们认为是一个有趣的、但

我认为物理学前途是越来越乐观的。没有什么事情比发现对称破缺更使我高兴。

——温伯格

欧洲粒子研究中心位于美丽的日内瓦湖畔，是世界上最大的高能物理实验室之一。图中虚线圆圈为粒子加速器地下的路线示意图。

本质上没有什么实际用途的“理论珍品”。当时人们还没有认识到，正是这个规范粒子的质量问题，在呼唤着新的物理学思想。

在20世纪60年代初，物理学家们由超导理论的发展中认识到一种重要的对称破缺方式，即“自发对称破缺”。1965年，物理学家希格斯（P. W. Higgs，1929— ）在研究局域对称性自发破缺时，发现杨-米尔斯场规范粒子可以在自发对称破缺时获得质量。这种获得质量的机制被称为“希格斯机制”（Higgs mechanism）。

有了这一重要进展，人们开始尝试用杨-米尔斯场来统一弱相互作用和电磁相互作用。1967年，在美国物理学家格拉肖（S. L. Glashow，1932— ）、温伯格和巴基斯坦物理学家萨拉姆（A. Salam，1926—1996）的共同努力下，建立在规范场理论之上的弱电统一理论的基本框架终于建立起来。到1972年，荷兰物理学家特霍夫特又证实杨-米尔斯场是可以重整化的，这样，杨振宁的规范场论就成了一个自洽的理论，规范场理论的最后一个障碍也终于被克服了。

荷兰物理学家特霍夫特（Gerardus't Hooft，1946— ）。他发现杨-米尔斯场可以重整化，也因此获得1999年的诺贝尔物理学奖。

1973年，欧洲粒子研究中心（CERN）的实验室宣布，他们的实验间接地证明了格拉肖-温伯格-萨拉姆（G-W-S）弱电统一理论预言的规范场粒子中的一个粒子Z^0。G-W-S理论预言了三个规范粒子W^+、W^-和Z^0，现在Z^0已经被“间接”证明的确存在。有意思的是，在这种没完全被确证的情形下，1979年，瑞典诺贝尔奖评选委员会将这一年的诺贝尔物理学奖授予了萨拉姆、温伯格和格拉肖，原因是“因为对基本粒子之间的弱相互作用和电磁相互作用的统一理论的贡献”。这可以说是规范场理论在被提出和发展过程中第一次获得诺贝尔物理学奖。

格拉肖在获奖后幽默地说：“诺贝尔奖评选委员会是在搞赌博。”

以前，这个委员会只把奖金授予被实验证实了的理论，这次可以说是少有的破例。不过，当时绝大部分物理学家已经确信：找到W^+、W^-和Z^0粒子只是一个时间的问题。这充分说明，在审美上给人深刻感悟的理论会给人们多么巨大的信心。

1967年美国物理学家格拉肖（左）、温伯格（右）和巴基斯坦物理学家萨拉姆（中）因为各自提出弱电统一理论获得诺贝尔物理学奖。

果然，到1983年上半年，CERN宣布，三种粒子都找到了。至此，建立在杨-米尔斯理论基础上的弱电统一理论，终于被公认是真实反映自然界相互作用本质的理论，被认为是20世纪的重大成就之一，实现了物理学家几百年的梦想。他们发现，弱相互作用和电磁相互作用原来是同一种相互作用，后来由于宇宙在大爆炸后温度降低，由自发对称破缺引起了两种相互作用的差别，形成两种不同的相互作用。这样，物理学向爱因斯坦梦寐以求而未获实质上进展的“统一场论”前进了巨大的一步。接下去，人们自然会想到，既然利用规范场理论统一了两种表面上截然不同的相互作用，那么规范场理论也很有可能把强相互作用统一进去，这种设想中的统一理论称为“大统一理论”（grand unified theory，GUT）。

现在，建立在规范场基础上的理论"量子色动力学"（QCD），是描述夸克之间强相互作用的理论，它也获得了大量实验的支持。在强相互作用这一理论中，最引人注目的是关于夸克禁闭（quark confinement）的解释。这一解释也是建立在规范场基础上的。米尔斯在20世纪80年代说得很正确："如果最终的（大统一）理论被真正确认的话，那么一定会证明它是一个规范理论。这一点现在看来几乎是无可置疑的了。"

规范场是在基本粒子之间传递信号的信使（messengers），使基本粒子之间发生相互作用。它们在我们当前能够达到的物质结构最深层——夸克的量子范围里发生作用。

——黄克孙

1985年，杨振宁在纪念外尔诞生100周年大会上说："由于理论和实践的进展，人们现在已清楚地认识到，对称性、李群和规范不变性在确定物理世界中基本力时起着决定性的作用。"

规范场理论的精华，就是展现了自发对称破缺的生命力。自此以后，对称中的不对称，或者说对称破缺的普遍性和重要性才正式得到了物理学家们的确认。科学家们明确认识到对称性固然重要，对称破缺也同样非常重要。在此之前，物理学家想通过其他种种途径恢复失去了对称性的设想，例如把"表面上"看来自然规律的不对称性，归咎于原始条件的不对称，等等，到70年代以后这种努力基本上停止了。科学家认识到，正是对称破缺，自然界才会产生运动和激情，使我们的世界五彩纷呈、美不胜收。

提出夸克模型的美国物理学家盖尔曼。

艺术评论家弗赖（N. Frye，1922—1991）在他的《论艺术中的对称性问题》一文中说：

对称意味着静止和束缚，不对称则意味着运动和放松。一个强调秩序与规律，一个强调任意与偶然；一个具有刻板的形式和约束，另一个则具有活力、技巧和自由。

英国数学家斯图尔特（Ian Stewart，1945—　）在他的《自然之数》一书中更明晰地写道：

人类心智中的某种东西受对称的吸引。对称对我们的视觉有感染力，从而影响我们对美的感受。不过，完全的对称是重复性的、可预言的。而我们的头脑却喜欢意外，于是我们常常把不完全的对称看作比精确的数学对称更为优美。大自然似乎也被对称所吸引，因为自然界中许多最显著的模式是对称的。然而，大自然似乎也对过多的对称不满意，因为自然界中几乎所有对称模式都比产生它们的原因更不对称。

弗赖和斯图尔特说得十分生动。可以说，对称破缺作为一种机制和一种思想方法，对过分强调对称的传统科学，犹如一场物理学思想和审美判断上的革命，为科学进一步顺利发展带来了蓬勃的生机。

格拉肖。

在宇宙学里，现在人们认为宇宙早期正、反物质是对称的，后来由于对称破缺，反物质大部分消失了。大爆炸理论提出了一种细致的模型。它假定大爆炸的最初瞬间温度高达10^{28}K，那时宇宙一片混沌，真可谓“普天对称”！当温度降到10^{22}K以后，对称性逐渐自发破缺，四种相互作用逐渐互不相同，宇宙失去了大部分对称性。这种情形有点像赌博用的转动轮盘。当轮盘转得飞快时（相当于能量很高、温度很高），轮盘上方的37个球跟着盘子飞转，它们的表现因而十分相似，也就是高度对称，大家都一样，混沌一片。但当轮盘转动得慢下来时，37个球的能量逐渐减小，最终落入到轮盘上37个槽中的一个，这时37个球有了区别，对称性也因此破坏了。

在基本粒子理论中。原来最难回答的问题是：粒子的质量是从哪儿来的？现在，物理学家用对称破缺的机制进行研究，取得了可喜的进展，有了眉目。

温伯格。

在热力学中，人们长期弄不清，系统为什么能从无序向有序化、组织化发展，例如地球上为什么会出现细胞、低等植物、低等动物……最后出现了人，这种进化的机制是什么？

现在，科学家已经明确，正是由于对称破缺，系统才能向有序化、复杂化和组织化方向发展。有一种热力学理论叫“耗散结构理论”，在这一研究中取得了重要成就，它的创始人普里戈金因此获得了诺贝尔化学奖。普里戈金说：“我们也可以把耗散结构看成是一种对称破缺的结构。”

现在，不仅仅是在物理学和天文学领域里重视对称破缺，在生物学、化学等领域中，都已广泛地将对称破缺作为探索自然奥秘的一种重要思想和方法。在生物学中，人们发现生物大分子的“旋光线”具有不对称性。这种不对称性，或者说对称破缺，已被认为是非生命物质向生命物质飞跃时不可缺少的过程。苏联生物学家维尔纳茨基早就指出：生命物质强烈地表现出左右旋的不对称性。他还认为只要是有活性的物质，这种不对称性就必然存在。关于对称破缺的原因，维尔纳茨基曾用生物体内原子的不断运动来解释。他指出：“在活生物的对称里，我们应当考虑新的要素——运动，而在晶体的对称中没有运动。”

在化学领域里，人们除了认识到化学反应过程中分子轨道对称的重要性之外，现在又进一步认识到，在元素的产生和进化过程中，对称破缺是一个更重要的因素。没有对称破缺，就不会产生宇宙中各种各样的元素，当然也不会有什么生物和人类文明了！

萨拉姆。

杨振宁在石溪理论物理研究所的办公室（1963年）。1999年，该所更名为杨振宁理论物理研究所。

法国物理学家皮埃尔·居里和玛丽·居里在实验室里。

特霍夫特于2004年编辑出版《杨–米尔斯理论50年》（*50 Years of Yang-Mills Theory*）一书。杨振宁为该书写了《规范不变性和相互作用》及《纪念罗伯特·米尔斯》两篇文章。

黄克孙教授与杨振宁合影。

法国著名物理学家皮埃尔·居里（P. Curie，1859—1906）说得好："非对称创造了世界！"

我们在最后两个专题里，讲了许多对称中的不对称，以及过分强调对称性所带来的危害，但这并不意味着对称性原理不重要了。我们只是想说明，如果在对称性原理中加入对称破缺机制，那对称性原理的作用将会更有效、更普遍。可以说：对称破缺机制是对称性原理中的重要组成部分。

但是，对称性的研究并没有终止，事实上杨振宁以及大多数理论物理学家们都认为，目前大统一理论之所以进展不顺利，其原因很可能是对于对称性原理的理解有问题。如果这些问题得到突破，我们可以设想那时美与真将会统一起来。杨振宁曾经指出：

……对称性是决定相互作用的一个主要因素。我曾把这个发展归纳成一句话："对称性支配力"（symmetry dictates force）。我们当然要问，除对称性之外，是不是还有其他的重要因素？对于这个问题，物理学工作者的回答并不一致。有很多人似乎认为，既然过去十年，大家通过对称性对基本的相互作用有了一些了解，那么朝这个方向发展下去，就可以把所有的东西都了解。我个人觉得这个想法恐怕不对：换句话说，我对于上述这个问题的回答是：是的，我相信决定相互作用还有其他的中心观念。

……我觉得目前物理学者对于基本粒子有一些不能了解的地方，恐怕就是因为还有一些很美的、很重要的数学观念还没有被引进来。不过应该引进哪些数学观念呢？目前当然还不能预料，我想这也是对年轻工作者的一大鼓励。

美与真的统一

黄克孙教授在《规范场的故事》说：

我们一直感到最惊讶的事实是我们的理论不仅仅是真实的，而且是美丽的。理论物理学真正值得庆幸的是，我们在得到真的时候，同时得到了美。

他还引用罗素（B. Russell）的话：

一种冷峻的美，像雕刻一样，不诉诸我们任何本性上的弱点，不需要油画和音乐的华丽的装饰物，却惊人地纯洁，能够至臻完美，是唯一能够显示出来的最伟大的艺术。*

黄克孙教授还根据我们已有的知识画了一个图，为这种惊人的真与美的结合提供一个可能的、有趣的路标。

非常有意思的是，这个图与英国剑桥大学附近一所伊利（Ely）大教堂墙壁上的一幅"生命之路"非常相似。英国诗人艾略特（T. S. Eliot，1888—1965）在参观了这座教堂之后，写下如下的诗句：

You are not here to verify,

Inform curiosity or carry report.

You are here to kneel,

Where prayer has been valid.

中国语言学家裴文将其译为：

你到这里来不是为了证实，

不是为了满足好奇或者传递消息。

你到这里是为了膜拜，

这里的祈祷最真实。**

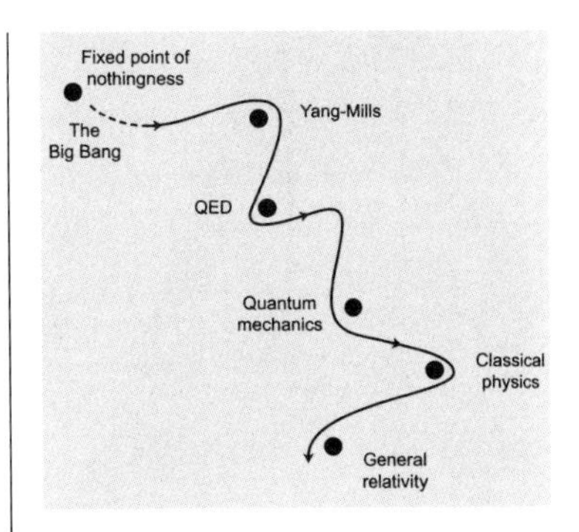

"美和真合而为一"示意图。图中英文由下至上是广义相对论、经典物理学、量子力学、量子电动力学、杨-米尔斯理论、大爆炸、虚无的固定点。

伊利大教堂的壁画《生命之路》。

---

* 罗素，数学研究"（*Study of Mathematics*），摘自《神秘主义和逻辑》（*Mysticism and Logic*），纽约：Dover出版社，2004年再版。

** 裴文，剑桥悠然间，东方出版社，2006，145页。

杨振宁、李政道、吴大猷

后　记

我会感觉到你向我靠近，
手牵着手，魂牵着魂；
只觉快乐的夜何其短暂，
黑暗中的缱绻如此深沉。

那些幸福的渴求与希冀，
那些意念的想象与秘密，
到时却只是徘徊不前，
而在一长吻中得到答案。

我接过你深情的酒盏，
你，感到我力量的震颤，
灵魂在信仰中冉冉上升，
超越了焦思与困倦。

——麦克斯韦

首先谈谈我与“物理学之美”的缘分。

我曾经在记忆里尽力搜索，在我读书期间（包括中学和大学），实在找不到任何有关“物理学之美”的概念。第一次知道“科学美”这个概念是1989年，那时我在华中科技大学物理系任教。有关这段往事我在翻译钱德拉塞卡的《真与美》*一书的后记中曾经写道：

我是学物理出身的，对钱德拉塞卡传奇般的经历早有所闻，但却从来没有读过他的著作。1989年7月24日，我忽然收到在美国纽约工作的大哥寄来的一包书，打开封皮，我一眼就盯上了钱德拉塞卡著的《真与美》（*Truth and Beauty*）。按惯例，我翻开目录：“科学家”“科学的追求及其动机”“莎士比亚、牛顿和贝多芬：不同的创造模式”“美与科学对美的探求”，还有“广义相对论的美学基础”！我似乎觉得眼睛一亮，一个崭新的世界在我面前打开了。一篇一篇看下去，这种感受越来越强烈。正如作者在前言中所说，他思考的是一些我们大家应该思考但又“从未认真思考过的问题”；而且我还深深感到，钱德拉塞卡思考的这些问题对中国读者一定很有价值。于是我决心将这本书译出。

这本书的中译本几经周折，终于在1996年由湖南科学技术出版社的“第一推动丛书”里出版了。虽然出版几经周折，但是出版以后正如我所预料的：这本书将“对中国读者一定很有价值”。所以到2007年这本书已经重印13次，印数累计总有10万册以上。在当今中国，一本科普图书能够出到这个数，就足以说明这本书的价值。

2000年，在得到杨振宁教授允许后，我选编并出版

1957年获得诺贝尔物理学奖的杨振宁。他对物理学中的美学在“美与物理学”等文章中，做出最全面和最深刻的总结。

* 在这本书译成中文时，我把书名换成《莎士比亚、牛顿和贝多芬——不同的创造模式》。——作者注

了《杨振宁文录》，在选编的过程中，我仔细阅读了杨振宁写的“美和理论物理学”“科学美与文学美”“美与物理学”等一系列文章，因此对于物理学之美有了比较深入的认识。

接着在2007年，我受湖南科学技术出版社的委托，与我的学生肖明等人翻译克劳（H. Kragh，1944— ）的《狄拉克传》（*Dirac: A Scientific Biography*）时，我才有幸认真阅读了其中的一章“数学美原理”，真是获益匪浅，对于“物理学中的数学之美”有了一个新的理解。

但是，当王直华先生和北京大学出版社周雁翎先生在2007年底邀请我为“科学之美丛书”写一本《物理学之美》时，我仔细想了一下，觉得自己虽然对物理学之美有了一些认识，但是真要写一本物理学之美的书，还是力不从心，没有这个能力，不知道从何谈起，因此不敢贸然答应。后来几经切磋，我们意见统一了：谈物理学之美，不是谈物理现象之美，而要从物理学历史的发展中寻找物理学理论和理论结构之美，以及它们的发展、挫折、成功和变化。我对物理学史一直有很大的兴趣，因此觉得如果从这个角度切入，也许可以试一试。

李白在《望庐山瀑布》这首诗中写出了庐山瀑布的神秘雄奇：

日照香炉生紫烟，
遥看瀑布挂前川。
飞流直下三千尺，
疑是银河落九天。

我想，当读者在读到本书中物理学大师钟情于物理学之美时，也会对他们神奇的智慧，有“飞流直下三千尺，疑是银河落九天”的惊叹。

飞流直下三千尺，疑是银河落九天。

参考书目

1. [美]钱德拉塞卡著．杨建邺、王晓明等译．莎士比亚、牛顿和贝多芬——不同的创造模式．长沙：湖南科技出版社，1996.
2. 杨振宁著．杨建邺选编．杨振宁文录．海口：海南出版社，2002.
3. [英]麦卡里斯特著．李为译．美与科学革命．长春：吉林人民出版社，2000.
4. [美]斯莱因著．吴伯泽译．艺术与物理学．长春：吉林人民出版社，2001.
5. [美]杰米·詹姆斯著．李晓东译．天体的音乐．长春：吉林人民出版社，2003.
6. 许良英等译．爱因斯坦文集（三卷）．北京：商务印书馆，1994.
7. [美]温伯格著．李泳译．终极理论之梦．长沙：湖南科技出版社，2007.
8. [美]费曼、温伯格著．李培廉译．从反粒子到最终定律．长沙：湖南科技出版社，2003.
9. 车桂著．倾听天上的音乐——哲人科学家开普勒．福州：福建教育出版社，1994.
10. [美]克劳普尔著．中国科技大学物理系翻译组译．伟大的物理学家——从伽利略到霍金，物理学家泰斗们的生平和年代．北京：当代世界出版社，2007.
11. [意大利]切尔奇纳尼著．胡新和译．玻耳兹曼——笃信原子的人．上海：上海科技出版社，2002.
12. [英]阿特金斯著．许跃刚等译．伽利略的手指．长沙：湖南科技出版社，2008.
13. [美]埃弗里特著．瞿国凯译．麦克斯韦．上海：上海编译出版公司，1987.
14. 童元方著．水流花静——科学与诗的对话．北京：生活·读书·新知三联书店，2005.
15. 齐欣、程军、朱幼文编著．物理之光．上海：上海科学技术文献出版社，2005.
16. [美]徐一鸿著．熊昆译．可怕的对称——现代物理学中美的探索．长沙：湖南科学技术出版社，1992.
17. [美]加来道雄著．徐彬译．爱因斯坦的宇宙．长沙：湖南科学技术出版社，2006.
18. [美]卡西第著．戈革译．海森伯传．北京：商务印书馆，2002.
19. [德]海森伯著．马名驹等译．原子物理学的发展和社会．北京：中国社会科学出版社，1985.
20. [德]伊丽莎白·海森伯著．王福山译．一个非政治家的政治生活——回忆维尔纳·海森伯．上海：复旦大学出版社，1987.
21. [丹麦]赫尔奇·克劳著．肖明等译．狄拉克：科学和人生．长沙：湖南科技出版社，2009.
22. [美]基思·德夫林著．沈崇圣译．千年难题——七个悬赏 100 万美元的数学难题．上海：上海科技教育出版社，2006.
23. [英]格雷厄姆·法米罗主编，涂泓、吴俊译．天地有大美——现代科学之伟大方程．上海：上海科技教育出版社，2006.
24. [英]戈登·费雷泽著．江向东、黄艳华译．反物质：世界的终极镜像．上海：上海科技教育出版社，2002.
25. [美]保罗·哈尔彭著．刘政译．伟大的超越．长沙：湖南科学技术出版社，2008.
26. [美]凯文·诺克斯、理查德·诺基斯著．李绍明译．从牛顿到霍金．长沙：湖南科学技术出版社，2008.
27. [美]玛西亚·巴楚莎著．李红杰译．爱因斯坦未完成的交响乐．长沙：湖南科学技术出版社，2007.
28. Peter Robertson. *The Early Years, The Niels Bohr Institute 1921—1930.* Akademisk Forelag, 1979.
29. A. Pais. *Niles Bohr's Times, In Physics, Philosophy, and Polity*. Clarendon Press, 1991.
30. 杨振宁著．杨建邺译．大自然有一种异乎寻常的美．《科学文化评论》，2007 年第 4 期．
31. [美]克劳著．杨建邺、肖明译．狄拉克的数学美原理．《科学文化评论》，2007 年第 6 期．

科学元典丛书（红皮经典版）

1　天体运行论　［波兰］哥白尼
2　关于托勒密和哥白尼两大世界体系的对话　［意］伽利略
3　心血运动论　［英］威廉·哈维
4　薛定谔讲演录　［奥地利］薛定谔
5　自然哲学之数学原理　［英］牛顿
6　牛顿光学　［英］牛顿
7　惠更斯光论（附《惠更斯评传》）　［荷兰］惠更斯
8　怀疑的化学家　［英］波义耳
9　化学哲学新体系　［英］道尔顿
10　控制论　［美］维纳
11　海陆的起源　［德］魏格纳
12　物种起源（增订版）　［英］达尔文
13　热的解析理论　［法］傅立叶
14　化学基础论　［法］拉瓦锡
15　笛卡儿几何　［法］笛卡儿
16　狭义与广义相对论浅说　［美］爱因斯坦
17　人类在自然界的位置（全译本）　［英］赫胥黎
18　基因论　［美］摩尔根
19　进化论与伦理学(全译本)(附《天演论》)　［英］赫胥黎
20　从存在到演化　［比利时］普里戈金
21　地质学原理　［英］莱伊尔
22　人类的由来及性选择　［英］达尔文
23　希尔伯特几何基础　［德］希尔伯特
24　人类和动物的表情　［英］达尔文
25　条件反射：动物高级神经活动　［俄］巴甫洛夫
26　电磁通论　［英］麦克斯韦
27　居里夫人文选　［法］玛丽·居里
28　计算机与人脑　［美］冯·诺伊曼
29　人有人的用处——控制论与社会　［美］维纳
30　李比希文选　［德］李比希
31　世界的和谐　［德］开普勒
32　遗传学经典文选　［奥地利］孟德尔 等
33　德布罗意文选　［法］德布罗意
34　行为主义　［美］华生

35 人类与动物心理学讲义 ［德］冯特
36 心理学原理 ［美］詹姆斯
37 大脑两半球机能讲义 ［俄］巴甫洛夫
38 相对论的意义：爱因斯坦在普林斯顿大学的演讲 ［美］爱因斯坦
39 关于两门新科学的对谈 ［意］伽利略
40 玻尔讲演录 ［丹麦］玻尔
41 动物和植物在家养下的变异 ［英］达尔文
42 攀援植物的运动和习性 ［英］达尔文
43 食虫植物 ［英］达尔文
44 宇宙发展史概论 ［德］康德
45 兰科植物的受精 ［英］达尔文
46 星云世界 ［美］哈勃
47 费米讲演录 ［美］费米
48 宇宙体系 ［英］牛顿
49 对称 ［德］外尔
50 植物的运动本领 ［英］达尔文
51 博弈论与经济行为（60周年纪念版） ［美］冯·诺伊曼 摩根斯坦
52 生命是什么（附《我的世界观》） ［奥地利］薛定谔
53 同种植物的不同花型 ［英］达尔文
54 生命的奇迹 ［德］海克尔
55 阿基米德经典著作集 ［古希腊］阿基米德
56 性心理学、性教育与性道德 ［英］霭理士
57 宇宙之谜 ［德］海克尔
58 植物界异花和自花受精的效果 ［英］达尔文
59 盖伦经典著作选 ［古罗马］盖伦
60 超穷数理论基础（茹尔丹 齐民友 注释） ［德］康托
61 宇宙（第一卷） ［德］亚历山大·洪堡
62 圆锥曲线论 ［古希腊］阿波罗尼奥斯
63 几何原本 ［古希腊］欧几里得
64 莱布尼兹微积分 ［德］莱布尼兹
65 相对论原理（原始文献集） ［荷兰］洛伦兹 ［美］爱因斯坦 等
66 玻尔兹曼气体理论讲义 ［奥地利］玻尔兹曼
67 巴斯德发酵生理学 ［法］巴斯德
68 化学键的本质 ［美］鲍林

科学元典丛书（彩图珍藏版）

自然哲学之数学原理（彩图珍藏版） ［英］牛顿
物种起源（彩图珍藏版）（附《进化论的十大猜想》） ［英］达尔文
狭义与广义相对论浅说（彩图珍藏版） ［美］爱因斯坦
关于两门新科学的对话（彩图珍藏版） ［意］伽利略
海陆的起源（彩图珍藏版） ［德］魏格纳

科学元典丛书（学生版）

1 天体运行论（学生版） ［波兰］哥白尼
2 关于两门新科学的对话（学生版） ［意］伽利略
3 笛卡儿几何（学生版） ［法］笛卡儿
4 自然哲学之数学原理（学生版） ［英］牛顿
5 化学基础论（学生版） ［法］拉瓦锡
6 物种起源（学生版） ［英］达尔文
7 基因论（学生版） ［美］摩尔根
8 居里夫人文选（学生版） ［法］玛丽·居里
9 狭义与广义相对论浅说（学生版） ［美］爱因斯坦
10 海陆的起源（学生版） ［德］魏格纳
11 生命是什么（学生版） ［奥地利］薛定谔
12 化学键的本质（学生版） ［美］鲍林
13 计算机与人脑（学生版） ［美］冯·诺伊曼
14 从存在到演化（学生版） ［比利时］普里戈金
15 九章算术（学生版） 〔汉〕张苍〔汉〕耿寿昌 删补
16 几何原本（学生版） ［古希腊］欧几里得

科学元典·数学系列

科学元典·物理学系列

科学元典·化学系列

科学元典·生命科学系列

科学元典·生命科学系列（达尔文专辑）

科学元典·天学与地学系列

科学元典·实验心理学系列

科学元典·交叉科学系列

达尔文经典著作系列

已出版：

物种起源	〔英〕达尔文 著　舒德干 等译
人类的由来及性选择	〔英〕达尔文 著　叶笃庄 译
人类和动物的表情	〔英〕达尔文 著　周邦立 译
动物和植物在家养下的变异	〔英〕达尔文 著　叶笃庄、方宗熙 译
攀援植物的运动和习性	〔英〕达尔文 著　张肇骞 译
食虫植物	〔英〕达尔文 著　石声汉 译　祝宗岭 校
植物的运动本领	〔英〕达尔文 著　娄昌后、周邦立、祝宗岭 译祝宗岭 校
兰科植物的受精	〔英〕达尔文 著　唐　进、汪发缵、陈心启、胡昌序 译 叶笃庄 校，陈心启 重校
同种植物的不同花型	〔英〕达尔文 著　叶笃庄 译
植物界异花和自花受精的效果	〔英〕达尔文 著　萧辅、季道藩、刘祖洞 译　季道藩 一校， 陈心启 二校

即将出版：

腐殖土的形成与蚯蚓的作用	〔英〕达尔文 著　舒立福 译

全新改版·华美精装·大字彩图·书房必藏

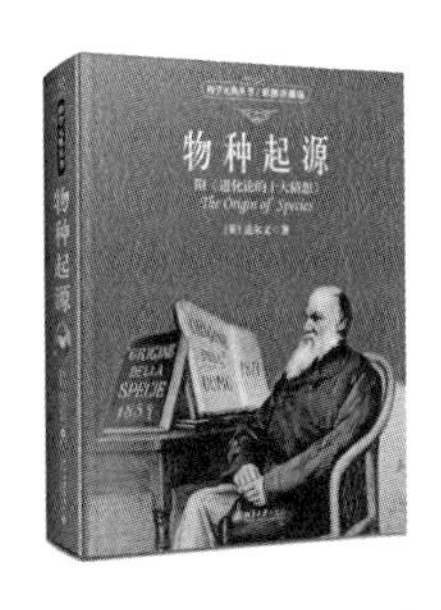

科学元典丛书，销量超过*100*万册！

——你收藏的不仅仅是“纸”的艺术品，更是两千年人类文明史！

科学元典丛书（彩图珍藏版）除了沿袭丛书之前的优势和特色之外，还新增了三大亮点：

①增加了数百幅插图。

②增加了专家的“音频＋视频＋图文”导读。

③装帧设计全面升级，更典雅、更值得收藏。

名作名译·名家导读

《物种起源》由舒德干领衔翻译，他是中国科学院院士，国家自然科学奖一等奖获得者，西北大学早期生命研究所所长，西北大学博物馆馆长。2015年，舒德干教授重走达尔文航路，以高级科学顾问身份前往加拉帕戈斯群岛考察，幸运地目睹了达尔文在《物种起源》中描述的部分生物和进化证据。本书也由他亲自“音频＋视频＋图文”导读。

《自然哲学之数学原理》译者王克迪，系北京大学博士，中共中央党校教授、现代科学技术与科技哲学教研室主任。在英伦访学期间，曾多次寻访牛顿生活、学习和工作过的圣迹，对牛顿的思想有深入的研究。本书亦由他亲自“音频＋视频＋图文”导读。

《狭义与广义相对论浅说》译者杨润殷先生是著名学者、翻译家。校译者胡刚复（1892—1966）是中国近代物理学奠基人之一，著名的物理学家、教育家。本书由中国科学院李醒民教授撰写导读，中国科学院自然科学史研究所方在庆研究员“音频＋视频”导读。

《关于两门新科学的对话》译者北京大学物理学武际可教授，曾任中国力学学会副理事长、计算力学专业委员会副主任、《力学与实践》期刊主编、《固体力学学报》编委、吉林大学兼职教授。本书亦由他亲自导读。

园丁手册：花园里的奇趣问答

〔英〕盖伊·巴特 著；莫海波、阎勇 译

中国：世界园林之母

一位博物学家在华西的旅行笔记

〔英〕E. H. 威尔逊 著；胡启明 译

植物学家的词汇手册：图解 1300 条常用植物学术语

〔美〕苏珊·佩尔，波比·安吉尔 著；顾垒（顾有容）译